COURS DE CHYMIE.

TOME QUATRIEME.

COURS DE CHYMIE,

POUR SERVIR D'INTRODUCTION à cette Science.

PAR NICOLAS LE FEVRE, Professeur Royal en Chymie, & Membre de la Société Royale de Londres.

CINQUIEME EDITION,

Revûe, corrigée & augmentée d'un grand nombre d'Opérations, & enrichie de Figures.

PAR M. DU MONSTIER, Apoticaire de la Marine & des Vaisseaux du Roi; Membre de la Société Royale de Londres & de celle de Berlin.

TOME QUATRIEME.

A PARIS,
Chez JEAN-NOEL LELOUP, Quay des Augustins, à la descente du Pont Saint Michel, à Saint Jean Chrysostome.

M. DCC. LI.

TABLE
DES
CHAPITRES ET ARTICLES
Contenus au Tome IV. de la Chymie.

SECTION PREMIERE.

SECTION II.

SECTION III.

SECTION IV.

SECTION V.

NOUVELLES ADDITIONS.

Fin de la Table des Chap. du Tome IV.

ADDITIONS

ADDITIONS AU TRAITÉ DE CHYMIE.

SECTION PREMIERE.

CHAPITRE PREMIER.

Régles pour les Distillations.

I.

IL faut éviter de distiller dans des vaisseaux de plomb, parce qu'ils impriment une qualité maligne aux liqueurs, les rendent vomitives, leur ôtent leur saveur naturelle, & souvent même ces vaisseaux sont rongés par l'acrimonie des vapeurs de la chose distillée. Et Gallien, aussi bien que les plus sages Médecins ; reprouvent l'eau qu'on fait couler dans des tuyaux de plomb, à cause d'une certaine malignité dangereuse qu'elles empruntent de ce métal. On a même fait une épreuve sur les eaux distillées qui séjournent dans des vases de plomb, qui déposent au fond une céruse, dès qu'on y jette quelques gouttes de Vitriol. On peut dire la même chose des vaisseaux d'étain, de fer & de cuivre, si on y distille des acides.

II.

Plus les cucurbites de verre sont hautes pour la distillation des esprits, plus elles sont utiles. On sçait qu'une distillation bien faite, vaut mieux que trois rectifications. Ainsi ces cucurbites devroient avoir au moins deux pieds. Mais il faut qu'elles soient plus basses pour la distillation des huiles, de la cire & autres choses semblables.

III.

En quelque distillation que ce soit, il ne faut pas trop remplir les vaisseaux. Les cucurbites & les cornues ne se doivent ordinairement remplir qu'à la moitié, & les réfrigératoires jusques aux trois quarts. Il y a néanmoins des matiéres qui demandent une exception à cette régle.

IV.

Les mixtes qui sont flatueux comme la cire, la résine & autres de même nature doivent pour la distillation, être mêlés avec du sable, de la cendre, bol, farine de briques ou autre corps qui empêche leur trop grande effervescence, & qui puisse desunir & séparer leurs parties, parce que les matiéres grasses venant à se concentrer ne montent pas aisément. D'ailleurs, il faut qu'elles soient mises dans de plus grands vases & en plus petite quantité.

V.

La distillation par le bain est propre aux choses qui sont d'une mixtion légére. Il faut cependant prendre garde en distillant les plantes aromatiques qui abondent en huile, comme l'absinte, la sauge, le romarin & autres semblables, de ne pas donner un feu trop foible ; autrement au lieu de leur huile & de leur essence, on ne tirera que du flegme. Mais en distillant la laitue & autres plantes qui abondent en flegme ou en substance plus subtile, il suffit d'employer un feu modéré, quelquefois même la seule vapeur du bain, qui ne dissipe point les parties les plus ſubtiles & qui n'imprime aucun empireu-me, c'eſt-à-dire, une odeur de feu.

VI.

La diſtillation par le ſable convient donc aux matiéres d'une plus ſolide conſiſtence, comme racines, bois, ſemences & autres ſemblables.

VII.

La diſtillation par le réfrigératoire, convient tant aux choſes légéres & ſpiritueuſes, qu'à celles qui ſont de forte compoſition; ces derniéres néanmoins doivent être auparavant macérées dans le menſtruë qui leur eſt propre; par exemple, la ſemence d'anis dans l'eau d'anis même, ou dans l'eau de pluie diſtillée.

VIII.

La diſtillation par la retorte ou cornuë ne tire pas ſeulement les eſprits les plus peſans des minéraux, mais elle extrait encore les eaux & les huiles des choſes les plus ſubtiles, comme des bois, ſemences, gommes, racines, réſines & autres choſes ſemblables.

IX.

Quand on veut diſtiller des herbes récentes & pleines de leurs ſucs, il les faut piler, puis en exprimer le ſuc & le diſtiller au bain, en une cucurbite qui ſoit haute. On peut cependant les faire quelquefois macérer & putréfier pour en tirer les eſprits plus purs & avec plus d'abondance.

X.

Les herbes qui ſont naturellement ſéches, ou celles que l'on a deſſéchées, doivent être pilées, puis arroſées de leur eau propre ou d'eau commune diſtillée, ou de roſée de Mai, ou enfin de vin, mais de maniére qu'elles ſe puiſſent macérer dans leur menſtrue. Et dès qu'elles ſeront ſuffiſamment macérées, on les diſtillera au bain ; & ſi l'on veut les diſtiller par le réfrigératoire, il faut ſur chaque livre d'herbe verſer trois livres d'eau, puis diſtiller ſelon l'art.

XI.

On diſtille de même par le réfrigératoire toutes les ſubſtances aromatiques, ſoit racines, écorſes, bois, ſemences, feuilles, fleurs & tout autre végétable, mais remarquez que l'huile ſort avec l'eau ; & il faut enſuite les rectifier.

XII.

Il y a des choſes qui demandent un

grand feu pour leur diſtillation : cependant il faut toujours aller par dégré, & prendre garde que dans le commencement il ſoit toujours modéré, ſoit pour ne point brûler les ſubſtances, ſoit pour ne pas faire rompre les vaiſſeaux.

XIII.

Il faut prendre garde que le lut dont on ſe ſert, ne rende quelque mauvaiſe vapeur, afin que la liqueur ne ſoit pas infectée par une qualité étrangére, ſur-tout lorſqu'il faut employer un feu violent.

XIV.

Dans la diſtillation des acides, comme vitriol & vinaigre, la partie la moins noble ſort toujours la premiére & la plus noble ne vient que la derniére. Ainſi en les rectifiant, il faut toujours en ſéparer le flegme qui ſort le premier, & qu'il faut ou jetter ou le réſerver pour quelques opérations particuliéres, au lieu que dans les choſes ſpiritueuſes comme le vin, l'eſprit ſort le premier & laiſſe le flegme après ſoi.

XV.

Si les eaux diſtillées ſentent l'empireume, c'eſt-à-dire, un goût & une odeur de feu qui affecte l'odorat ou le palais, il ſuffira de laiſſer repoſer la liqueur dans un verre pendant quelque temps en lieu froid, ou ſur du ſable humide & froid.

XVI.

Quand on veut rectifier au ſoleil les liqueurs diſtillées au bain-marie, il faut remplir les deux tiers, ou tout au plus les trois quarts du vaiſſeau de verre ; & trouer de pluſieurs trous d'éguilles le parchemin qui ferme le vaſe, tant pour faire ſortir le flegme inutile que pour empêcher que le vaiſſeau ne ſe caſſe.

XVII.

En diſtillant quoique ce ſoit, il faut continuer la diſtillation tant que la liqueur qui ſort n'ait plus l'odeur ni le goût de la ſubſtance qu'on y a miſe. C'eſt ce qu'on doit obſerver dans la diſtillation des végétaux, comme fleurs, herbes, racines, écorces, ſemences & bois.

XVIII.

Les ſucs & eſprits diſtillés de ſubſtances végétables, ſe conſervent beaucoup mieux ſi après les avoir diſtillées, on en calcine les feces, ou même des matiéres entiéres de la même eſpéce pour en tirer le ſel, que l'on mêle avec l'eau qu'on en a distillée ; où l'on peut aussi les cohober sur leurs propres feces, pour leur donner plus de force & de durée.

XIX.

Et comme il y a des matiéres qui demandent un feu violent, que le vaisseau a souvent beaucoup de peine à soutenir, il faut prendre les voyes convenables d'accommoder l'une avec l'autre, soit par le lut, soit par quelque autre moyen convenable. Par exemple, les vaisseaux de verre ne se cassent pas au feu, si on les frotte deux ou trois fois avec du suc de rhue, les laissant sécher doucement à chaque fois. On peut rendre les cornues de terre à creuset capable de souffrir la distillation de l'eau forte. Pour cela, faites chauffer votre cornue & y jettez de petits morceaux de cire, que vous y ferez fondre & tournez la cornue de maniére que la cire aille par tout. S'il y en a trop vous la verserez. Voila pour l'intérieur ; quant à l'extérieur de la cornue, il faut pareillement la chauffer avec du suif de bœuf, & la mettre en cet état au fourneau, afin que les pores se bouchent, tant au dedans qu'au dehors. La même chose se peut faire pour les cucurbites de terre, & par ce moyen on pourra s'en servir pour la distillation des eaux-fortes, eaux régales,

& esprit de sel & de tout autre corrosif ou acide.

XX.

Les dégrés de feu se comptent différemment. Les uns commencent par le plus foible & en comptent quatre jusques au plus violent. Au lieu que d'autres commencent par le feu le plus fort, & en mettent douze dégrés: 1°. Le feu de flamme qui calcine & reverbére tous les corps: 2°. Le feu de charbon, qui cimente, colore & purifie les métaux & minéraux. Il donne à l'or & à l'argent un plus haut degré de perfection: 3°. Le feu de la mine de fer ardente, par lequel on éprouve les teintures des métaux: 4°. Le feu de limaille de fer ou d'acier: 5°. Le feu de sable: 6°. Le feu de cendres; il est bon qu'elles soient lessivées, c'est-à-dire, dessalées, parce que leur sel peut quelquefois faire casser le vaisseau: 7°. Le feu de lampe qui sert à fixer tout corps volatil: 8°. Le bain-marie, où se font plusieurs sortes de sublimations, distillations & coagulations: 9°. Le bain de vapeur pour les matiéres extrêmement spiritueuses: 10°. Le fumier de cheval, que quelques-uns nomment le ventre du cheval: 11°. Le bain de cendres au bain: 12°. Le feu du soleil qui est le feu de la nature.

Mais tous ces différens feux ont encore divers degrés entr'eux.

XXI.

Outre les menstruës ordinaires, il y en a d'extraordinaires ou singuliers; nommés alcaest; par exemple:

Prendre sel de tartre pur, ou du nitre fixé six parties; cristal ou cailloux calcinés mis en poudre. Vous fondrez le tout bien mêlangé à feu violent dans un bon creuset; puis le versez dans un mortier de pierre échauffée; laissez refroidir, pulvérisez & mettez en délict à la cave, pour le faire résoudre en huile ou liqueur propre à tirer la quinte essence des végétaux, animaux & minéraux. Ainsi en travaillant sur les métaux, réduisez-les en chaux, & après les avoir édulcorés & séchés, faites les bouillir dans cette liqueur que vous mettrez de rechef en poudre, puis en délict à la cave, & dès que le métal sera pénétré de la liqueur, vous y verserez de l'esprit de vin très-pur qui en tirera la quinte essence. Les minéraux se mettent seulement en poudre & sont digérés huit jours dans cette liqueur, puis on en fait l'extraction par l'esprit de vin. On peut faire la même chose sur les végétaux & les animaux, mais en purifiant bien & filtrant l'alcaest.

Le même ou pareil menſtruë ſe peut faire par le moyen du nitre Philoſophique que nous marquerons dans la ſuite.

XXII.

Le lut eſt encore une obſervation néceſſaire dans toute ſorte de diſtillation. Si le vaiſſeau de verre vient à ſe fêler comme il arrive ſouvent, prenez de la folle farine, bol fin, en poudre & chaux vive. Vous détremperez le tout avec glaire d'œuf bien battu, trempez des linges dans cette compoſition, & les appliquez promptement ſur l'endroit fêlé.

Pour fortifier les vaiſſeaux de verre contre la violence du feu; mêlez des blancs d'œufs bien battus & réduits en eau avec de la limaille de fer, du colcothar en poudre, & un peu de verre calciné & pulvériſé. Vous en donnerez pluſieurs couches avec un pinceau ſur la cornue ou le vaiſſeau de verre que vous déſirez mettre au feu: & ce lut eſt ſi fort qu'il réſiſte à la violence du feu comme le fer même.

Deux autres luts ſervent encore pour le même uſage, auſſi-bien que pour joindre le récipient au vaſe diſtillatoire. Prenez de la chaux vive bien triturée; que vous pétrirez avec du fromage mol, tant qu'elle ſoit comme un onguent liquide, mettez en ſur du linge ou ſur du papier gris ſans colle, & l'appliquez ſur les jointures ou fentes des vaiſſeaux. Mais ne la préparez que quand vous en aurez beſoin. La même chaux en poudre mêlée avec folle farine, bol fin bien pulvériſé & blanc d'œufs battus, miſe ſur un linge, & appliquée promptement ſur la fente des vaiſſeaux de verre eſt auſſi excellente.

Mais voici un lut qui ſert toujours. Prenez douze onces de litharge, autant de minium, demi-once de maſtic, partie égale de ſandaraque & de vitriol blanc; pilez bien le tout, & le mettez dans un demi pot de bonne huile de lin, & le faites cuire doucement juſqu'en conſiſtence de bouillie. Joignez-y de la terre à four leſſivée, lavée & repoſée quelques heures en eau commune, autant de blanc d'Eſpagne & la moitié de litharge; pulvériſez le tout & le mêlez bien. Prenez partie égale de cette poudre bien mêlée avec le vernis précédent, cuiſez-les enſemble d'une maniére plus ou moins ferme; on enduit avec cette pâte les jointures des vaiſſeaux en la preſſant un peu; ce lut ne peut être pénétré par quelques eſprits que ce ſoit. Lorſqu'il eſt trop ſec, on le mêle avec de nouveau vernis.

Les autres luts que nous ne marquons pas, ſe trouvent dans les Livres ordinaires. Mais comme il arrive quelquefois que les vaisseaux que l'on doit luter sont gras ; & par cette raison ne retiennent pas le lut. Il faut pour les dégraisser, les frotter avec une gousse d'ail coupée en deux.

Voici encore un lut dont je me sers: 1°. Limaille de fer ou plutôt machefer en poudre bien tamisée, deux onces: 2°. Ardoise calcinée & tamisée, deux onces: 3°. Sel décrépité mis en poudre, une once: 4°. De la boure suffisamment: 5°. Blanc d'œufs en eau: 6°. Urine & Vinaigre suffisamment, faites un peu bouillir, luttez, laissez sécher, & votre vaisseau souffrira le feu le plus violent.

CHAPITRE II.

Des Opérations Chymiques; des Dissolutions.

CEs principes établis, il faut venir aux opérations. Elles consistent en ces deux mots *dissolvés & coagulés*, ce qui comprend toutes les opérations de l'art; sans en excepter même la pierre Philosophale, (supposé qu'elle soit possible) où il ne s'agit que de dissoudre & coaguler, suivant ceux qui s'en mêlent.

En général les dissolutions se font par le moyen de quelque liqueur, que l'on appelle *menstrue* ou *dissolvant*. Les extractions se font aussi par des menstrues, auxquels les Chymistes donnent souvent le nom de *clefs*, parce qu'ils ouvrent les corps, pour en tirer l'essence & la partie la plus excellente. Les dissolutions & les extractions se font l'une & l'autre, par le moyen d'un menstrue & ne différent entr'elles que du plus au moins. La dissolution résout totalement le corps en ses premiéres parties ou plutôt en ses principes, & l'extraction ne tire que la partie la plus noble du corps sans le résoudre entiérement. Par exemple, une lessive faite avec le sel de tartre résout l'aloés en ses plus petites particules: & l'eau simple ne fait qu'en extraire la partie mucilagineuse. La premiére opération est donc une dissolution parfaite & la derniére une simple extraction ?

Le menstrue est universel ou particulier.

Le menstrue universel est celui qui résout tous les corps indifféremment; & le menstrue particulier est celui qui ne résout que certains corps qui lui sont proportionnés. L'action de ces deux menstrues est secondée par le feu qui agite, & met en mouvement leurs plus petites parties, & leur donne moyen de se mieux insinuer dans les corps pour les dissoudre; ce qui fait pareillement connoître l'utilité des digestions, pour faciliter la dissolution des mixtes.

Il y a différens menstrues particuliers, & qui ont chacun leur force dès qu'on l'applique à leur objet. Par exemple, le vinaigre distillé & bien rectifié, a plus de force que l'eau simple; mais il est plus foible que l'esprit de vitriol. La raison en est que tout menstrue ne dissout pas toutes sortes de corps. Il faut de la proportion entre le menstrue & le sujet à dissoudre; & si l'un & l'autre ne conviennent pas radicalement, l'opération ne réussira jamais. Cette convenance radicale consiste dans une proportion réciproque des particules du menstrue & des pores du corps, qui doit être dissout, ce qui néanmoins n'a lieu que dans les menstrues particuliers.

Le sucre, par exemple, se dissout promptement dans l'eau, mais il ne se dissout pas si aisément dans l'eau-de-vie, & encore plus difficilement dans l'esprit de vin; parce que le sucre est d'une nature saline, & se joint facilement à un fluide aqueux. Mais l'esprit de vin bien rectifié, quoique très-pénétrant, ne dissout pas le sucre, parce que l'esprit de vin est d'une nature sulphureuse, qui par la conformation de ses parties a de la répugnance avec les matiéres salines.

La même chose arrive dans les extractions; ainsi quand on met infuser du jalap dans de l'eau simple, jamais on n'en tirera la vertu purgative, au lieu que si vous le faites infuser dans de l'esprit de vin à une chaleur légére vous en tirerez promptement une belle teinture rouge; parce que la vertu purgative du jalap, réside dans la partie résineuse, qui demande un menstrue sulphureux ou huileux.

Il en est de même dans la famille minérale. Le mercure se joint promptement à l'or, & il a de la peine à se joindre au cuivre & au fer, parce que l'or contient un mercure très-pur, auquel le mercure vif se joint facilement à cause de la proportion & de la convenance réciproque qui se trouve dans leur tissure, c'est-à-dire, dans la disposition de leurs parties; mais il ne pénétre pas le Mars qui contient très-peu de mercure, & beaucoup de sel & de souffre impur, comme il paroit par la difficulté qu'il y a pour le mettre en fusion.

Les menstrues particuliers sont de trois sortes, sçavoir: *aqueux*, *huileux*, ou *sulphureux* & *salins*.

Les menstrues sont premiérement l'eau, qui sert à extraire tant les sels, que les sujets aqueux & mucilagineux, & tous les végétaux non-résineux. C'est pourquoi on en fait ordinairement les décoctions, les infusions & les teintures végétales, qui sont beaucoup meilleures si on y employe l'eau de la petite centaurée, jointe au sel de tartre simple ou lixivieux ou à la crême de tartre. Cette eau est pareillement bonne pour extraire & corriger les purgatifs, qui ont leur vertu dans la partie mucilagineuse, & non dans la résineuse. Tels sont le séné & la rhubarbe. Enfin l'eau simple est employée pour extraire les vertus des animaux par le moyen de la cuisson, je veux dire, les bouillons, les gelées & autres. La calcination Philosophique des cornes & des os, se fait de même par le moyen des eaux.

La rosée de Mai est du genre des menstrues aqueux : elle abonde en nitre volatil & lorsqu'elle est distillée elle donne un flegme salin, admirable pour tirer les essences ou faire les extraits des Végétaux. Ce flegme est quelquefois préférable à l'esprit de vin même, que sa chaleur & son inflammabilité rendent suspect. La rosée de Mai bien préparée dissout l'or, & en tire une essence excellente, & la vertu qui fait la végétation des végétaux, dépend en partie du sel de la rosée de Mai.

L'eau de pluie sur-tout celle du mois de Mars demande ici sa place. Elle est empreinte des vertus séminales, tant des plantes que des autres corps terrestres : elle est fortifiée par le sel volatil qui exhale des corps terrestres, & en particulier des végétaux qui bourgeonnent. Et lorsqu'on la distille elle donne un menstrue excellent pour tirer l'essence des végétaux. Quelques-uns même ont prétendu que c'étoit un menstrue universel ; & le fameux Cavalier *Borri* a été si loin, qu'il en a voulu composer la pierre Philosophale, & soutenoit qu'elle contenoit en elle toute la substance des astres, & qu'elle étoit chargée de l'esprit universel du monde ou du mercure des Philosophes ; mais cet artiste n'a pas réussi, car les plus habiles Philosophes conviennent qu'il ne faut pas un menstrue universel, mais plutôt un menstrue salin pour résoudre l'or & en tirer le germe ou la semence.

Je dirai à ce sujet, ce que j'ai vû pratiquer à Vienne en Autriche, & ce que j'ai depuis éprouvé moi-même. Etant au mois de Mars dans cette Capitale de l'Autriche, je remarquai que tous les Bourgeois & sur-tout les Domestiques des grandes maisons, recueilloient avec soin l'eau sur la fin de Mars pour la monter au sommet des Hôtels où il y a des réservoirs pour la conserver. On m'assura que comme cette eau étoit la seule qui ne se corrompoit pas ;

on en faisoit des amas dans les grandes maisons en cas d'incendie. A mon retour j'en ai fait l'épreuve, & après l'avoir gardée près de trois ans, je l'ai trouvée aussi bonne au bout de ce temps, que quand je la fis recueillir, sans feces, sans mauvais goût & sans altération. La raison en est claire comme cette eau tombe dans un temps où toute la masse de l'univers commence à être en mouvement, elle entraine avec elle le nitre de l'air, qui la conserve dans sa pureté.

Il y a des Philosophes qui font passer la neige pour un menstrue, ce que je ne pense pas néanmoins. On se trompe quand on croit qu'elle contient un sel salé. Quelques-uns prétendent même en tirer du soufre & de l'huile, plutôt par curiosité que pour le profit. Sur quoi voyez Bartholin dans le Traité qu'il a fait sur ce Phénoméne.

Tous ces menstrues aqueux pénétrent aisément les corps salins, mais ils ne se mêlent nullement avec les corps sulphureux, & ne sçauroient en faire la dissolution.

Les menstrues sulphureux ou huileux, sont principalement l'esprit de vin qui est d'une nature sulphureuse & spiritueuse, on s'en sert pour tirer les teintures huileuses & sulphureuses. Les esprits ardens des végétaux sont de ce genre, ainsi que les huiles distillées, qui sont proprement des sels volatils, concentrés dans une graisse acide: c'est pourquoi elles font la dissolution des corps sulphureux; tels sont les aromates, qui renferment un sel volatil huileux, qui se joint d'abord aux menstrues sulphureux; tels sont encore les corps résineux comme l'ambre, le benjoin & autres, dont on tire les teintures avec l'esprit de vin. Cet esprit bien rectifié attaque même les soufres des métaux, pourvû qu'ils ayent été auparavant ouverts, & corrodés par un autre menstrue plus fort; par exemple, par le Vinaigre distillé, & que les parties métalliques en ayent été écartées.

Les huiles distillées de génévrier, d'anis, &c. sont de ce genre. Elles font la dissolution non-seulement du soufre commun, comme il paroît par la préparation du baume tiré de ce minéral, mais même du soufre calciné de l'antimoine, qui est une substance extrêmement sulphureuse. Par exemple, avec l'huile distillée d'anis & le soufre d'antimoine, on fait une belle dissolution qu'on nomme le baume d'antimoine; & Glauber avec la même huile tire le soufre volatil du nitre.

Les menstrues salins, tant acides qu'urineux sont de divers genres, suivant leurs diverſes familles. Les menſtrues acides de la famille végétale, ſont les ſucs de citron, de berberis, de coins, les préparations de ces ſucs par la fermentation & les eſprits acides des bois. Tous ces menſtrues ſont tempérés & moins corroſifs que ceux des minéraux ; c'eſt pourquoi on les employe ordinairement pour les corps poreux, comme les yeux d'écreviſſes, les coraux, les teſtacées, les perles & le Mars, qui ſont aſſez ouverts pour donner entrée à ces menſtrues végétaux propres à diſſoudre leurs ſels.

Dans la diſſolution de ces corps poreux par ces menſtrues acides, il ſe fait ordinairement une efferveſcence, cauſée par l'alcali occulte de ces corps, qui combat contre l'acide.

Le Vinaigre tient le premier rang entre les menſtrues acides des végétaux ; il eſt ſi puiſſant dès qu'il eſt ſéparé de ſes craſſes, c'eſt-à-dire, dès qu'il eſt diſtillé, qu'il diſſout même juſques aux métaux, pourvû qu'ils ayent été un peu ouverts par la calcination. Ainſi le Vinaigre diſtillé tire la teinture du verre d'antimoine. Il diſſout le ſaturne qu'il réduit en ſel ſaccarin, il change le Mars en ſaffran, qui eſt un remède très-utile & le cuivre en verdet, & ce dernier en criſtaux, dont on tire l'eſprit de verdet, opération très-estimée par Zwelpher, Lefevre & de Saulx.

On y procéde de la maniére suivante pour faire le verdet : on mêle des lames de cuivre avec le marc, dont on a tiré le vin ; on les met en un lieu chaud, où le marc venant à fermenter jette un esprit acide qui corrode le cuivre, & en fait du verdet qu'on distille avec l'esprit de tartre, pour en tirer un esprit acide très-pénétrant & plus puissant qu'aucun autre : on prépare encore ce même esprit en distillant les cristaux de verdet. Sur quoi voyez Basile Valentin dans sa manifestation des mystéres, aussi-bien que Zwelpher & Lefevre. On dit que cet esprit de verdet agit sans réaction, ensorte que le même esprit peut toujours servir pour une infinité de dissolutions, au lieu que tous les autres menstrues ne sçauroient rien dissoudre, sans perdre ou tout ou partie de leur vertu. Zwelpher prétend même que cet esprit ne fait pas la moindre perte de ses forces, ce qui n'est pas absolument vrai, car il s'attache toujours quelque chose au sujet corrodé & à la fin il s'affoiblit, comme le marque Glaser.

Les menstrues acides minéraux sont l'eau-forte, l'eau régale, l'esprit de nitre, &c. qui sont tous corrosifs, puisqu'ils sont la dissolution des corps les plus compactes, sur-tout l'or & l'argent. Il faut cependant remarquer que l'eau-forte toute corrosive qu'elle est, ne dissout pas toutes sortes de métaux, à cause de la diversité des tissures : par exemple, elle ne dissout pas l'or, à moins que d'y ajoûter du sel commun ou du sel ammoniac. Alors elle dissout l'or & ne dissout plus l'argent : car aucun menstrue ne sçauroit dissoudre celui-ci, s'il n'y a du nitre. Le Vinaigre distillé ne dissout point le Saturne en sucre ou en sel sans une calcination qui doit avoir précédé ; mais d'abord il dissout le Mars.

On demande s'il est des menstrues insipides ? *Rolfincius*, *Billichius*, & *Angelus Sala* sont pour la négative, mais l'expérience & la vraisemblance sont pour l'affirmative ; car ce n'est pas la qualité corrosive, comme telle, qui dissout les mixtes, mais les particules aigues & affilées du menstrue, qui s'insinuent dans les pores des mixtes. Or rien n'empêche qu'il n'y ait des particules de cette configuration dans des menstrues insipides, qui agissent par maniére de pénétration. Le mercure vif est insipide au goût, il dissout pourtant l'or & l'argent ; l'huile commune dissout le Mars & même l'argent, où on la tient long-temps, elle est cependant presque insipide. *Lauremberg* assure dans ses aphorismes, qu'il a vû un menstrue insipide dans lequel l'or se fondoit comme de la neige.

Les menstrues salins urineux, sont pareillement les lessives fortes, comme la lessive de la chaux vive, & celle du sel de tartre, qui font la dissolution de tous les soufres, & tirent même ceux des métaux, sans parler de la dissolution du soufre commun pour faire le lait de ce minéral. On sçait que les lessives conviennent radicalement avec les corps sulphureux, parce que les sels fixes dont se font les lessives, se forment dans la calcination des corps du sel volatil & de l'acide ou soufre, qui se change en un troisiéme sel salé; & c'est à raison de ce principe sulphureux, que ces lessives agissent sur les corps sulphureux. Ainsi la lessive de chaux vive dissout l'antimoine en soufre antimonial, & la lessive de sel de tartre dissout le soufre crud.

Il y a plusieurs menstrues spiritueux, propres à dissoudre divers sujets sulphureux trop fixes. Tel est l'esprit d'urine pour tirer la teinture de l'or. Tel est l'esprit de vin animé par un sel volatil urineux pour tirer les parties sulphureuses, tant des végétaux que des minéraux. Tels sont enfin plusieurs esprits sulphureux des végétaux, comme l'esprit de génévrier & de térébentine, qui extrait le soufre de l'antimoine

timoine même. Ceci ſoit dit des menſtrues particuliers.

Mais y a-t-il un menſtrue univerſel capable de diſſoudre tous les corps ? Pluſieurs diſent que non : cependant les plus habiles Artiſtes prétendent qu'il y en a, ſçavoir : Paracelſe, Vanhelmont, Beckerus, Starkey. Ces Auteurs nomment ce menſtrue *Alchaeſt*, terme dont on ignore l'origine ; peut-être vient-il d'*Alcali*, parce que c'eſt avec les Alcalis qu'il faut préparer ce menſtrue. Mais ſans nous arrêter au nom, Vanhelmont aſſure que c'eſt une liqueur qui diſſout tout corps viſible juſqu'à la tiſſure ſéminale. C'eſt pourquoi on l'appelle auſſi l'eau de geheune : & c'eſt de cet Alchaeſt ou menſtrue univerſel que ſe doit entendre ce Proverbe des Chymiſtes ; le Vulgaire brûle tout avec le feu & nous avec l'eau.

Le menſtrue *Alchaeſt* a la vertu non-ſeulement de diſſoudre tous les corps, mais même d'agir ſans réaction ; & on peut le tirer cinq cens fois de deſſus les diſſolutions qu'il a faites, ſans le trouver affoibli, il opére ſeulement par voye de pénétration & il diſſout ſans détruire la tiſſure ſéminale ; en quoi il eſt contraire aux autres menſtrues ; il change enſin tous les corps en les réduiſant en l'eau élémentaire. Quand on dit que l'Alchaeſt diſſout tous les corps; il faut en excepter le mercure; qu'il fixe tellement au lieu de le dissoudre, qu'il souffre la violence du marteau.

La composition de ce menstrue a toujours été cachée au Public jusques à nos jours, & il est resté entre les mains, non des Chymistes vulgaires; mais des véritables adeptes supposé qu'il y en ait. *Starkey* fameux Chymiste Anglois, le décrit comme s'il en étoit bien instruit, & dit que *c'est un corps salin qui paroit sous deux formes, qui n'est ni tout volatil, ni tout fixe, ayant radicalement deux natures, quoiqu'en apparence il n'y en ait qu'une.* M. *Pelletier* de Roüen croit l'avoir trouvé, au moins l'a-t-il avancé dans le Traité qu'il en a fait imprimer à Rouen en 1704, sous le Titre d'Alchaest: & il incline vers l'esprit d'urine; *Becker* Chymiste & Métallurgiste Allemand, croit parler plus clairement en assurant que c'est un corps salin composé de la terre mercuriale, qui est le troisiéme principe des métaux, & que cette terre se trouve dans le sel commun; mais son sentiment expliqué aussi obscurément, n'a pas fait fortune. *Glauber*, autre Chymiste Allemand retiré à Amsterdam, prétend composer cet Alchaest universel par le nitre.

Au reste jusqu'à ce que vous soyez assuré d'avoir trouvé cet Alchaest, appreniez à volatiliser le sel de tartre, & vous aurez une liqueur succédanée à l'Alchaest, c'est-à-dire, qui vous en tiendra lieu & sera une espéce de menstrue universel. Il y a plusieurs maniéres de volatiliser le sel de tartre. Les uns le font avec l'esprit de vin bien rectifié, d'autres avec le Vinaigre distillé & l'esprit de vin, d'autres par le moyen de l'air, nous en rapporterons ci-après quelques-unes. Mais cependant voyez le célébre Zwelpher.

CHAPITRE III.

De l'Effervescence.

LORSQUE l'acide & l'alcali concourent ensemble, il se fait un mouvement ou une ébullition considérable; sur quoi il y a deux choses à remarquer; la premiére que ces deux sels se détruisent mutuellement; la seconde qu'ils ne se rencontrent jamais sans causer une agitation plus ou moins grande.

Quant à la premiére observation, qui est la destruction de ces deux sels, ce n'est pas que l'acide cesse d'être acide, ni l'urineux d'être urineux. Mais le mélange mutuel de ces deux sels les tempére tellement, que l'acide & l'alcali ne se font plus ſentir ſous cette qualité ; mais il s'en forme un troiſiéme ſel ſalé compoſé, qui n'eſt ni l'un ni l'autre.

La ſeconde obſervation eſt que ces deux ſels ne ſe joignent jamais ſans quelque agitation : ce qui demande quelque réfléxion. Cette agitation ſe nomme tantôt *efferveſcence*, tantôt *fermentation*, ſuivant deux ſortes d'états où les ſels ſe trouvent; car ou ils ſont purs & ſans aucun mélange, alors ils font *efferveſcence*, ou bien ils ſont impurs & mêlés avec d'autres matiéres, & alors ils ne font que *fermenter*. La raiſon eſt que ces ſels n'étant point mélangés, ſe touchent de plus près & agiſſent l'un ſur l'autre beaucoup plus efficacement, ce qui fait efferveſcence ; au lieu que quand ils ſont mêlés avec d'autres particules, celles-ci empêchent que les ſels ne s'approchent & n'agiſſent avec violence, ce qui fait une ſimple *fermentation*. Par exemple, il ſe fait une *efferveſcence*, quand on mêle l'eſprit de vitriol avec le ſel de tartre, ou quelque autre eſprit acide.

Au contraire il ne ſe fait qu'une ſimple *fermentation* dans le mout de vin, parce que les ſels qui le compoſent, ſont mêlés avec beaucoup d'autres parties matérielles. Le vin nous fournit des exemples de l'*efferveſcence* & de la *fermentation*. Car le vinaigre eſt le ſel acide pur du vin, comme le ſel de tartre eſt le pur ſel alcali du vin; & par conſéquent ſi on les mêle enſemble, ils feront effervefcence. Quand le vin dégénére en vinaigre, alors l'acide & l'alcali du vin ſe trouvant entremélés avec toutes les autres particules, qui compoſoient le vin, n'ont pas toute la liberté d'agir l'un ſur l'autre, ni d'exciter une *effervefcence*, ainſi il ne ſe fait qu'une *fermentation*.

Il n'y a donc que les ſels purs qui faſſent proprement *effervefcence*, ſçavoir l'acide & l'alcali: ainſi dès qu'on mêle de l'eſprit de vitriol, avec de l'huile diſtillée de térébentine, il ſe fait une effervefcence très-violente avec une chaleur extrême, à cauſe du ſel volatil huileux de l'huile de térébentine, qui combat contre l'acide du vitriol. Ainſi l'huile de tartre par défaillance, verſée ſur du ſel où l'acide eſt fortement concentré, excite une grande *effervefcence*. L'eau ſimple verſée ſur la chaux vive fait *effervefcence*, à cauſe de l'urineux qui attaque l'acide. Outre les alcalis manifeſtes, il y a certains corps terreſtres, qui abſorbent l'acide, ſoit qu'ils contiennent un alcali occulte ou non, & ils font une douce effervefcence, lorſqu'on les mêle avec des acides.

Certains métaux ont rapport ici ſurtout le Mars & le Saturne, qui excitent des *efferveſcences*, à cauſe de leurs parties terreſtres qui abſorbent l'acide. Le corail fait efferveſcence avec le ſuc de citron ou de limon, la craye avec des acides, & le marbre même avec l'eſprit de ſel. Le Mars avec l'eſprit de vitriol excite une efferveſcence & une chaleur très-forte. Mais il s'en fait encore une plus violente, lorſqu'on verſe de l'eſprit de nitre ſur la limaille d'acier; & ſi l'on verſe de l'huile de tartre par défaillance ſur cette mixtion, l'efferveſcence ſera ſi grande que les vaiſſeaux s'en romperont.

Les parties dures des animaux comme la dent de Sanglier, la corne de Cerf, les yeux d'Ecreviſſes, la Nacre, tous les coquillages teſtacées font *efferveſcence*, avec les acides, parce qu'ils renferment un alcali volatil, qui ſe manifeſte dans la diſtillation; ainſi lorſque l'acide les diſſout, le ſel alcali volatil ſe préſente, & lui livre le combat. Les *efferveſcences* ſont tantôt froides & tantôt chaudes: elles ſont chaudes quand l'acide combat avec les ſels fixes tirés des corps ſulphureux, ou avec des ſels volatils huileux. Elles ſont froides ou ſans chaleur, quand un ſel volatil pur combat avec un acide pur. Ainſi l'eſprit de ſel ammoniac ou l'eſprit d'urine combat avec l'eſprit de ſel ſans chaleur. Ce qui fait que ces ſels font *efferveſcence*, ensemble, n'est rien autre chose que la conformation mécanique de leurs particules, qui venant à nager ensemble & à se mêler dans un sujet fluide se heurtent réciproquement à cause de la diversité & de l'inégalité de leurs figures. L'acide corrodant l'alcali, & ce dernier absorbant l'acide, jusques à ce que ces deux sels se trouvent en égale situation & qu'ils s'unissent. Pour mieux comprendre ceci, on peut s'imaginer que les particules des acides sont coniques & pointues, & celles des alcalis fendues & creuses & que le combat dure jusqu'à ce que les pointes des acides soient entrées dans les fentes des alcalis, & que tous deux soient réunis en un troisiéme sel, qui ne soit plus ni l'un ni l'autre de ces deux premiers.

CHAPITRE IV.

De la Fermentation.

LA fermentation comme je l'ai déja dit, est un mouvement de l'acide & de l'urineux ou alcali, qui combattent ensemble & donnent du mouvement aux autres particules qui composent le mixte. Ce sont les sels qui sont le lien du mixte, tant qu'ils sont unis entr'eux, & qu'ils lient les autres particules, les corps demeurent dans leur état naturel. Mais s'ils viennent à se dissoudre eux-mêmes, & à lâcher les autres particules, la *fermentation* s'ensuit. Elle ne manque jamais de causer l'altération du mixte, laquelle arrive, parce que les sels durant le mouvement fermentatif, tâchent de se rejoindre & d'entraîner toujours avec soi quelques particules du mixte, pendant que celles qui sont incapables d'union, surnagent si elles sont légéres, ou prennent le fond en forme de feces, si elles sont pesantes, ce qui donne une tissure nouvelle au mixte.

Par exemple, dans la *fermentation* du mout, le combat de l'acide & de l'alcali, donne une nouvelle tissure ou une nouvelle altération à la liqueur qu'on appelle vin. Mais si par une autre *fermentation*, l'acide du vin s'exalte & l'urineux prend le dessous, il se fait encore une autre altération & une nouvelle mixtion qu'on appelle vinaigre. Ces fermentations & ces combats durent jusqu'à ce que l'acide & l'alcali ayent à force d'agir, perdu leur caractére ou tissure naturelle, & retournent en leur premier & dernier être qui est l'eau, à moins qu'il ne survienne quelque nouveau levain fermentatif, qui les fasse recommencer.

L'air est d'une grande néceſſité dans

cette action, & il eſt la principale cauſe de la *fermentation:* il eſt du moins très-aſſuré que le mout ne ſçauroit fermenter dans un tonneau bouché & rempli faute d'air, à moins qu'il ne rompe le vaiſſeau. C'eſt que l'air ſe mêlant avec les ſels, & venant à s'étendre par ſa vertu élaſtique, agite de plus en plus les ſels & accélére la fermentation. Ceci eſt éclairci par une expérience de M. Boyle, rapportée dans ſon *Traité de la vertu élaſtique de l'air*. Il verſe du ſuc de Limon ſur du corail, puis il met le tout dans un récipient, dont il pompe l'air, il ne ſe fait preſque point d'*efferveſcence*; mais quand il y a remis de l'air, il s'en fait une très-forte. Sur cette fermentation artificielle, il eſt aiſé de meſurer celle qui ſe fait dans notre corps.

Sur ce que l'acide & l'alcali ſe détruiſent l'un l'autre, on peut fonder un principe conſtant dans la pratique; ſçavoir que quand un de ces deux ſels affecte notre corps contre nature, il doit être détruit & chaſſé par ſon contraire. Par cette raiſon, quand l'acide péche, les alcalis ſont ſalutaires, & quand les alcalis troublent l'économie du corps, il faut employer des acides. Par exemple, dans la chaleur d'eſtomac, où l'acide péche & fait *efferveſcence* avec la bile ou quelque autre alcali, on donne à propos la craye, les yeux d'écrevisses, l'ivoire brûlée, la poudre de tuiles, &c. parce que ces remédes absorbent l'acide & appaisent l'*effervescence*. Les Brasseurs jettent de la craye dans la bierre qui s'aigrit pour absorber & précipiter l'acide; après quoi la bierre reprend sa premiére douceur. Dans la dissenterie où l'acide fait des effervescences viciées, & exulcére les intestins, les coraux, le cristal préparé, la verge de Cerf & le crane humain préparé ou calciné, sont d'une grande utilité, parce qu'ils absorbent l'acide, & empêchent le progrès de l'érosion. Le saffran de Mars astringent fait le même effet.

Les douleurs de la strangurie sont causées par l'acide, & calmées par les yeux d'écrevisses, qui adoucissent jusques au vinaigre même. Les écorces d'Orange & leur huile distillée font la même chose, parce que leur sel volatil huileux, tempére & corrige l'acide. Dans la pleurésie, c'est l'acide qui péche & coagule le sang, d'où s'ensuit une inflammation, qui excite la fiévre continue, par la fermentation de l'acide, avec le sel volatil. C'est pourquoi les sels volatils y sont bons, comme celui de corne de Cerf, de suye, de machoire de Brochet, &c. qui absorbent l'acide & guérissent souvent cette affection sans aucune saignée. Dans la mélancholie hypocondriaque, il n'est rien de mieux pour absorber l'acide morbifique, que le Mars & ses préparations, qui acquiérent une vertu vitriolique dans le corps, & entrainent par les selles ou par les urines les acides qu'ils ont absorbés. Les excrémens sont noirs, parce que les acides ont été absorbés par le Mars, puis précipités par la bile en forme d'encre. Dans le scorbut, c'est un acide rance qui péche, lequel se corrige par des sels volatils, à moins qu'il ne soit rebelle; alors les sels volatils nuisent, ils causent des chaleurs vagues & des mouvemens convulsifs par l'*effervescence* trop violente, qu'ils font avec ce sel rance: c'est pourquoi il faut quitter les sels volatils, pour s'attacher aux fixes, sçavoir au Mars, aux yeux d'écrevisses, à l'ivoire, &c. Les fiévres intermittentes & particuliérement la fiévre quarte dépendent de l'acide morbifique, qui est détruit ou poussé par les urines avec l'esprit de sel ammoniac, avec les sels végétaux, comme les sels d'absynthe, de petite centaurée, de chardon benit; avec les corps fixes métalliques calcinés, avec les fébrifuges de Strobelberge, de Crollius, &c. Dans les fiévres ardentes lorsque le sel volatil huileux, où la bile péche, & fait des effervescences viciées, de là s'ensuit la chaleur, la soif, & le délire.

Les acides foibles conviennent comme

le suc de Ribes & de Berberis, & même les acides minéraux, comme l'esprit de sel, celui de nitre, de vitriol, les *Clyssus*, &c. d'autant que ces acides corrigent & détruisent le sel volatil ou la bile, & arrêtent l'*effervescence*. Le nitre déparé par un alcali sans le dépouiller de son acide, a lieu ici. Il faut joindre ici les vulnéraires, qui contiennent un alcali tempéré, qui absorbent l'acide, soit dans les premiéres voyes, soit dans la masse du sang: alors en absorbant les acides, ils appaisent l'effervescence. On défend le vin dans les playes à cause de son acide, qui causeroit des effervescences nuisibles aux playes, à moins que d'y ajoûter des yeux d'écrevisses. Alors il acquiert une saveur urineuse, & il devient salutaire. L'usage du vin produit la podagre, la goute vague, le calcul & d'autres maladies causées par l'acide vicié, à quoi l'esprit de sel ammoniac convient, parce qu'il détruit l'acide & le pousse, tantôt par les sueurs, tantôt par les urines. Le vin le plus acide comme celui du Rhin, perd sa saveur lorsqu'on y méle de l'esprit de sel ammoniac.

La *fermentation* naturelle dure dans nos corps jusqu'à la mort, & voici comme elle se passe naturellement dans l'estomac. L'acide de cette partie combat avec le sel volatil des alimens, & tous deux se changent en un sel salé volatil. Si cette premiére fermentation est viciée : si le chyle se trouve acide en sortant de l'estomac, hors duquel tout acide est nuisible, alors il rencontre la bile qui corrige le vice du chyle, & le change en sel volatil. Si nonobstant cette correction le chyle reste acide, il combattra avec le sel volatil de la bile dans les cellules des intestins, où il excitera beaucoup de vent.

Lorsque la fermentation naturelle est viciée, comme il arrive aux hypocondriaques, on y remédie par des aromates, qui corrigent l'acide & calment l'effervescence. La masse du sang est dans une fermentation continuelle, ce qui se prouve par le battement du poulx; l'effervescence excessive & contre nature du sang fait les fiévres, qui se connoissent, sur-tout les ardentes par l'élévation du poulx, sa fréquence & sa célérité. Dans la Cakexie où l'effervescence naturelle péche par défaut, le poulx est rare & tardif; on connoit encore les dégrés de fermentation par les urines qui sont grossiéres, quand les particules excrémenteuses sont précipitées. Ainsi l'urine claire & tenue au commencement des fiévres aigues, mais qui se trouble successivement, donne bonne espérance: les douleurs des lombes, la fiévre, & les autres symptomes qui arrivent aux femmes, vers le temps de leurs mois, démontrent que la fermentation de la masse du sang est augmentée.

CHAPITRE V.

De la Précipitation.

QUAND la dissolution est faite, l'opération par laquelle on sépare le corps dissout d'avec le dissolvant, se nomme *Précipitation*. Elle est diamétralement opposée à la dissolution, puisque dans celle-ci l'objet que l'on dissout, est absorbé & imbibé par le menstrue ou dissolvant. Le corps dissout se sépare du dissolvant, où il se précipite par deux causes. La premiére, quand les pores du menstrue sont trop étroits pour retenir ou contenir les particules du corps dissout. La seconde, quand les particules du même corps dissout sont trop pesantes pour être soutenues & portées par la liqueur. Donnons des exemples pour éclaircir cette doctrine.

La premiére sorte de précipitation paroit dans la dissolution, ou l'extraction de quelque végétal avec l'esprit de vin, lorsqu'on y verse de l'eau commune, qui s'insinue dans les pores de l'esprit de vin, les rétrécit & en chasse ou précipite les particules résineuses qu'on y a dissoutes. Il en est de même de la belle teinture pectorale de Benjoin, tirée par l'esprit de vin; si on y mêle de l'eau commune ou de l'eau-rose, la liqueur devient blanche comme du lait, par la raison que les particules aqueuses s'unissent promptement avec l'esprit de vin, & remplissent ses pores; ce qui fait tomber au fond les particules que cet esprit contenoit.

La seconde maniére de précipitation par la pesanteur des particules dissoutes, se démontre dans la dissolution de l'or par l'eau régale, lorsqu'on y ajoûte du Mercure. Car d'abord l'or prend le fond, parce que le Mercure en s'unissant aux particules de l'or augmente leur pesanteur, & les entraine au fond. La précipitation du lait par le vinaigre distillé est de cette sorte.

La précipitation est spontanée ou violente; la premiére se fait quand les particules dissoutes, se séparent d'elles-mêmes de leur menstrue. Par exemple, la dissolution des perles ou du corail dans le suc de citron est claire d'abord; mais dans la suite elle se trouble & les particules dissoutes, tombent d'elles-mêmes au fond.

La précipitation violente est lorsqu'on ajoute quelque chose pour la procurer. Par exemple, le magistére néphrétique qui est une dissolution des esprits néphrétiques, faite avec l'esprit de sel se précipite par le moyen de l'esprit de vitriol, qu'on y ajoute.

La précipitation se divise encore en totale & en partiale; la premiére, se fait lorsque les particules dissoutes, se détachent & se précipitent totalêment, & tombent avec impétuosité au fond de la liqueur. La partiale arrive quand les particules dissoutes ne vont pas jusqu'au fond, mais sortent tant soit peu hors des pores du menstrue. Par exemple, si on jette un peu de sel dans de l'urine, celle-ci ne fera qu'une précipitation partiale des parties salines. De même si on verse un peu d'eau simple, non pas en grande quantité sur une dissolution de racine de jalap avec l'esprit de vin, qui fait une belle teinture rouge & claire; elle devient tout-à-coup pâle ou blanchâtre, & la résine se précipite au fond.

Je vais donner quelques expériences, qui éclaircissent la doctrine de la précipitation. Tous les acides & tous les austéres précipitent le lait, parce qu'en coagulant son corps grossier, ils rétrécissent & joignent les pores du petit-lait; ce qui fait la séparation parfaite du lait & du fromage. Tous les alcalis étant mêlés avec le lait, empêchent qu'il ne se coagule, parce qu'ils attenuent l'humeur grossiére du lait, en dilatent les pores, ce qui en empêche la coagulation. On voit souvent que les teintures ou essences de certains végétaux, sont fort claires & bien colorées dans un lieu chaud; mais dès qu'on les expose à l'air froid, elles deviennent troubles & opaques. La raison de ceci, est que la chaleur attenuoit les pores du menstrue, lesquels absorboient entiérement les particules du corps dissout. Le froid au contraire resserre les pores du menstrue, & oblige les particules dissoutes de s'en tirer plus ou moins, ce qui fait une précipitation partiale.

Les dissolutions faites avec les acides, sont précipitées par les alcalis, & les dissolutions faites par les alcalis, sont précipitées par les acides. Par exemple, dissolvez de l'or dans l'eau régale, qui est un menstrue acide, versez-y ensuite de l'huile de tartre par défaillance, qui est un alcali, l'or se précipitera avec bruit en forme de poudre grise, & c'est ce qu'on appelle or fulminant.

La dissolution du soufre doré d'antimoine, faite avec la lessive de sel de tartre, qui est un alcali, se précipite par le vinaigre distillé ou quelque autre acide en forme de poudre blanche, qui se nomme lait de soufre.

Les magistéres des végétaux se font par ce moyen ; par exemple, pour le magistére d'absynthe : *Prenez ce qu'il vous plaira de cette plante, que vous ferez cuire dans une lessive imprégnée de quelque alcali. Filtrez la colature, & jettez-y de l'alun en poudre & les particules dissoutes se précipiteront au fond.* La raison en est, parce que l'acide de l'alun se joint à l'alcali de la lessive, & en resserre les pores, ce qui nécessairement précipite les parties dissoutes du végétable. Mais il faut remarquer dans ces précipitations, par le moyen de l'alun, que la terre fixe de ce minéral se précipite en même temps, parce que l'alun est composé de l'acide, du soufre & d'une terre pierreuse. C'est pourquoi tous ces magistéres ne sont pas simples. Ce qui fait donc que les alcalis précipitent les acides, & que ceux-ci font la même chose sur les alcalis, est que ces sels cherchent toujours à s'unir ensemble, & dès qu'ils sont joints, il faut que les parties dissoutes tombent par leur propre poids, ou faute d'avoir place dans le mixte. Cette opération de la nature, est le fondement de l'encre & de toute autre teinture artificielle. Si l'on ajoute à une dissolution claire de vitriol, une décoction de noix de Galles pareillement claire, les deux mêlées ensemble donnent une liqueur noire & opaque ; ce qui arrive parce que l'alcali volatile des noix de Galles absorbe l'acide du vitriol, & que celui-ci laisse tomber les particules métalliques de cuivre & du Mars, qui troublent la liqueur. Si on mèle de l'esprit de vitriol avec de l'esprit de sang humain, la mixtion sera verte. C'est qu'alors l'esprit de vitriol absorbe le sel volatil alcali du sang humain & précipite les particules du cuivre, qui font la couleur verte. Si vous dissolvez de l'argent dans de l'eau-forte, ou dans de l'esprit de nitre rectifié, la dissolution sera fort claire: jettez-y des lames de cuivre, & vous verrez que le nitre qu'il faut un peu affoiblir avec de l'eau simple, quittera l'argent pour s'attacher au cuivre, & l'argent se précipitera en forme de poudre blanche. Pendant ce temps, l'eau forte dissout le cuivre & se charge de ses particules. Mettez une verge ou lame de fer dans cette dissolution, & les particules du cuivre tomberont, ainsi qu'a fait l'argent & l'eau-forte dissoudra le Mars. Jettez enfin dans cette dissolution de Mars, du zinc ou quelque autre corps métallique terrestre, & l'eau-forte s'attachera à ce nouveau corps, pendant que le Mars se précipitera en forme de poudre.

Non-seulement les acides précipitent les alcalis, & ceux-ci les acides; mais les acides mêmes sont précipités par d'autres acides, sçavoir les foibles par de plus forts. Par exemple, la dissolution du corail faite par le vinaigre distillé, se précipite par l'huile de soufre. Dissolvez des yeux d'écrevisses, la dissolution se précipitera en y ajoutant de l'esprit de vitriol. La raison en est claire, parce que les plus forts acides s'insinuent dans les pores du flegme, le remplissent, attaquent les particules terrestres corrodées & rétrécissent les pores, d'où s'ensuit la précipitation du mixte. Ceci n'a lieu qu'à l'égard des forts acides insinués dans de plus foibles; car les acides également forts ne précipitent rien.

C'est par ce moyen, comme nous l'avons déja dit, que se font les magistéres. Mais ces sortes de compositions sont de peu d'utilité; parce que la tissure des simples est entiérement détruite par la dissolution faite dans des menstrues trop âcres. En effet, la vertu de ces remédes, est d'absorber les humeurs viciées du corps, & principalement des premiéres voyes, & de les pousser par les urines. Ce qu'ils ne sçauroient faire, puisqu'ils sont déja rassasiés d'acides. En un mot les simples qui sont salutaires de leur nature, se changent par ce moyen en des chaux indissolubles, qui ne font aucun effet, sinon qu'elles restent dans l'estomac, & lui causent souvent de grands maux: ainsi donnez un vomitif trois jours après avoir pris ces magistéres, vous rejetterez une poudre blanche qui n'est rien autre chose que le magistére, qui est toujours joint à des particules du corrosif que les lotions ne sçauroient retirer. Ainsi les magistéres simples sont beaucoup plus utiles.

De quelle utilité sont donc ces magistéres? Est-ce pour fortifier? Mais ils n'y servent de rien. Et Zwelpher a introduit des magistéres solubles, ainsi nommés, parce qu'ils sont dissouts dans toutes sortes de liqueurs. Ils se font sans précipitation, par l'infusion, l'abstraction & l'édulcoration de l'esprit de verdet seul. Ils sont un peu moins mauvais que les autres, parce qu'ils ne détruisent pas tous les sujets.

Des précipitations artificielles & méchaniques, passons aux naturelles. Nous voyons que dans la fermentation les feces quittent la liqueur pour tomber au fond, parce que les deux sels par leur union, chassent les particules terrestres ou les laissent aller. Mais s'il arrive que la fermentation soit empêchée ou par l'acide qui prédomine, ou par le mêlange de quelque corps étranger, la précipation se fait aussi-tôt. Par ce moyen la bierre aigrie, précipite son acide dès qu'on y ajoute de la craye. Et la bierre nouvelle cesse de fermenter & devient potable dès qu'on y jette du ſel. Le vin s'aigrit ſouvent, parce qu'il eſt chargé de trop de tartre, qu'on précipite avec deux coques d'œufs, à cauſe de la peſanteur de l'acide. Enfin la fermentation viciée du vin ſe corrige par l'addition des alcalis fixes; par exemple, de la pierre de ponce calcinée, ou les leſſives de quelques autres chaux. La raiſon eſt que ces alcalis s'attachent à l'acide, & le précipitent avec lui.

La même précipitation, ou du moins quelque choſe de ſemblable, ſe pratique dans le corps humain, comme on le voit dans les fiévres intermittentes, où la maſſe du ſang eſt chargée de particules étrangéres, qu'elle pouſſe au-dehors par le moyen de la précipitation. C'eſt ſur ce fondement que les Médecins donnent en ce cas des remédes qu'ils nomment précipitans, pour ſéparer les particules étrangéres de la maſſe du ſang, & les chaſſer ou par les urines, ou par les ſueurs, ou par les ſelles.

Les ſignes de la coction de l'urine, & le poulx dépendent de la précipitation: car les urines qui ſont claires dans l'augment de la maladie, auront beaucoup de ſédiment dans l'état, quand la bile cauſe l'effervеſcence du ſang; par exemple, dans les fiévres ardentes on doit donner des acides: au lieu que quand l'acide excite l'effervescence, comme dans les fiévres intermittentes, alors il faut donner des alcalis.

Les précipitans impropres sont ceux qui ont la force de changer les acidités viciées, qui causent plusieurs inflammations & diverses effervescences en différentes parties. Ces sortes de remédes qui absorbent ou fixent plutôt qu'ils ne précipitent, sont appellés mal-à-propos précipitans, tel est le Mars qui absorbe simplement l'acide, qui péche dans la mélancolie hipocondriaque & dans le Scorbut. Telle est la craye dans le *Soda* ou ardeur d'estomac, qui ne fait qu'y fixer l'acide vicié qui excite l'effervescence. Telle est la dent de Sanglier dans la pleurésie qui corrige la masse du sang, en absorbant l'acide contre nature. On peut dire la même chose des remédes antidyssenteriques, &c.

CHAPITRE VI.

De la Calcination.

La calcination est la corrosion & la dissolution d'un corps compacte en ses plus petites particules. Elle se fait au feu actuel ou au feu potentiel. La calcination par le feu potentiel, se fait ordinairement par des menstrues acides de deux maniéres, ou par la vapeur du menstrue ou par l'immersion.

La calcination par la seule vapeur du menstrue, est assez connue dans la préparation du plomb en céruse par la vapeur du vinaigre; ou de l'or, par la vapeur du plomb ou du mercure. La calcination par immersion se fait ou par la voye humide ou par la voye séche.

Celle qui se fait par l'immersion humide, est quand le corps qu'on veut calciner est jetté dans le menstrue; par exemple, le cuivre ou l'argent dans l'esprit de nitre, ou le plomb dans le vinaigre. Mais la calcination par l'immersion séche est quand on stratifie ce qu'on veut calciner avec le menstrue: c'est ce qu'on appelle *Cementation*. Elle a lieu quand on veut calciner quelque métal qu'on divise par petites lames fort minces, que l'on place par couches avec quelques sels. On met le tout sur le feu, afin que les sels venant à se dissoudre, rendent leurs esprits acides, lesquels corrodent le métal. C'est ainsi qu'on purifie quelquefois l'or & quelques autres métaux.

La calcination au feu actuel, se fait en exposant à un feu bien vif la matiére qui doit être calcinée. C'est ainsi que l'on calcine

cine le corail & les autres corps semblables.

CHAPITRE VII.

De la Coagulation.

LA coagulation est l'autre partie des opérations Chymiques. Les grands Artistes ont dit : *Dissolvés & coagulés.* Elle se fait donc quand les mixtes dissous dans leur menstrue sont réduits en une substance solide, par la privation de leur humidité. Il y a de deux sortes de coagulation, l'une froide & l'autre chaude, & se coagulent ou crystallisent au froid. D'autres se fondent au froid & se coagulent à la chaleur : de cette derniére sorte sont les sels lixivieux tirés des cendres des plantes, qui se fondent au froid en forme d'eau, & se coagulent à la chaleur ; ou ce que je croirois encore plus volontiers, ces sels alcalis étant exposés à l'air, en attirent l'humidité, ou même si vous voulez, ils attirent l'esprit universel, & font corps ensemble. Cette différence entre ces deux sortes de sels vient de la présence ou de l'absence des esprits. Les sels qui donnent beaucoup d'esprits, se fondent à la chaleur & se coagulent au froid, comme le nitre, le vitriol, l'alun, le ſel commun; au lieu que les autres font le contraire.

SECTION II.

CHAPITRE PREMIER.

Des principes ſalins des modernes, & particuliérement du ſel acide.

J'ENTENDS par *ſel*, certaines particules de la matiére qui ſe fondent aiſément dans l'eau, & qui par l'impreſſion vive qu'elles font ſur la langue, cauſent le ſentiment du goût & de la ſaveur. Ces particules ſont d'une grande conſidération, parce que ce ſont elles qui compoſent les corps naturels & leur donnent de l'efficacité. Le pouvoir des ſels eſt d'une très-grande étendue. Il étoit déja connu par Hyppocrate, qui en a parlé ſous le nom de *ſaveurs*.

Il y a deux ſortes de ſels, le ſel univerſel & le ſel particulier. Le premier fut répandu dans la création du monde par-tout l'Univers; & on le nomme l'eſprit du monde, lorſqu'il eſt confondu dans l'air; quelques-uns le nomment l'oiſeau d'Hermès. Et lorſqu'il eſt caché dans les entrailles de la terre, pour donner l'accroiſſement à tant d'eſpéces de végétaux, il eſt appellé le ſel central de la terre. C'eſt ce ſel univerſel qui ſelon quelques Philoſophes, ſert à expliquer l'énigme d'Hermès ; ce qui eſt deſſous, reſſemble à ce qui eſt deſſus : & ce qui eſt deſſus, eſt comme ce qui eſt deſſous : & tout ſe fait d'un & par le moyen d'un.

Le ſel univerſel engendre dans les différentes matrices le ſel particulier qui eſt de deux ſortes, ſçavoir : l'*acide* & l'*alcali*, ou l'urineux. Ces deux ſels unis enſemble, compoſent un troiſiéme ſel, nommé le *ſel ſalé*, qui n'eſt ni l'un ni l'autre, & participe cependant de tous les deux. Par exemple, l'eſprit de vitriol eſt un ſel acide, le ſel de tartre eſt un ſel urineux, & tous les deux enſemble en forment un troiſiéme qui eſt le ſel ſalé. Il faut cependant remarquer que tout ſel n'eſt pas toujours en forme ſéche : car les ſels ont deux états, un de diſſolution, & l'autre de coagulation. Les ſels diſſous donnent les eſprits liquides, & les ſels coagulés produiſent les ſels en forme ſéche.

Les ſels acides ſe trouvent dans les trois familles, à commencer par les minéraux, l'acide du ſoufre y paroit avant tout, & c'eſt de lui que les minéraux tirent leur acidité, sçavoir le vitriol, l'alun, le sel commun, &c. Les métaux même jusqu'à l'or tirent leur acidité de l'esprit acide du soufre : car l'or a de l'acidité. Ce qui se prouve par l'or fondu, dans lequel on enfonce une verge de fer, qui en un moment se change en rouille, comme si on l'avoit brûlé avec du soufre allumé. Le Mars contient tant d'acide qu'il se dissout à l'air humide, & cet acide ronge son propre corps, qui se change en une rouille que les Chymistes appellent safran de Mars, ou *crocus martis*. Vénus ou le cuivre n'a pas moins d'acide qui se dissout par l'humidité & engendre le verdet ou un safran verd subtile, qui corrode son propre corps. Le saturne ou le plomb a aussi beaucoup d'acide ; ce qui se connoit par la purification de l'or & de l'argent dans la coupelle : car à mesure que les autres métaux attachés à l'or & à l'argent se fondent avec le plomb, celui-ci les prend tous, excepté l'or & l'argent qui vont au fond. La raison est que le saturne, qui abonde en acide cherche à se rassasier ; & comme l'or & l'argent sont des corps parfaits & trop compactes, il les laisse pour s'attacher au Mars & à Vénus, & aux autres métaux moins purs.

Il y a pareillement beaucoup d'acides dans les minéraux, & il ne faut même que les examiner ſuperficiellement pour s'en convaincre.

Les végétaux ne ſont pas auſſi ſans acide, car les fruits ne meuriſſent qu'en paſſant d'un acide auſtére à une ſaveur moins rude, & enſuite à une ſaveur très-douce. Différentes ſortes de vinaigre qui ſe font avec les fruits par le moyen de la fermentation, prouvent encore l'acide des végétaux, ſans parler des fruits dont toute la ſubſtance eſt acide, comme les groſeilles & l'épine-vinette. Il faut s'arrêter aux ſucs de preſque tous les végétaux qui fourniſſent par la fermentation des liqueurs acides. Ainſi le ſuc de pommes & de poires qui ſemble doux devient vinaigre, & le ſucre malgré ſa douceur, fournit un eſprit acide, dès qu'on le diſtille au feu de ſable.

Que les ſemences des végétaux renferment de l'acide, c'eſt ce qui eſt démontré par le pain diſtillé à un feu modéré, qui donne un eſprit acide, capable de diſſoudre même ſans feu le cuivre, le mars, le corail, la pierre hématite, & en tire les teintures. Il agit même ſur certains minéraux plus puiſſamment que ne fait l'eau-forte. Le vinaigre que l'on tire de la bierre le confirme, auſſi bien que les décoctions de quelques plantes que ce ſoit, faites dans l'eau ſimple, qui s'aigriſſent dans un lieu chaud, ou lorſqu'elles ſont expoſées au Soleil.

Il y a de l'acide caché dans tous les bois, que l'on en retire par la diſtillation comme du génévrier & du ſaſſafras; la ſuye même diſtillée dans une retorte, donne un eſprit acide très-ſubtil & beaucoup de ſel volatil.

Il paroit peu d'acide dans le régne des animaux, parce qu'il eſt caché ſous l'écorce de l'onctueux & du ſulphureux, c'eſt pourquoi, ſuivant Tachenius, on fait du ſavon avec tous les ſels urineux & de la graiſſe; ce qui montre que toutes les graiſſes tirées des parties des animaux, contiennent un acide concentré, & qu'étant jointes à des alcalis, elles donnent un troiſiéme ſel ſalé. Je ne dis rien de l'acide de l'eſtomac, dont perſonne ne doute. Les matiéres mêmes qu'on vomit, le font voir & corrodent les baſſins de cuivre où elles tombent. Il n'y a point juſqu'aux ulcéres qui n'ayent un acide corroſif, qui agit ſur les os & les carient. Il eſt bon de remarquer que par-tout, où il y a de l'acide, il y a auſſi de l'urineux; qui chacun ont le deſſus, ſelon qu'il a de force pour dominer.

CHAPITRE II.

Du sel alcali ou urineux, tant fixe que volatil.

LES sels alcalis sont nommés urineux, parce qu'ils ont la saveur de l'urine, il y en a de deux sortes, le volatil & le fixe. Le premier s'envole de lui-même en l'air, ou à une chaleur légére. Le fixe est celui qui soutient le feu sans s'envoler, comme sont tous les sels tirés des cendres. Par exemple, les sels de tartre, d'absynthe, de fumeterre, de petite centaurée, &c. Quelques-uns veulent expliquer le mot de volatil & de fixe, par la légéreté & la pesanteur; mais nous aimons mieux nous attacher aux choses mêmes qu'à leurs qualités.

Les sels volatils abondent dans le régne animal, ils sont rares dans le végétal, & très-rares dans le minéral. Toutes les parties des animaux mêmes les plus abjectes, comme la fiente, l'urine, le poil, la sueur, & les cornes fournissent grande quantité de sel volatil, & il reste si peu de sel fixe dans la tête morte, qu'un homme entier calciné n'en donneroit pas une dragme. Ce qui volatilise les sels dans les animaux, n'est autre chose que la digestion fermentative avec l'inſpiration continuelle de l'air.

La famille animale n'eſt pas la ſeule qui poſſède des ſels volatils, il s'en trouve dans la végétale, ſur-tout des ſels âcres, par exemple, dans les oignons, dans le creſſon, le reſſort & dans les autres plantes anti-ſcorbutiques & anti-hypocondriaques. Quelques végétaux renferment des ſels volatils tempérés par l'union d'une matiére onctueuſe, comme la menthe, la ſauge, le romarin & tous les aromates. D'autres ont des ſels volatils occultes comme les plantes vulnéraires, qui la plûpart ſont inſipides, & dont le ſel ne ſe manifeſte que par ſes effets; lors par exemple, qu'elles revivifient le mercure ſublimé ou le mercure précipité. Car dès que le mercure qui a pris diverſes formes par le moyen des ſels acides, eſt mêlé avec le ſuc des herbes vulnéraires, il ſe fait une ébullition, pendant laquelle les acides quittent le mercure, & ſont abſorbés par les alcalis des plantes vulnéraires. Alors le mercure délivré reprend ſa premiére forme & ſa liberté.

Malgré cette expérience, il s'en trouve encore qui doutent, ſi les végétaux ont des ſels volatils, & diſent que s'ils en ont, ils ne ſont ni purs ni ſimples. Il faut donc les convaincre par les ſens; ne voyons nous pas qu'on tire des ſels volatils urineux de la ſuye, ſelon Horſtius : & que ſi on met de l'abſynthe deſſéché dans une retorte, ou dans le fourneau de Glauber, on en tire beaucoup d'eſprit & de ſel urineux très-ſubtile, comme on tire des végétaux fermentés un eſprit auſſi inflammable que l'eſprit de vin. On tire des mêmes végétaux putréfiés, un eſprit urineux. On tire du pain par la diſtillation un eſprit inflammable ; & ſi on ſçait gouverner le feu, on en tirera un ſel volatil très-excellent. Le tartre ne vient-il pas des végétaux ? On en tire cependant un ſel volatil excellent, ſur-tout ſi on ſe ſert de la lie de vin.

Les ſels alcalis fixes ſont tirés des cendres des végétaux, & ils ſe trouvent particuliérement dans la famille végétale. Il y en a peu ou point dans la famille animale, & encore moins dans la minérale, ſçavoir le ſel nitre fixe. Les ſels fixes des Végétaux ; ſont le ſel de fumeterre, le ſel d'abſynthe, de rhue, &c. Mais ces ſels fixes n'exiſtent pas naturellement dans les végétaux comme les volatils urineux, ou comme les acides dans les minéraux, ils ſe font artificiellement par le feu qui fond & réunit l'acide, & l'urineux volatil de la plante. Voici de quelle maniére cela ſe fait. Pendant que la plante brûle, & que les parties du mixte se dissoudent, le sel volatil de la plante s'accroche, en s'envolant, à une partie du soufre du même mixte, à quoi il se joint & se fixe en sel alcali. Le reste qui n'a point de soufre, pour s'accrocher, se dissipe en l'air, & constitue le corps de la suye; & c'est la raison pourquoi les végétaux huileux donnent beaucoup de sels fixes. Voici par conséquent le moyen de tirer quantité de sels fixes ou de cendres gravelées des bois.

Prenez du bois de pin, & le brûlez dans un vaisseau ou un lieu bien fermé, le sel volatil s'attachera par ce moyen à beaucoup de soufre, & l'un & l'autre se fixeront en alcali artificiel très-abondant, ce qui n'arrivera pas si on brûle le même bois au grand air; car il fera moins de cendres, & par conséquent peu de sel fixe. Les bois pourris, quelque feu qu'on leur donne, ne fournissent aucun sel fixe, parce que tout leur sel volatil s'est dissipé avec leur soufre par la pourriture. Le sel nitre servira pour illustrer la génération des sels fixes des végétaux. Si on brûle le nitre seul, il s'envole en l'air, mais si on y ajoute un peu de soufre, il demeure un sel nitre parfait, & en d'autant plus grande quantité qu'on y aura mis plus de soufre.

Ces sels fixes sont nommés *sels lixivieux*, à cause qu'on les tire en forme de lessive, les Arabes les appellent Alkalis, du nom de Kali, herbe qui croit en Egypte, ſur les bords du Nil, Fleuve rempli de nitre; elle eſt d'une ſaveur nitreuſe, & les anciens Egyptiens la brûloient pour en tirer du ſel qu'ils appelloient Kali. On y a joint depuis la particule al, pour marquer ſon excellence & l'on a dit Alkali, pour Kali. On trouve quantité de cette herbe auprès des Salines de Trieſte, & en Languedoc proche de la Mer. Elle reſſemble à la petite joubarbe.

Le nom d'alcali ne ſe donnoit au commencement qu'aux ſels fixes des végétaux, mais comme on a remarqué que les ſels volatils n'étoient pas moins contraires aux acides que les fixes, on a étendu ce nom à tous les urineux volatils & fixes, & on les a nommés alcali. Et nous nous ſervirons toujours dans la ſuite de ce mot alcali pour déſigner le ſel urineux, ſoit fixe, ſoit volatil.

CHAPITRE III.

Du Sel ſalé.

LORSQUE l'acide & l'alcali combattent enſemble, ils compoſent un troiſiéme ſel, ſçavoir le ſel ſalé, qui n'eſt ni acide, ni urineux, mais composé de l'un & de l'autre; car la nature de ce sel est de participer aux deux natures. Zwelfer met souvent le sel salé pour le sel urineux, ce qu'il faut sçavoir pour ne se pas tromper en lisant cet excellent Auteur.

Les sels salés, suivant la nature des alcalis combinés avec les acides, sont sels salés fixes, ou sels salés volatils. Les premiers se font quand les acides s'accrochent à des alcalis volatils, & qui ne sçauroient soutenir le feu, mais s'évaporent; tel est le sel ammoniac qui se forme, comme je dirai ci-après, du sel alcali de l'urine, & de l'acide du sel commun. Les sels salés fixes sont quand un alcali fixe se joint à un acide. Tel est l'esprit de vitriol, & le sel de tartre. Les sels salés sont, comme il a été dit, hermaphrodites, & ont deux natures, de maniére pourtant que l'une domine sur l'autre, car il faut que l'acide détruise l'alcali, ou que l'alcali détruise l'acide pour régner & faire un troisiéme sel salé, qui ne soit ni l'un ni l'autre, mais composé de tous les deux.

Il est à remarquer que quoique les acides & les urineux ne puissent se mêler ensemble sans faire effervescence, néanmoins les sels salés se joignent aux urineux & aux acides, sans aucun combat & sans aucune action.

CHAPITRE IV.

Du Sel Ammoniac ou Armoniac.

NOUS avons dit ci-dessus que le sel ammoniac étoit un sel salé volatil, mais le nôtre n'est pas celui des Anciens : le nôtre est artificiel, & celui des Anciens étoit naturel, & se trouvoit dans les sables de la Libie vers le Temple de Jupiter Ammon, d'où il a tiré son nom. C'est la coutume des Marchands de ce pays-là de se servir de Chameaux dans leurs voyages ; & c'est l'urine de ces Animaux fermentée avec le sable qui produit le sel ammoniac naturel. Le nôtre, ou le sel ammoniac artificiel, est composé du sel commun dissout dans beaucoup d'urine humaine, ou même dans celle des animaux, à quoi on ajoûte un peu de suye, on cuit le tout ensemble jusqu'à certaine consistance, puis on le laisse dans un lieu froid, où il se crystallise en un sel blanc, qu'on appelle sel ammoniac.

Voici de quelle maniére se fait cette génération. Le sel volatil de l'urine & de la suye qui monte après l'évaporation du phlegme, se joint avec l'acide du sel commun, & forment tous deux la masse salée ou le sel ammoniac.

Le ſel ammoniac ſert à la Médecine & à la Chymie : à l'égard de la Médecine, c'eſt un ſtomachique ſingulier pour déterger les ordures adhérantes de l'eſtomac, & il n'eſt rien de meilleur pour l'apepſie ou les indigeſtions, ſi on le joint avec quelques aromates, comme la canelle, le poivre, les eſpéces diatrion pipereon, ou les cubebes. C'eſt auſſi un fébrifuge excellent pour les fiévres intermittantes, quand on le donne avant le paroxiſme, mais cependant après avoir fait précéder les remédes requis, & principalement le vomiſſement. Il chaſſe les fiévres quartes, & il réuſſit mieux en le mélant avec les yeux d'Ecreviſſes, par exemple :

Prenez quinze grains de ſel ammoniac dépuré : huit à dix grains d'yeux d'Ecreviſſes. Mêlez le tout pour une poudre à prendre avant le paroxiſme ; on n'en prendra pas deux fois que la fiévre quarte ne s'arrête, ou il faut qu'elle ſoit bien enracinée. C'eſt pareillement un puiſſant diurétique avec les mêmes yeux d'Ecreviſſes : il déterge les canaux des reins & des urines, & il empêche par ce moyen la génération du calcul ; il eſt pareillement d'une grande efficacité dans l'iſcurie cauſée par le ſang grumelé, ou par quelqu'autre cauſe. Mais on ne s'en ſert en Médecine qu'après l'avoir dépuré, ce qui ſe fait en le dissolvant dans de l'eau simple. On filtre la dissolution, & après en avoir fait évaporer un peu de phlegme, on met le tout à la cave où il se forme des cristaux en forme de sel.

Les fleurs de sel ammoniac se font en sublimant du sel ammoniac dissout dans de l'eau. Il y en a qui y ajoutent de la Limaille de fer, mais mal-à propos. Car l'acide du sel ammoniac corrode le Mars, & s'unissent ensemble, d'où il se forme un vitriol, pendant que le sel volatil urineux s'envole en l'air. Il est vrai qu'à force de feu il monte des fleurs salines, mais elles sont acides & vitriolées, & beaucoup moindres que le sel ammoniac.

A l'égard de la Chymie, le sel ammoniac y sert pour volatiliser les soufres fixes des métaux & des minéraux, suivant la doctrine de Basile Valentin; c'est pourquoi on le nomme *aquila alba*, ou *aquila cœlestis*; la pierre hématite pulvérisée, avec le sel ammoniac & mise dans une curcubite, s'éléve en forme de fleurs rouges excellentes dans la Médecine, & principalement dans toutes sortes de fiévres. Zwelfer dans son *Mantissa hermitica*, enseigne la maniére de sublimer l'or avec le sel ammoniac: les coraux dont le soufre est fort engagé dans le mixte, se subliment pourtant très-bien avec le sel ammoniac en forme de fleurs rouges; on réitére la ſubli-mation pour rendre ces fleurs plus fortes, & l'on peut enſuite en tirer une belle teinture.

La tête morte du vitriol de Vénus, bien calcinée, puis édulcorée & mêlée avec le ſel ammoniac, donne dans la ſublimation des fleurs de couleur d'orange, qui renferment beaucoup de vertus, & ſpécialement une faculté hypnotique, ou ſomniferre. Marcus Marci ſublime le vitriol de la même maniére pour compoſer la pierre de Buttler.

Pour ſéparer l'acide de l'urineux volatil dans le ſel ammoniac, il ne faut qu'y ajouter des ſels alcalis comme le ſel de tartre, le ſel des cendres gravelées ou la chaux vive, car alors le ſel alcali fixe ſe joignant avec l'acide du ſel commun qui eſt dans le ſel ammoniac, met en liberté le ſel volatil du même ammoniac, lequel monte en ſa forme naturelle, ou en forme de fleurs d'eſprit.

Pourquoi, dira-t-on, l'acide du ſel ammoniac quitte-t-il ſon ſel alcali volatil, pour s'attacher à l'alcali fixe? Je réponds, que les fixes ſe joignent aiſément aux fixes, parce qu'ils ſont de même nature.

D'autres ſujets que les alcalis ſe joignent à l'acide, ſur-tout à celui du ſel ammoniac, par exemple, la limaille d'acier, le minium, &c. La raiſon en eſt, que ces corps métalliques acides, ne ſont pas raſſaſiés; ainſi ils abſorbent l'acide du ſel ammoniac, & laiſſent en liberté ſon ſel urineux, qui s'éleve en forme de ſel ou d'eſprit urineux; l'eſprit du ſel ammoniac eſt ordinairement de couleur blanche, mais on lui peut donner une belle couleur d'or avec le ſoufre commun, de la maniére qui ſuit.

Prenez du ſel ammoniac & du ſoufre commun, cinq onces de chacun; pilez le tout & le mêlez avec ſix onces de chaux vive, diſtillez le tout dans une retorte, & il ſortira un eſprit de couleur d'or, mais puant à cauſe du ſoufre, dont il prend juſqu'à l'odeur.

Remarquez en paſſant que quand les alcalis volatils ſe joignent à des ſujets ſulphureux, il en réſulte une couleur rouge, ce qui peut ſervir de guide pour trouver la raiſon de la couleur du ſang.

L'eſprit de ſel ammoniac eſt un bon ſudorifique & fort pénétrant. La doſe eſt de trente & quarante goutes, juſqu'à cinquante ſuivant les forces du ſujet.

Et comme c'eſt un ſel volatil, il détruit tous les acides ſuperflus du corps, & les change en ſels ſalés, pour être pouſſés en partie par la ſueur, & en partie par les urines; ſa pénétration diſſout la maſſe du ſang & la rend fluide & tenue, ce qui fait que cet eſprit eſt un excellent remède; lorſqu'il s'agit de détruire l'acide & de diſſoudre le ſang coagulé, par exemple, dans les inflammations, les éréſipéles, les pleuréſies, &c. L'expérience confirme ceci, car ſi on injecte de l'eſprit de ſel ammoniac dans la veine d'un chien, le ſang ſe diſſoudra tout.

L'eſprit de ſel ammoniac n'eſt pas moins fébrifuge que le ſel même, & M. Michaël le nommoit par excellence l'eſprit fébrifuge: il eſt merveilleux dans la paroxiſme de la ſuffocation de matrice, en le préſentant au nez. Il réveille bien mieux que le caſtoreum & les plumes brûlées: & en le donnant intérieurement dans de l'eau de méliſſe ou de pouliot, il chaſſe la cauſe morbifique par les ſueurs. Il eſt d'une efficacité admirable dans les maladies croniques comme le Scorbut, la mélancolie hipocondriaque, le mal de rate; & en général dans toutes les affections longues cauſées par des obſtructions, on le mêle avec les eſprits volatils appropriés à chaque maladie. Par exemple, dans le Scorbut avec l'eſprit de cochlæaria: dans l'obſtruction des mois, avec le caſtoreum & la mirrhe, tant en forme ſéche, qu'en forme liquide & tant intérieurement qu'extérieurement; il calme les douleurs de la goute, en détruiſant l'acide d'autour des articles, étant appliqué avec le double d'esprit de vin camphré. Glauber sçavoit l'employer avec un certain instrument dans l'obstruction des mois, en quoi il réussissoit toujours.

L'esprit de sel ammoniac & l'esprit de vin joints ensemble, suivant les régles de l'art, composent une masse ou une bouillie épaisse qui est un très-bon menstrue pour extraire la mirrhe & l'élixir de propriété, sans acide, destiné pour les femmes: ce même menstrue sert à dissoudre la terre foliée de tartre en une essence dorée très-salutaire dans la mélancolie hipocondriaque, & étant versée sur de la limaille de fer, elle fournit une essence de Mars merveilleuse dans les maladies longues. La tête morte de l'esprit de sel ammoniac étant dissoute dans l'eau chaude en filtrant la dissolution, puis la laissant coaguler, donne un sel salé qui est un excellent digestif, qui a diverses facultés eû égard aux choses avec lesquelles le sel ammoniac a été joint pour être distillé. Par exemple, si ç'a été avec des cendres gravelées, sa tête morte donnera un sel qui servira de digestif dans la mélancolie hipocondriaque & dans le Scorbut. La dose sera d'un scrupule. Sylvius usoit de ce sel comme de digestif dans la fiévre quarte, & les autres fiévres intermittentes, avec un heureux ſuccès. Si la diſtillation s'en eſt faite avec chaux vive, on tirera de la tête morte un ſel lithontriptique, ou contre la pierre, qui ſe donnera juſqu'à un ſcrupule dans quelque eau appropriée. La même tête morte diſſoute dans l'eau, puis verſée ſur de la limaille de fer, produit un crocus martis, ou ſafran de Mars beaucoup meilleur que celui qu'on fait avec les ſels.

CHAPITRE V.

Du Tartre vitriolé.

ON a déja dit que le tartre vitriolé eſt un ſel ſalé compoſé du ſel de tartre & de l'eſprit de vitriol qui n'aura preſque point de ſaveur ſenſible ſinon un peu d'amertume; pourvû néanmoins qu'on ſçache trouver le point de ſaturation. Le tartre vitriolé eſt appellé par Herman le digeſtif univerſel, & il eſt effectivement tel. C'eſt le meilleur de tous les aiguillons pour les purgatifs; & quand on le joint à quelque purgatif, le quart de la doſe du purgatif ſuffit pour bien purger. Par exemple :

Prenez demi ſcrupule de tartre vitriolé, deux grains de ſcammonée paſſée au ſoufre, un grain des trochiſques alhandal, une ou deux goutes d'huile d'anis. Mêlez le tout pour une poudre purgative.

Quoiqu'il n'y ait que la quatriéme ou cinquiéme partie des purgatifs, cette poudre ne laisse pas de procurer sept ou huit selles, d'autant que le tartre vitriolé augmente la force des purgatifs sans causer pourtant aucune tranchée. Il faut pour cela que l'esprit de vitriol soit bien rectifié & séparé des particules métalliques de Vénus qu'il a enlevées avec soi dans la premiére distillation, sans quoi il causeroit des nausées. Le tartre vitriolé est aussi un diurétique très-puissant, qui pousse non-seulement les urines, mais qui dissout & déterge même les coagulations & les ordures qui se trouvent dans & autour des conduits urinaires.

CHAPITRE VI.

Des Sels minéraux.

TOus les sels minéraux sont de quatre sortes, sçavoir : le sel commun, le nitre, le vitriol & l'alun. Tous ces sels peuvent être dissous dans des menstrues aqueux, quoi que chacun de ces sels ait le sien propre, avec lequel il a plus de convenance par rapport à la conformation de ses parties. Nous avons une expérience de ceci dans Gassendi, qui fit dissoudre divers sels dans une même eau. Il prit de l'eau commune, il y mit autant de ſel commun qu'elle en pouvoit prendre, cette eau raſſaſiée du ſel commun, s'empreigna encore d'une quantité proportionnée de nitre ; après le nitre elle abſorba une quantité requiſe de vitriol, & après le vitriol une certaine portion d'alun. Ce qui fait voir que tous ces ſels s'inſinuent, chacun dans les divers pores de l'eau, ſans que l'un chaſſe l'autre.

Les ſels n'ont pas moins de diſproportions avec les menſtrues huileux & ſulphureux, que de convenance avec les aqueux. Par cette raiſon aucun ſel ne peut ſe diſſoudre dans l'eſprit de vin bien rectifié, pas même le ſucre, qui eſt un mixte tartareux-ſalin.

Les ſels donnent dans la diſtillation chacun un eſprit acide différent, ſuivant la diverſité de ſa tiſſure, & de la conformation de ſes particules : car l'eſprit de vitriol eſt différent de l'eſprit de ſel, celui-ci de l'eſprit de nitre, & ce dernier de l'eſprit d'alun. Quoique tous ces eſprits conviennent radicalement dans leur acide ſalin.

Pourquoi, dira-t-on, ces ſels qui ſont ſecs donnent-ils des eſprits humides? Je réponds que cela arrive en deux maniéres, ſçavoir par le renverſement des particules ſalines, & par le mélange de l'humeur du corps qu'on y ajoûte, & de l'air qui environne. Le renverſement des particules conſiſte en ce qu'étant agitées par la violence du feu, elles s'arrachent les unes d'avec les autres & ſe diſſipent & ſe briſent mutuellement avec impétuoſité ; puis venant donner en forme de nuage ou de fumée dans le récipient, elles s'y raſſemblent & ſe réuniſſent en forme de liqueur avec la partie humide, ou les atômes aqueux de l'air. Le corps qu'on ajoûte pour diſtiller les ſels, comme l'argile, & le bol, contribue beaucoup au renverſement des particules ſalines : car on ne l'ajoûte ordinairement, que pour empêcher que les ſels qu'on veut diſtiller, ne ſe fondent. Le même renverſement des particules ſalines, fait que le ſel commun ſe réduit en eau toute pure à force de ſolutions & de coagulations. Voyez le ſçavant Diſcours d'Olaus Borrichius, ſur l'origine & le progrès de la Chymie.

CHAPITRE VII.

Du Sel commun.

LE ſel commun eſt de trois ſortes, le ſel marin, le ſel des fontaines & le ſel foſſile, ou gemme, celui des fontaines ſe fait en évaporant l'humidité de l'eau ſalée, dans de grands baſſins de plomb où on la fait bouillir. C'eſt une choſe fort curieuſe, que ceux qui le font y ajoûtent du fiel ou du ſang de bœuf, pour le faire plutôt granuler: la raiſon de cela eſt, afin que le ſel volatil du fiel combatte & ſe joigne avec l'acide du ſel commun: car l'acide caché dans l'eau ſalée, étant contraire à l'alcali, ne manque pas de l'accrocher, & en combattant l'un contre l'autre, ils ſe briſent en petites particules juſqu'à ce que l'alcali ſe trouvant moins fort que l'acide, qui eſt en plus grande quantité, ſe coagule & s'uniſſe à lui. Cette union & cette jonction réciproque des particules réduit en grain le ſel des fontaines. Le ſel marin ſe fait par une ſemblable évaporation, mais il donne les grains beaucoup plus gros, & plus durs & les criſtaux plus beaux que le ſel des fontaines.

Le ſel marin eſt le plus uſité dans la Médecine & dans les opérations de Chymie, & l'eſprit de ſel marin eſt beaucoup meilleur que l'eſprit des deux autres; il ſe trouve même du ſoufre vif véritable & inflammable dans le ſel marin & on ſent en le diſtillant effectivement, une odeur ſulphureuſe; il eſt pour ainſi dire, le pere du ſel des fontaines & du ſel foſſile, car ſoit que le ſel marin pénétre avec l'eau de la Mer, juſqu'au centre de la terre, ſuivant la pensée de Beccherus, & que se resoudant en vapeurs, il remonte du centre à la circonférence de la terre, où il se condense en eau, soit qu'il coule ou se filtre par les pores de la terre, par une maniére de pression suivant l'opinion commune, l'eau de la Mer doit toujours perdre quelque chose de son acrimonie, & être moins salée dans les fontaines que dans la Mer. Lorsque la même eau de la Mer s'arrête dans quelque cavité de la terre, elle y forme un sel fossile, qui est un peu meilleur que le sel des fontaines.

Tous ces sels communs sont des sels salés, c'est-à-dire, composés de l'acide qui prédomine & de l'urineux qui est prédominé; les opérations suivantes prouvent ceci.

Versez de l'esprit de sel sur quelque alcali, par exemple, sur le sel de tartre, ou sur des cendres gravelées, en proportion requise pour coaguler le tout, dissolvant & épaississant la masse comme il est requis, & vous aurez un sel commun, beau & bien fait; de même si on verse de l'esprit de sel commun sur la chaux vive, en distillant le tout, on tirera de la tête morte par le moyen d'une lessive, un sel semblable au sel commun.

Quant aux préparations du sel commun, on en tire par la distillation un esprit acide, mais il le faut décrépiter ou calciner auparavant, de la maniére qui ſuit. On met du ſel commun dans un pot de terre ſur du feu, & à meſure qu'il s'échauffe il pétille, ce qui vient des particules aqueuſes qui ſe ſont concentrées dans le ſel qui ſortent avec bruit & impétuoſité, étant pouſſées par le feu qui eſt leur antagoniſte. On décrépite ainſi le ſel commun avant la diſtillation, de peur que les particules ſalines & les aqueuſes venant à ſortir dans l'opération, ne rompent le vaiſſeau. On ajoûte au ſel, du bol & de l'argile, ou de l'alun brûlé, de peur qu'en demeurant long-temps dans le feu, il ne vienne à ſe fondre. Quelques-uns y ajoûtent du vitriol pour faciliter la ſéparation des particules ſalines. Quoique cette conduite ne ſoit pas approuvée de tout le monde, elle n'eſt pourtant pas mauvaiſe, & l'eſprit de ſel ſort toujours tout ſeul, le vitriol demeurant au fond de la cornue, à cauſe de ſa peſanteur, ce qui ſe démontre par l'opération ſuivante.

Prenez du ſel commun, verſez deſſus de l'eſprit de vitriol, diſtillez le tout dans un alembic ou retorte de verre, il ſortira au lieu de l'eſprit de vitriol, un eſprit de ſel beau & bien fait, & il demeurera au fond un ſel blanc criſtalliſé d'une ſaveur agréable, Glauber nomme ce ſel, ſel admirable.

La maniére de diſtiller le ſel avec un

soufflet dans une retorte, à long col est dangereuse : car il est à craindre que l'air froid qu'on introduit dans le vaisseau qui est fort chaud, & l'effort des esprits qui sortent ne le rompent, ou que le sel en fluant ne pénétre le fond de la retorte, & n'aille dessous les charbons, & ne mette fin à la distillation, Glauber enseigne une maniére plus aisée. Il prend dix charbons allumés qu'il imbibe d'eau, dans laquelle on a dissout du sel commun, & quand les charbons sont secs, il les distille dans un fourneau particulier, d'où le sel dissout, se jette en forme d'esprit acide dans le récipient ; mais il y a deux inconvéniens, le premier est que les fuliginosités sulphureuses du charbon montent avec l'esprit de sel & le gâtent, le second est que cette calcination produit un sel fixe lixivieux, qui détruit l'acide de l'esprit de sel, & le rend plus foible.

L'usage de l'esprit de sel commun est salutaire pour détruire tous les alcalis huileux, ou la bile qui domine dans le corps, & pour calciner les effervescences fiévreuses. Pour cette raison, on a coutume d'en prescrire dans les juleps ; il éteint la soif des fébricitans & des hypocondriaques. Il est outre cela fort diurétique & propre pour pousser les eaux des hydropiques par les urines : lorsqu'il est concentré avec quelque alcali fixe, il devient sel salé, & un excellent diurétique; il vaut mieux que l'esprit de soufre ou de vitriol pour mettre dans l'élixir de propriété; il ôte la pourriture & la gangrêne qu'il empêche de passer outre, lorsqu'on fait un cercle avec cet esprit, suivant les bords de la partie saine, le beurre d'antimoine fait la méme chose; quelques goûtes d'esprit de sel mêlées avec le miel Rosat, font merveille contre la pourriture des gencives dans le Scorbut; comme l'acidité extrême de l'esprit de sel, pourroit corroder les intestins, il n'est pas sûr d'en donner intérieurement: & pour cette raison, les Chymistes ont cherché les moyens de l'adoucir, & ils ont préparé un esprit de sel doux, en y ajoûtant parties égales d'esprit de vin bien rectifié, qu'ils mélent exactement par deux ou trois cohobations, cette mixtion fait une liqueur très-suave, qu'on appelle esprit de sel doux; c'est un excellent stomachique, pour reveiller l'appetit abbattu, pour corriger les crudités nidoreuses, le vomissiment & la nausée, on le donne jusqu'à dix ou quinze goutes, & même davantage, suivant les circonstances, dans un véhicule approprié; on peut prendre en place d'esprit de vin, quelqu'autre esprit approprié, par exemple, l'esprit thériacal avec lequel on fait un esprit de sel merveilleux contre la peste.

Certains Chymistes prétendent rectifier & radoucir l'esprit de sel sans y rien ajoûter, en le laissant simplement digérer doucement & long-temps à une chaleur légére, mais ils entreprennent l'impossible, puisque l'esprit de sel ne se peut radoucir, à moins qu'on ne change, & qu'on ne renverse entiérement la tissure ou la disposition de toutes ses particules acides, qu'on ne change leur figure, & qu'on n'en fasse un nouveau mixte qui ait de nouvelles vertus, ce qui renferme beaucoup de difficultés & même de l'impossibilité.

L'addition du sel de tartre dans la premiére distillation du sel commun est une pure supercherie, car le sel de tartre absorbe les esprits acides, & au lieu de l'esprit de sel doux, on n'a qu'un phlegme limpide aigrelet

L'esprit de sel est d'un grand usage dans la Chymie, lorsqu'il est concentré & rectifié, il sert de menstrue pour dissoudre l'or; & si on le rectifie si bien qu'il ne perde aucune de ses parties acides, non-seulement il dissoudra l'or, mais même il le sublimera & l'enlevera avec soi en forme d'esprit, pour ainsi-dire, l'esprit du sel concentré de la maniére qui suit, fait la même chose.

Prenez de la pierre calamine pulvérisée,

imbibez-là d'esprit de sel, puis la distillez; il sortira d'abord un phlegme insipide, d'autant que la pierre calamine absorbe tout l'acide. Mêlez la tête morte avec du sable, puis pressez le feu, & l'esprit de sel concentré sortira; il est très-acide & il dissout presque tous les métaux & les minéraux, excepté l'or & l'argent, car il ne dissout le corps du premier que superficiellement, & en apparence d'autant que la solution parfaite de l'or est impossible par le moyen du sel; quant à l'argent il le laisse en son entier, ou bien il le précipite lorsqu'il est dissout.

Poterius prépare d'excellens cristaux, en versant de l'esprit de vin de raisins distillés en temps de vendange, sur la tête morte de l'esprit de sel; il met le tout en digestion durant quelques jours dans du fumier de cheval, puis à la cave où il se forme des cristaux doux & d'une saveur agréable, qui font un excellent stomachique.

CHAPITRE VIII.

Du Sel Gemme.

LE sel de montagne ou fossile, se nomme vulgairement sel gemme, parce qu'il est en forme de pierre, & très - souvent transparente. C'eſt une choſe aſſez remarquable que le ſel gemme qui eſt léger dans la miniére devient beaucoup plus peſant, dès qu'il a été expoſé à l'air, enſorte que ce qu'un homme emporte facilement dans la miniére, cinq hommes auront peine à le porter quand il en ſera tiré; il eſt extraordinairement dur, on en trouve cependant du mol dans les mines de Calabre, on y imprime même quelques figures, mais dès qu'il a été à l'air il s'endurcit; il ſert aux mêmes uſages que le ſel de fontaine, ſinon qu'il eſt plus efficace & plus diurétique. Si on méle du ſel gemme & du ſel d'ambre avec de l'eau ou du vin, on aura une boiſſon qui pouſſera puiſſamment par les urines, tant le ſable que le cacul des reins & de la veſſie; on en ajoûte ordinairement juſqu'à une dragme aux clyſtéres, pour ramollir les excrémens endurcis.

Eau régale.

L'eſprit de ſel compoſé, ſe prépare avec partie égale de nitre & de ſel commun, ou gemme, il eſt principalement compoſé de l'eſprit de nitre, qui ſort en forme de fumée rouge, & de quelques particules de l'eſprit de ſel, & c'eſt ce qu'on appelle l'eau régale, dont on ſe ſert pour diſſoudre l'or. C'eſt une choſe digne de remarque que l'esprit de nitre seul bien rectifié, dissout tous les métaux excepté l'or, & que si on y ajoûte du sel commun ou de l'esprit de sel commun, il dissout parfaitement l'or sans dissoudre l'argent, ce qui fait connoître la simpathie du sel minéral commun avec l'or, & son antipathie avec les autres métaux.

A l'occasion de l'esprit composé de sel, qui se fait de la plus grande partie de nitre, je vais parler de celui-ci.

CHAPITRE IX.

Du Sel nitre, ou Salpêtre.

LE nitre est un sel admirable d'une nature sulphureuse, c'est-à-dire, composé d'un soufre extrêmement volatil, à raison de quoi le nitre est si inflammable. Il prend son origine dans une terre grasse, d'où on le tire en forme de lessive; cette terre ou matiére grasse, lui sert de matrice qui est humectée par les urines & les gros excrémens des animaux, dont le sel volatil urineux empreigné de beaucoup de soufre combat successivement avec le sel acide de la terre ou le central, ce qui les altére & change tellement l'un & l'autre, que les deux en font un troisiéme qu'on appelle nitre.

On peut faire du nitre avec toute forte de terre, en la ramassant en un monceau qui ne soit ni à l'air, ni à la pluye, qu'on aura soin d'imbiber de l'urine d'homme ou de quelque animal; car en faisant une lessive de cette terre & évaporant l'humidité, il se formera un véritable nitre; il s'en forme pareillement contre les pierres & les vieilles murailles, parce que le sel de la chaux vive, dont les murailles sont enduites se dissout & s'altére successivement par le sel acide ou central qui exhale de la terre: & comme le sel de la chaux vive tient de l'alcali, le sel acide de la terre se joint facilement à lui & tous les deux unis ensemble font le sel nitre. Ceci fait voir comme Beccherus prépare du nitre avec des vers de terre, & Glauber avec des végétaux, par le moyen d'un certain fourneau qu'on peut voir chez cet Auteur. Le nitre est donc un sel salé, composé de l'acide du soufre, & d'un sel alcali joints ensemble; ceci se démontre, parce que si on prend quelque sel fixe ou alcalisé avec des charbons, pour le joindre à quelque esprit acide, on aura un nitre parfait: comme aussi si on verse de l'esprit de nitre sur du sel de tartre, le soufre dont le nitre est composé est fort volatil, ce qui fait qu'il enleve l'acide, & qu'il est inflammable.

On ne se sert jamais du nitre en Médecine ni en Chymie, qu'il n'ait été auparavant dépuré, ou, comme parlent les rafineurs de nitre, qu'il n'ait été purifié de son sel hétérogéne, c'est-à-dire, du sel commun, qui se trouve mêlé avec les urines & les excrémens des animaux, & qui est entré dans la composition du nitre durant sa génération ; ainsi il se trouve seulement dans le nitre qu'on tire des latrines, où les hommes déchargent leur ventre, & non ailleurs. La raison de ceci est, que le sel commun dont nous usons avec nos alimens, est inaltérable dans notre corps, & qu'on le rend de la même maniére qu'on l'a pris. Une preuve pour connoître si le nitre contient beaucoup de sel hétérogéne, c'est de le mettre sur des charbons allumés; s'il est pur il s'enflamme d'abord, & il ne reste rien, mais s'il n'est pas pur, il demeure un sel blanc & caustique, qu'il faut séparer du nitre avant que de mettre celui-ci en usage.

Parmi tous les sels, il n'en est point de pareil au nitre crud pour la Médecine. Le nitre dépuré convient aux fiévres ardentes, bénignes & malignes. La dose du simple est d'un scrupule, & du nitre antimonié, de demi-scrupule : on peut fort bien mettre demi-once ou six dragmes de nitre dépuré dans la boisson ordinaire, dans les fiévres continues, & dans les effervescences de la masse du sang, & contre la soif, de quelque cause qu'elle vienne, même des hydropiques, d'autant que le nitre est un excellent diurétique. Il est pareillement souverain pour arrêter le satyriasis : & à en prendre souvent on pourroit devenir totalement impuissant. C'est un reméde éprouvé que le nitre, contre toutes sortes d'hémorragies, sur-tout par anastomose, soit qu'on en donne intérieurement ou extérieurement, il est pourtant à remarquer, qu'il relâche & affoiblit l'économie & les fonctions de l'estomac & des intestins.

Dépuration du nitre. Sel de prunelle. Nitre fixé par les charbons.

On dépure ordinairement le nitre avec le soufre, & on le nomme ainsi dépuré sel de prunelle. Voyez le Chapitre du sel polycreste de Glaser. Si on ajoûte des charbons au nitre, on aura un alcali fixe parfait après la déflagration, parce qu'il n'aura pas pû se remplir du soufre des charbons.

La meilleure de toutes les dépurations du nitre, est celle qui se fait par les alcalis fixes. On prépare une lessive très-forte de sel de tartre, de chaux-vive, ou de cendres gravelées, on y jette du nitre, & l'alcali fixe prend tout l'acide vicié, & tout ce qu'il y a de corrosif & d'excrémenteux ; & après avoir un peu consumé ou évaporé de l'humidité, le nitre se prend en cristaux très-dépurés.

Esprit de nitre.

L'esprit de nitre se distille par une retorte, en y ajoûtant du bol commun, ou de l'argile calcinée, pour l'empêcher de fondre. Plus on met de bol & d'argile, plus on tire d'esprit, par exemple, si on met dix ou douze parties de bol sur une de nitre, presque tout le nitre s'en ira en esprit ; & si on n'y met qu'une troisiéme partie on tirera peu d'esprit, mais il restera beaucoup de sel fixe dans la tête morte, cet esprit étant remêlé avec le sel de tartre, donne un nitre parfait.

Esprit doux du nitre.

L'usage de l'esprit de nitre est dans les fiévres malignes avec des juleps, & il est meilleur en cette rencontre, que tous les autres esprits acides des minéraux. Il convient à la colique venteuse, aux timpanités, à la colique néphrétique & au calcul. Mais comme l'esprit de nitre crud est trop corrosif, on le mêle avec de l'esprit de vin, ou avec quelqu'autre semblable : on prend, par exemple, une partie d'esprit de nitre bien rectifié, & trois parties d'esprit de vin, on laisse le tout en digestion durant quelques jours, puis on le distille par une retorte au feu de sable, par ce moyen il devient tempéré & très-utile en Médecine, on le nomme l'esprit doux de nitre. La dose est de demi dragme à une dragme, dans un véhicule approprié, quand ces deux esprits sont bien rectifiés, ils excitent une telle effervescence, qu'il faut les mêler peu-à-peu pour empêcher qu'ils ne rompent les vaisseaux.

Sel volatil d'esprit de vin. Esprit anticolique.

On tire par le moyen du nitre, le sel volatil d'esprit de vin, ce qui est un beau secret. On prend, par exemple, de l'esprit de vin qu'on mêle peu-à-peu avec une livre d'esprit de nitre, & on laisse le tout jusqu'à ce que le bruit & l'effervescence soit finie, alors on tire la liqueur par une retorte à un feu très-lent, (remarquez bien cette condition,) & il reste un sel d'une saveur aigrelette qui est le sel volatil de l'esprit de vin fixé par l'esprit acide de nitre. Ce sel en y ajoûtant quelque alcali fixe, se peut distiller en un esprit urineux ou esprit de vin; l'esprit de nitre dulcifié par l'esprit de vin, se nomme esprit anticolique, spécialement s'il a été distillé sur de la Camomille Romaine, il est excellent pour la colique. La dose est d'une dragme, il guérit la pleuréſie par les ſueurs : il convient à la ſquinancie & à toutes les fiévres jointes à quelque inflammation, ainſi qu'à la néphrétique, & à l'ardeur ou inflammations des reins ; ce qui eſt éprouvé.

Eau-forte.

Le nitre & ſon eſprit ſont la baſe de toutes les eaux fortes & régales. Les premiéres ſe font avec une partie de nitre, & deux parties de vitriol qu'on diſtille enſemble, par une retorte pour faire l'eau-forte qui n'eſt rien autre choſe que l'eſprit de nitre ; car quoi qu'on y ajoûte du vitriol ; il n'en ſort pourtant rien dans la diſtillation. Effectivement on fait autant avec l'eſprit de nitre qu'avec l'eau-forte : & le premier bien rectifié diſſout l'argent, auſſi-bien que la derniére. Que ſi on mêle de l'or & de l'argent enſemble, & qu'on verſe de l'eſprit de nitre ſur ce mêlange, il diſſoudra l'argent ſans toucher à l'or.

Eau régale.

L'eau régale ſe fait en diſtillant deux parties de nitre, avec une partie de ſel ammoniac, d'où il ſort un eſprit de nitre affilé par le ſel ammoniac.

Méthode pour bien préparer l'eau-forte, & l'eau régale.

Prenez du vitriol, ajoûtez-y du nitre dissout dans l'eau commune; distillez le tout sur le sable par une retorte, vous aurez un esprit de nitre ou eau-forte parfaite: & en y ajoûtant du sel commun, vous aurez une eau régale.

Quoique j'aye dit qu'il ne demeuroit rien du vitriol dans l'eau-forte, il est pourtant certain que le nitre emporte avec soi quelques particules métalliques de Vénus. La preuve de ceci, est que si on met un couteau dans l'eau-forte lorsqu'elle bout, il s'enrouille incontinent, par la raison que les particules acides qui exhalent de l'eau-forte, corrodent le fer: ainsi quoi qu'il ne reste rien du vitriol dans l'eau-forte, néanmoins suivant la pensée de Glauber, il se joint quelques particules métalliques à l'esprit de nitre qui montent avec lui.

Nitre vitriolé. Arcanum duplicatum. Sel fébrifuge.

A l'égard de la tête morte de l'eau-forte, elle est composée de vitriol & d'esprit de nitre, & étant calcinée, puis coulée à lessive avec de l'eau commune, elle donne un sel blanc qu'on peut appeller fort à propos nitre vitriolé. Le sel alcali du nitre, s'unit dans cette mixtion à la partie métallique du vitriol, & tire quelque chose de son soufre fixe. Ce nitre vitriolé s'appelle l'*arcananum duplicatum* de Mynsicth son inventeur; il contient une vertu anodine ou somnifere qui le rend recommandable contre les longues veilles, & autres affections semblables, il convient aux maladies chroniques, aux fiévres intermittentes & au Scorbut. C'est un bon stomachique, & il sert de base à la poudre stomachique de M. Michaël: la dose du nitre vitriolé est jusqu'à un scrupule. Il fait des opérations merveilleuses dans la suppression des mois, étant mêlé avec six grains de myrrhe. Il est d'un grand usage dans les affections mélancoliques, & dans la manie étant donné avec du camphre, lequel renferme la guérison parfaite de ce mal. Il agit ici par sa vertu somnifere qu'il tient du soufre du corps métallique du vitriol. Il est encore appellé sel fébrifuge, à cause qu'il chasse puissamment la fiévre, si on le donne en qualité de digestif les jours d'intermission, ou une heure avant le paroxisme.

Comme l'eau-forte emporte avec soi quelques particules métalliques, il faut au lieu de vitriol, y ajoûter de l'alun, qui n'ayant aucunes particules métalliques, rendra l'eau-forte meilleure & plus pure.

L'eau régale est composée de nitre & de sel commun ou ammoniac; car quand on ajoûte du sel au nitre, on en fait toujours une eau régale. Celle-ci sert à dissoudre l'or, & l'eau-forte à dissoudre l'argent.

CHAPITRE X.

Du Vitriol.

Le vitriol s'engendre dans les entrailles de la terre, par le moyen de quelque calcination qui s'y fait, lorsque la mine du mars ou du cuivre vient à être rongée par l'esprit acide du soufre qui se coagule avec la mine, & forme le corps qu'on appelle vitriol. Ce mot de vitriol appartient proprement au mars ou au cuivre; & c'est improprement & par métaphore, qu'on le donne aux autres métaux, comme au sucre de saturne: que quelques-uns appellent vitriol de saturne, & aux cristaux purgatifs de lune que d'autres appellent vitriol de lune, &c.

Comme le vitriol s'engendre de la corrosion du mars ou du cuivre, par la liqueur acide du soufre, le vitriol doit être différent suivant que la mine corrodée est différente, si c'en est une de cuivre. Le vitriol est bleu, si c'en est une de mars, le vitriol est vert, si c'est l'une & l'autre, le vitriol partage ces deux couleurs.

Vitriol artificiel.

Le vitriol de Cypre & celui de Hongrie qui sont fort bleus participent du cuivre, & le Romain qui est verd, tient du mars, ainsi que celui d'Allemagne. La maniére dont on fait le vitriol artificiel, nous enseigne la maniére dont le naturel s'engendre. On prend de l'esprit acide de soufre, on le délaye avec de l'eau, puis on y ajoûte du mars ou du cuivre, que l'esprit acide de soufre ne manque pas de corroder. Après cette calcination corrosive, on filtre & on laisse évaporer la matiére calcinée, puis on la met à la cave où il se forme des cristaux de vitriol bleus ou verds, c'est-à-dire, tenant du mars, ou du cuivre: & ce vitriol artificiel est si semblable en tout au naturel, qu'un œuf n'est pas plus semblable à un autre œuf; au reste à l'occasion de l'esprit de soufre, avec lequel le vitriol se fait, ont sçait que le soufre a deux substances, l'une bitumineuse & inflammable, l'autre saline, qui se détache dans la déflagration, & se réunissant ensuite compose l'esprit acide.

La maniére la plus belle & la plus utile de composer le vitriol artificiel, est de prendre des lamelles de fer ou de cuivre, de les ſtratifier & cimenter dans un creuſet avec de la poudre de ſoufre, & de les calciner ainſi ſur le feu, car lorſque le ſoufre s'enflamme, l'eſprit acide s'en détache pour corroder la ſubſtance du mars ou du cuivre. La calcination faite, on met ce mélange dans l'eau ſimple, qui devient verte, ſi c'eſt du mars, & bleue, ſi c'eſt du cuivre qu'on employe. Filtrez la liqueur, & faites-là évaporer à la quantité requiſe, & vous trouverez au fond des criſtaux très-beaux. Ce vitriol artificiel eſt le même que le naturel, il a le même uſage & les mêmes effets. Si on diſtille l'un ou l'autre avec les préparations requiſes on tirera de part & d'autre un phlegme inſipide, & un eſprit acide très-ſemblable à l'eſprit de ſoufre commun. La tete morte qui reſte, étant calcinée ou fondue avec les borax, donne un véritable mars ou un véritable cuivre. Ce qui nous fait conclure avec tous les Chymiſtes, que le vitriol eſt compoſé, d'une mine métallique & ſpécialement de mars ou de cuivre, corrodée par l'eſprit acide ſoufré. Voyez l'Anatomie du vitriol d'Angelus Sala, où Kirkerus a copié mot pour mot ce qu'il a écrit touchant le vitriol, en ſupprimant le nom du véritable Auteur. Le vitriol naturel ſe trouve en terre en forme de vitriol, ou ſous la forme d'une pierre ſulphureuſe nommée pyritès, qui participe du mars, du cuivre ou du ſoufre, de laquelle on fait enſuite le vitriol de la maniére qui ſuit: on concaſſe cette pierre, on la calcine, & enſuite on l'expoſe à l'air, pendant quoi le vitriol ſe forme de lui même, ou bien on le tire avec de l'eau par une leſſive qu'on en fait. Le fondement de cette préparation eſt que pendant que ces pierres ſe calcinent, le ſoufre enflammé donne ſon eſprit acide qui ſe prend au métal avec lequel il eſt joint pour le corroder & après quand elles ſont enſuite expoſées à l'air, les humidités de celui-ci s'y inſinuent peu-à-peu, elles ſe joignent à l'acide du ſoufre, elles le diſſoudent, & le vitriol ſe produit ſucceſſivement.

On trouve peu de vitriol pur ou ſimple, ſi ce n'eſt celui de Cypre & de Hongrie, celui de Rome & d'Allemagne, ſont ordinairement mêlés. Quand on veut en avoir de pur pour l'uſage de la Médecine, on le prépare de la maniére qui ſuit. On diſſout du vitriol de mars ou de cuivre, dans de l'eau ſimple, on fait bouillir la diſſolution ſur le feu, & pendant cela on y met des verges de fer, ce qui fait précipiter le cuivre au fond, d'autant que l'acide qui eſt dans le vitriol quitte le cuivre pour s'attacher au mars. On a par ce moyen un vitriol de mars assez pur.

On calcine le vitriol en blancheur pour le distiller, & il sort en premier lieu un phlegme qu'on appelle autrement rosée de vitriol: & quand la liqueur devient acide on augmente le feu, & il se forme des nuages qui se coagulent & forment l'esprit de vitriol. L'huile de vitriol sort la derniére, & termine la distillation; l'huile & l'esprit de vitriol ne différent que par le plus ou moins d'acidité. L'huile qui souffre la derniére violence du feu, enleve avec soi des particules métalliques, ce qui la rend grossiére & obscure, & l'esprit est mêlé avec plus de phlegme ou d'eau, & par cette raison il est moins acide que l'huile, dont l'acide est concentré, & qui a besoin d'un feu plus violent. Une preuve de ceci, c'est que si on rectifie exactement l'esprit de vitriol, & qu'on en tire tout le phlegme à chaleur lente, il aura la méme acrimonie & la même consistance que l'huile; au contraire si on verse de l'eau simple distillée sur l'huile corrosive de vitriol, & qu'on distille le tout pour rectifier l'huile comme on a fait l'esprit de vitriol, l'huile prendra la forme de l'esprit.

Sel de Vitriol. Terre douce de vitriol.

La tête morte paroît tantôt noire, tantôt brune; quand elle paroît noire, elle eſt privée de tous ſes eſprits, quand elle paroît brune, c'eſt une marque que tous les eſprits n'en ſont pas ſortis. Cette tête morte calcinée & diſſoute dans de l'eau commune, donne un ſel qui eſt acide & joint à quelque partie de mine. La tête morte dont a tiré le ſel fixe par la leſſive, ſe nomme terre douce de vitriol, c'eſt proprement un ſafran ſtiptique des métaux, ou la partie de la mine métallique qui eſt reſtée après la ſéparation de l'eſprit de ſoufre, qui par ſa corroſion a changé le métal en vitriol: en un mot, c'eſt la mine même corrodée par l'eſprit acide, qui en eſt alors ſéparé.

Si on expoſe à l'air la tête morte de vitriol, ſans qu'elle puiſſe être altérée par la pluye ou par les rayons du Soleil, on la trouvera au bout de quelque temps empreignée d'un nouvel eſprit: ce qui n'arrive pourtant qu'en certains temps de l'année, ſçavoir au Printemps & en Automne, car en Été & en Hyver elle ne ſe remplit point. On demande ſi cet eſprit de vitriol, qui ſe retrouve dans la tête morte, eſt le même que le premier, où un nouveau que l'air a régénéré? Chacune de ces opinions a ſes défenſeurs, il eſt certain que l'eſprit de vitriol vulgaire approche de la nature du nitre, & que ſi on tire parfaitement tout l'eſprit de la tête morte, celle-ci n'en attirera point à l'air. Et sur ce fondement je tiens le milieu entre ces deux opinions, & je dis que l'esprit de vitriol régénéré étoit un certain acide caché dans la tête morte, laquelle recevant encore de l'air un acide nitreux, il se forme des deux un troisiéme esprit qui est d'une nature moyenne entre l'esprit de vitriol & l'esprit de nitre.

Il est bon d'examiner les autres préparations du vitriol, auquel Paracelse attribue la quatriéme partie de la Pharmacopée. En effet sans donner dans l'entêtement de ceux qui cherchent la pierre philosophale dans le vitriol, trompés par le verset latin qui suit: *Visita interiora terræ, rectificando, invenies optatum lapidem, veram Medicinam*, dont toutes les lettres initiales composent le mot *Vitriolum:* j'avoue que ce minéral renferme de grandes vertus.

Le phlegme de vitriol qu'on rejette ordinairement comme inutile, n'est pas sans de grandes facultés, il est empreigné d'un soufre de vitriol de mars qui lui donne quelque acidité, & étant pris intérieurement, il rafraîchit agréablement les chaleurs d'entrailles, il refait le sang par sa rosée sulphureuse, & étant appliqué sur le front en forme d'épitheme, il appaise puissamment les douleurs & les chaleurs de tête.

Le même phlegme exalté par quelques cohobations & digeſtions ſur du vitriol, eſt eſtimé comme un reméde excellent dans la phthiſie cauſée par la corruption des viſcéres, & ſpécialement par l'abſcès du poumon. Vanhelmont le fils, guériſſoit par ce moyen toutes les inflammations des viſcéres, & les abſcès qui s'en enſuivoient.

L'eau céleſte de Baſile Valentin, qu'il nous a laiſſé dans ſon Teſtament, n'eſt rien autre choſe que le phlegme ſulphureux de vitriol ſéparé de l'eſprit de vitriol avec le ſel de tartre qu'on a tort de rejetter, d'autant que c'eſt un reméde admirable dans les maladies ci-deſſus.

Eſprit coagulé de vitriol.

Quant à l'huile & à l'eſprit de vitriol, qui ne différent qu'en ce que l'huile eſt un eſprit concentré, & l'eſprit de vitriol une huile de vitriol diſſoute. Outre leurs différens uſages dans la Chymie, pour la précipitation du mercure, &c. Ils ſont merveilleux dans les maux d'eſtomac; ſi on en donne quelques goutes dans un véhicule approprié, & étant mêlés avec la troiſiéme ou quatriéme partie de l'élixir de propriété ou de menthe; il n'eſt rien de meilleur pour les indigeſtions, pour le dégoût & pour les autres affections de cette nature. Paracelſe dit que l'eſprit de

vitriol

vitriol fortifie tellement l'estomac, qu'il le rend capable de digérer le fer comme les Autruches. C'est un peu trop dire; mais à parler sérieusement, c'est un excellent digestif propre pour les fiévres ardentes, où on le donne dans les juleps & la boisson ordinaire; il est doué d'une vertu astringente qui fortifie tous les viscéres & le cœur; il déterge les ordures des reins & pousse le sable des néphrétiques; suivant Panarollus & tous les Praticiens. L'esprit de vitriol coagulé vaut encore mieux pour ce dernier usage. On le coagule lorsqu'on lui donne quelque consistance par le moyen d'un alcali qui l'absorbe, & qui en forme un troisiéme sel salé, ce qui le rend plus diurétique. Il est pourtant bon de sçavoir que cet esprit, comme tous les acides, est contraire aux poumons, tant à cause de son acidité, que des particules métalliques du mars, ou du cuivre dont il est chargé. Il a un second défaut, qui est de gâter les dents, & lorsqu'on les en frote, certaines particules corrodées de la mine se précipitent, & noircissent les dents. On doit en ce cas préférer l'esprit de sel à l'esprit de vitriol; j'ai déja dit qu'il étoit ennemi des testicules, & qu'il réfroidissoit trop les mâles.

J'ai avancé que l'esprit de vitriol étoit chargé de particules métalliques qui s'enlévent avec lui dans la retorte; ce qui paroît, en ce que, s'il n'eſt pas bien rectifié, quoi qu'il ſoit très-clair au commencement, il devient dans la ſuite du temps jaunâtre, & il précipite certaine matiére ſemblable à de l'ocre, qui n'eſt rien autre choſe que la partie métallique du vitriol, laquelle eſt ſi étroitement unie à l'eſprit & à l'huile de vitriol, qu'il eſt preſque impoſſible de la ſéparer: ſi pourtant on y verſe de l'eſprit d'urine ou de ſang humain, l'un & l'autre paroîtra vert par la précipitation des particules métalliques du cuivre.

Eſprit hermaphrodite de vitriol.

Les eſprits de vitriol différent entr'eux, ſuivant qu'ils ſont tirés du vitriol de cuivre, ou du vitriol de mars. On prépare même un eſprit de vitriol hermaphrodite, c'eſt-à-dire, de deux natures, qu'on diſtille des deux vitriols, ſçavoir de celui de Mars, & de celui de Vénus. Cet eſprit eſt en réputation pour les maladies des femmes, & Hartman l'employe dans l'élixir uterin de Crollius. Mais il faut ſçavoir qu'il eſt peu différent de l'eſprit de vitriol vulgaire, puiſque celui-ci ſe trouve rarement ſimple & ſans participer du mars & du cuivre. L'eſprit, l'huile & le phlegme entrent tous dans un même récipient durant la diſtillation, &

on les ſépare enſuite en les rectifiant. Ce que Zuvelpher n'approuve pas, par la raiſon qu'en tirant le phlegme, l'eſprit volatil ſulphureux du vitriol monte en même temps, & l'eſprit qui reſte eſt dépouillé de ſa plus noble partie.

Eſprit de vitriol édulcoré.

L'eſprit de vitriol eſt ſuſpect à pluſieurs Médecins, à cauſe de ſa vertu corroſive, & ils veulent le dulcifier avant de s'en ſervir. Les uns prétendent le faire par luimême, mais cela eſt difficile, quoi qu'il ne ſoit pas abſolument impoſſible; car puiſque les digeſtions & les cohobations ſont capables d'altérer les tiſſures des corps, elles doivent auſſi altérer leurs qualités, & il ne faut pas douter qu'à force de cohobations & de digeſtions, l'eſprit de vitriol ne puiſſe être beaucoup changé. Mais c'eſt un travail qui demande trop de peine. La plûpart édulcorent palliativement l'eſprit de vitriol, en le digérant & cohobant avec l'eſprit de vin. D'autres imbibent la tête morte de vitriol, de ſon propre eſprit, & ils le diſtillent une ſeconde fois: mais la tête morte abſorbe exactement tout l'eſprit, & on n'en retire que du phlegme, à cauſe que l'eſprit de vitriol s'eſt concentré & retranché fortement dans la tête morte. D'autres diſtillent l'eſprit de vitriol ſur du mars, & ſur de l'urine humaine, mais cette édulcoration eſt trompeuſe, d'autant que durant la diſtillation, le mars abſorbe l'eſprit acide qui ſort, & l'urine le change en ſel ſalé; ainſi on ne retire qu'un phlegme ſalé acide. L'eſprit de vitriol de mars artificiel n'eſt pas ſans douceur: celui qui eſt tiré du vitriol de mars naturel, a une ſaveur aſtringente; & celui qui eſt tiré du vitriol de Vénus, a ordinairement une ſaveur qui cauſe des nauſées.

Eſprit apéritif de Penot.

L'eſprit apéritif de Penot a lieu ici. On le prépare avec le vitriol calciné, les cailloux calcinés, & la quatriéme partie de tartre calciné en blancheur. On met le tout fermenter à la cave, puis on le diſtille à un feu qu'on pouſſe avec violence. On en tire un peu d'eſprit acide qu'on anime en le rectifiant. Cet eſprit de Penot eſt plus doux que l'eſprit de vitriol, parce que le mélange du tartre & des cailloux, a détruit l'acidité de l'eſprit de vitriol.

Eſprit volatil de vitriol.

L'eſprit vulgaire de vitriol ne contente point les Chymiſtes raſinés, & ils prétendent le volatiliſer. Cet eſprit de vitriol volatiliſé eſt fort recommandé par Paracelſe dans la cure de l'épilepſie. Cet Auteur lui donne mille louanges sans rien dire de sa préparation, sinon qu'on le rectifie neuf fois.

L'esprit de vitriol volatilisé, n'est pas au reste un être de raison, ni l'esprit ordinaire de vitriol. Premiérement, parce qu'il s'éléve facilement par le feu, & qu'il retombe comme l'esprit de vin, suivant l'alembic en forme de goutiéres. Secondement au lieu que l'esprit de vitriol vulgaire, est peu sulphureux, & frappe peu le nez, l'esprit de vitriol volatil est très-pénétrant & fort puant. C'est assurément un reméde fort désiré, mais chacun le prépare à sa fantaisie.

Voici quelques observations nécessaires pour le bien préparer. Premiérement, on se servira de vitriol non-calciné; car la plus noble partie s'envole avec le phlegme dans la calcination.

Secondement, le feu ne sera point trop violent, de peur que l'esprit fixe vulgaire ne sorte, qui fixeroit le volatil.

Troisiémement, dans la préparation, quand les vaisseaux sont échauffés, il faut retirer le récipient, parce que l'esprit volatil rentreroit dans la tête morte, qu'il s'y fixeroit & n'en sortiroit plus.

Quatriémement, il ne faut pas oublier les digestions; car quand il est une fois sorti avec son phlegme, il le faut mettre en digeſtion & le cohober ſur la tête morte pour le mieux volatiliſer; ce qu'on doit réitérer juſqu'à ce qu'on puiſſe le diſtiller par des vaiſſeaux à long col. On tire par ce moyen, à la vérité, peu d'eſprit de vitriol, & pluſieurs livres de vitriol commun, donneront à peine deux dragmes d'eſprit volatil, mais auſſi c'eſt un remède précieux.

Eſprit de vitriol épileptique. Eſprit céphalique.

Quelques-uns volatiliſent l'eſprit vulgaire de vitriol avec l'eſprit de vin, de même qu'on prépare l'eſprit de vitriol épileptique. On prend la tête morte du vitriol, après qu'elle a été quelque temps à l'air pour ſe remplir, on la diſtille, & on en tire l'eſprit volatil de vitriol qu'on appelle eſprit régénéré. On y ajoûte de l'eſprit de vin mis en digeſtion avec des eſpéces épileptiques, après quoi on diſtille la mixtion par une retorte, & on tire l'eſprit antiépileptique; M. Michaël prépare ſon eſprit céphalique de la même maniére. Il prend de l'eſprit de vin mis en digeſtion avec des herbes céphaliques, puis diſtillé. Il le verſe ſur du vitriol de mars calciné en blancheur, après quoi il diſtille le tout dans une retorte, & en tire un eſprit céphalique admirable dans les maladies malignes, avec convulſion & dans les maux de tête.

Quercetan a inventé une autre maniére de volatiliser l'esprit de vitriol, avec l'urine humaine, laquelle est recommandée pareillement par Hartman. On mêle la tête morte de vitriol, avec huit fois autant d'urine, & on distille le tout par une retorte. Il sort en premier lieu un phlegme grossier qui est un excellent anodin pour les douleurs de la goûte, à cause qu'il est animé par le sel de l'urine & par le soufre du vitriol. En second lieu, il sort un phlegme subtil, qui est au rapport de Mindererus, un excellent ophthalmique, à cause du sel volatil urineux qu'il contient, lequel est changé en un troisiéme sel fort pénétrant. C'est une liqueur recommandée presque dans toutes les affections des yeux, comme les cataractes, les suffusions, les ongles, &c. L'esprit de vitriol sort le troisiéme qui a été changé par l'urine en un troisiéme sel volatil d'une grande utilité dans l'épilepsie des enfans.

Terre douce & balsamique de vitriol.

Après que l'esprit & l'huile sont sortis, il reste la tête morte du vitriol, qu'on appelle vulgairement colcothar, qui est un nom fait exprès par Paracelse, par lequel on entend maintenant la tête morte du vitriol seul, restant après la distillation de l'esprit & de l'huile. Quand ce colcothar a été exactement distillé, il paroît noir, & il n'y reste rien; mais s'il paroît brun en versant de l'eau chaude dessus, on en tire à la lessive le sel de vitriol, qu'on laisse crystalliser, & qui a la faculté de faire vomir. Angelus Sala en fait beaucoup d'estime, & il le nomme manne vomitive de vitriol, dont la dose est d'un scrupule à demi-dragme; mais il en faut user avec circonspection, & je fais conscience de donner de ce sel pour faire vomir d'autant qu'il tient du cuivre qui affoiblit l'estomac, & détruit son état tonique. Si même ce sel vient à se fourer dans les replis de l'estomac, il causera des envies de vomir opiniâtres & des efforts inutiles durant plusieurs semaines: il est encore à craindre que l'air venant à entrer dans l'estomac, il ne change ce sel en véritable vitriol, qui perdroit pour lors entiérement l'estomac. Mindererus défend de s'en servir, à cause qu'il est ennemi des poumons. Remarquez en passant qu'il n'y a que le sel tiré du vitriol de cuivre qui fasse vomir, & que le sel du vitriol de Mars ne le fait jamais. Quand le sel de vitriol a été tiré de sa téte morte, il reste une terre vuide qu'on appelle terre douce & balsamique de vitriol, laquelle n'est rien autre chose qu'un safran de Mars, ou le Mars, ou le cuivre calciné, jusqu'au dernier degré. Cette terre s'employe intérieurement & extérieurement dans toutes les maladies où il est besoin d'astriction, on la nomme terre balsamique, à cause de sa vertu à guérir les playes. C'est par cette raison qu'on la joint salutairement aux baumes vulnéraires, & qu'elle entre dans l'onguent gris de Felix Vurtz, qui est si admirable dans la cure des Playes.

Teinture de soufre de vitriol. Soufre anodin de vitriol de Vénus.

La raison en est que la terre de vitriol étant calcinée, & dépouillée de tout acide, absorbe avec avidité toutes les humeurs acides des playes, elle les édulcore, & resserre en même temps les bords des mêmes playes ou ulcéres, qui sont ensuite promptement guéries par le baume naturel. La même terre sert intérieurement contre les hémorragies de quelques parties que ce soit, ou bien on en fait une teinture astringente nommée teinture de soufre de vitriol, qui n'est qu'une teinture de Mars, laquelle est un remède assuré pour toutes les hémorragies. On la compose avec la tête de vitriol de Mars, ou la terre douce & balsamique de vitriol, surquoi on verse de l'esprit de sel commun ou de l'esprit de sel, composé avec l'alun. On filtre la dissolution, & on la distille au feu de sable, & de la matiére qui reste on tire avec l'esprit de vin une teinture astringente extrêmement rouge, qui réussit dans toutes les hémorragies, dans la dyssenterie, la diarrhée, le crachement de sang, &c. la dose est de vingt à trente goutes, dans un véhicule approprié. Le soufre anodin de vitriol est fort recommandé par Paracelse & par Vanhelmont, pour sa vertu anodine à appaiser les douleurs & les furies de l'archée, pour parler comme ces Auteurs. Ce soufre n'est rien autre chose que le soufre fixe du cuivre. On ne le prépare pourtant pas immédiatement du cuivre, mais du vitriol de cuivre ouvert par l'esprit acide du soufre. Il y a un soufre qui a rapport à ce soufre anodin dans le Mars; mais il s'en faut beaucoup qu'il ait les vertus du soufre de vitriol de cuivre, ou de Vénus.

Elément du feu de Vénus.

Vanhelmont tire par la distillation de ce soufre anodin, une huile verte plus douce que le miel, qu'il nomme élément du feu de Vénus. Cette huile verte, en y ajoûtant le mercure précipité rouge dont on a tiré la liqueur ou le menstrue nommé alchaest, se fixe par le même alchaest, & fait l'or orizontal de Vanhelmont. Le Drif du même Auteur, ou le succédanée de la pierre de Buttler, se prépare avec le même soufre anodin de vitriol; mais comme il n'est pas permis à tout le monde d'aller à Corinthe, quelques-uns se contentent de préparer un soufre fixe de vitriol, approchant de celui-ci. D'autres distillent la tête morte du vitriol de cuivre sur le sel ammoniac & en tirent un remède admirable. Starkey fait cuire & bouillir le sel de tartre avec le colcothar de vitriol, il croit que l'alcali fixe, à cause de la convenance, attire à soi le soufre du cuivre, & le volatilise, & par conséquent il vante son remède comme quelque chose de grand. Mais ce qu'il prétend est très-difficile, & l'art de volatiliser le sel fixe, est connu de peu de personnes.

Fleurs de soufre de vitriol de Vénus. Premier être de Vénus.

Le Chevalier Boyle qui ajoûte beaucoup de foi aux Écrits de Vanhelmont, compose des fleurs du soufre de vitriol de Vénus sublimées avec le sel ammoniac, lesquelles il regarde comme un remède sacré dans les maux d'estomac; il prend du sel ammoniac, il le mêle avec la tête morte du vitriol de cuivre bien édulcorée, sans quoi le remède retiendroit le goût du vitriol; il sublime le tout, & le dissout dans l'eau pour l'édulcorer, & par ce moyen il a des fleurs de couleurs d'orange, qu'il nomme premier être de Vénus; il leur attribue une vertu anodine, il assure que c'est un fébrifuge éprouvé contre la fiévre-quarte, & un remède assuré dans le rachitis. Quelques-uns prennent du vitriol de cuivre ou du vitriol commun, ils le dissoudent dans de l'eau, puis ils précipitent la dissolution avec le sel de tartre, & ils appellent les matiéres précipitées, le soufre anodin de vitriol. Mais ils se trompent lourdement; car c'est la mine métallique qui est tombée au fond par son propre poids, lorsque le sel de tartre a absorbé l'acide qui la soutenoit.

Poudre de sympathie.

La tête morte du vitriol de cuivre ou de Vénus, renferme la vertu de la poudre de sympathie qui guérit les playes par une faculté magnétique. On expose du vitriol de cuivre durant les jours caniculaires aux rayons du Soleil pour le calciner à blancheur; il ne faut pas que les rayons soient trop chauds, car la vertu sympathique, ou le soufre de Vénus en quoi elle consiste, se dissiperoit; ni que la pluye tombe sur la préparation, car elle en feroit un véritable vitriol. Voyez M. Dygbi, & ce que nous en marquons au Tome V^e. de cet Ouvrage.

CHAPITRE XI.

De l'alun.

L'ALUN approche du vitriol, celui-ci est composé de l'acide du soufre & d'un métal corrodé, & l'alun du même acide du soufre & d'un corps pierreux, ou terrestre dissout & changé en une substance alumineuse, transparente. Par cette raison, on tire de l'alun par la distillation, un esprit semblable à celui de vitriol, sinon qu'il est un peu moins acide, à cause qu'en corrodant le corps pierreux, l'esprit acide a changé la tissure de ses particules, & perdu sa premiére qualité.

Pour illustrer ceci, il ne faut que prendre l'esprit de soufre préparé par la campane, & y dissoudre de la terre sigillée; d'abord la terre se coagulera en un corps alumineux; mais si on dissout du Mars, il se fera du vitriol. Ces deux corps distillés par une retorte, fournissent chacun leur esprit, mais l'esprit du dernier est plus âcre que celui du premier.

La génération de l'alun par l'esprit & un corps pierreux, est confirmée par l'expérience suivante. On prend de l'esprit de soufre tiré par la campane, on y dissout de la craye, on laisse évaporer la liqueur; puis on met le tout à la cave où il se forme en alun, c'est une expérience qu'on m'a communiquée comme véritable, & que chacun peut faire pour s'en convaincre. La pierre pyritès calcinée, engendre quelquefois de l'alun, ensuite du vitriol; sçavoir, lorsqu'après avoir corrodé le métal, l'esprit acide du soufre, corrode encore le terrestre, & on trouve ordinairement de l'alun où il y a du vitriol & du soufre.

Il en est de la tête morte de l'alun, comme celle du vitriol, & elles se remplissent à l'air toutes deux d'un nouvel esprit. Il y a plusieurs sortes d'alun. Le rouge étoit inconnu aux Anciens, parce qu'il se prépare par diverses solutions & calcinations qui sont depuis peu en usage. Pour récompense, leurs aluns liquides nous sont inconnus. L'alun de plume est plus doux, & moins âpre que l'alun de roche; on le confond ordinairement avec le lapis amianthus. Mais il y a deux grandes différences. La premiére, est que l'alun de plume est fryable & d'une saveur astringente, & le lapis amianthus est insipide. La seconde est que l'alun de plume se brûle au feu & perd de sa substance, au lieu que le lapis amianthus résiste au feu. On file ce dernier, & on en fait des bourses dans lesquelles on met du sel, qui se fond au feu dans la bourse, sans que celle-ci se détruise en rien. J'en ai vû une chez l'ingénieux Septalius. Quant à l'alun de roche, ses vertus sont assez connues. Il sert, comme on sçait, dans le vomissement opiniâtre, dans la diarrhée, & dans le flux immodéré des mois, on en prend demi dragme tous les jours. Il est outre cela, singulier contre les fiévres, après avoir fait précéder les remédes requis. Il retarde les paroxismes & les diminue ; mais il a certaine crasse excrémenteuse dont il faut le dépouiller avant de le mettre en usage.

Voici comme on le dépure.

Dissolvez ce qu'il vous plaira d'alun, dans l'eau chaude, versez de l'urine humaine sur cette dissolution, la crasse se précipitera au fond, & l'alun pur demeurera.

Cristaux d'alun.

Voici une autre maniére de le préparer pour la fiévre, on le calcine dans un pot de terre suivant la coutume, & on verse du vinaigre sur la calcination, lorsqu'elle est encore rouge ; l'alun se dissout par ce moyen, on filtre la dissolution, puis on la laisse évaporer à la cave, où il se forme de beaux cristaux, dont l'usage est assez célébre. La dose est d'un scrupule.

On a parlé ci-devant du phlegme, &

de l'esprit d'alun, en distillant l'alun avec le sel commun, on tire l'esprit de sel composé.

Le sucre d'alun n'est que l'alun tiré & imbibé tant de fois de son propre phlegme, qu'il est sans acrimonie & insipide; ce sucre d'alun est spécifique dans la dyssenterie, & dans la fiévre hétique. L'alun sert extérieurement, étant dissout dans les lavemens & les lotions des playes, des ulcéres caverneux, profonds & malins, ou à rétrecir le conduit de la pudeur après l'accouchement. Il n'est rien de meilleur pour l'uvale relâchée que l'alun dissout avec du sel ammoniac, dans une décoction de prunelle. La même décoction est bonne pour les gencives relâchées par le Scorbut. L'alun entre dans la teinture de lâque, si recommandée dans les ulcéres & la gangrêne scorbutique des gencives.

Angelus Sala faisoit des suppositoires avec l'alun, & cette méthode est encore en usage. L'alun est fort estimé contre l'atrophie de quelque membre, ensuite des playes des parties nerveuses. On prend de l'alun bien calciné, on le dissout dans l'eau commune, & il se précipite une poudre qu'on édulcore avec de l'esprit de vin, on la mêle ensuite avec quelque onguent approprié pour en froter la partie; le même onguent est salutaire pour la sciatique, c'eſt aſſez parler des ſels végétaux & minéraux.

CHAPITRE XII.

Des eaux aigrelettes minérales.

NOUS avons dit au Chapitre du vitriol, que celui-ci étant diſſout dans l'eau ſimple, & bouillant ſur le feu, ſi on y foure des verges de fer, le cuivre ſe précipite au fond, par la raiſon que l'acide qui eſt dans le vitriol, s'attache au Mars, & quitte le cuivre, & que par ce moyen, on a un vitriol de Mars tout pur.

Ce Phénoméne nous conduit à la connoiſſance des eaux acides naturelles, leſquelles ne ſont rien autre choſe que du vitriol de Mars, diſſout par l'acide du ſoufre, elles ſe font, ſuivant les obſervations des Phyſiciens les plus exacts, quand l'eau qui paſſe par les conduits ſouterains s'emprégne en paſſant de certain eſprit ſalin, que Paracelſe & Vanhelmont appellent l'eſprit acide affamé du ſoufre qui eſt encore embryon. L'eau ainſi emprégnée venant à paſſer par des veines métalliques, par exemple, par des veines de fer, elle devient acide ou un peu amére. Que ſi elle paſſe par une mine de cuivre, elle en recevra une ſaveur nauſéeuſe ou dégoutante. L'expérience rapportée dans le Traité de Chymie de Rochas, Auteur François, qui a été très-exact dans la recherche & l'examen des eaux minérales, confirme ceci. Il fit fouir bien avant en terre, juſqu'à ce qu'il fût parvenu à l'origine d'une Fontaine d'eau acide, & il trouva de l'eau ſaline, tirant ſur l'acide, qui en paſſant par une veine de fer, la corrodoit & l'abſorboit tellement, qu'elle étoit médecinale au ſortir de-là. Il eſt aiſé ſur ce principe de découvrir les vertus des eaux minérales: car à raiſon de l'acide du ſoufre embryon qui eſt ſingulier dans ſon eſpéce, & duquel tous les différens acides que nous avons n'approchent point, les eaux minérales acides, ſont d'une ſaveur qui pénétre, inciſe, diſſout & pouſſe puiſſamment par les urines. Et à raiſon de la veine de Mars corrodée, elles ont la vertu de corriger & d'abſorber les ſels ſauvages du corps, ſoit acides ou auſtéres, ou de quelqu'autre ſaveur nuiſible qui ſont dans les premiéres voyes ou dans les autres régions, ſpécialement dans la mélancolie hypocondriaque & le ſcorbut. D'abord que les eaux ont été avalées, les ſels viciés du corps accourent à la terre de la veine du fer dont elles ſont chargées, ils s'uniſſent à elle, ils l'abſorbent & ils ſortent enſemble par les selles & cette précipitation de la veine du fer, avec les sels sauvages, rend les selles noires.

D'un autre côté, l'acidité de ces mêmes eaux, pénétre les veines du mésentere; elle ouvre & déterge tous les conduits, & purifie tout le corps. Par cette raison elles conviennent aux maladies chroniques, au scorbut, à la mélancolie hypocondriaque, à la jaunisse noire, où les forces manquent, & où il n'y a point de meilleur reméde que nos eaux.

La bonne méthode de boire ces eaux, est d'augmenter par degrés, de commencer par une petite dose, passer de-là à une dose médiocre, & enfin à la plus grande qu'il se pourra. Mais il y a deux choses à remarquer: la premiére est, que ces eaux demandent un estomac vigoureux, autrement elles détruisent sa force & toutes ses fonctions, & font beaucoup de mal. La seconde, c'est qu'à cause de leur nature vitriolique, elles sont contraires à ceux qui craignent la phthisie, & ceux-ci meurent hydropiques par l'usage de ces eaux.

Sur ce que nous avons dit, que l'esprit acide des eaux rongeoit & absorboit le Mars, avec lequel il se précipitoit en forme de cuivre ou de terre noire & insipide. Cela se remarque toujours lorsque ces eaux ont été long-temps dans un vaisseau,

& nous donne à connoître qu'elles ne valent rien lorſqu'on les tranſporte de leur lieu naturel en un autre ; mais quand on n'en a point de naturelles, on peut en faire d'artificielles, qu'on prépare en diverſes maniéres, & le fer en fait toujours la baſe.

Eaux minérales acides, artificielles.

Les uns éteignent du fer ou de l'acier rougi au feu dans du vin blanc ſec pour faire boire dans la Cakexie des filles : d'autres prennent de la limaille de fer, ils la mêlent avec du vinaigre diſtillé d'hydromel, & y ajoûtent un peu de vitriol, puis ils délayent le tout avec une ſuffiſante quantité d'eau, pour uſer dans les maladies chroniques. Les meilleures ſe font avec le phlegme acide, ou de vitriol diſtillé juſqu'à ce que les goutes commencent à être un peu acides, on verſe enſuite ce phlegme ſur de la limaille d'acier, puis on s'en ſert avec ſuccès. La plus ſûre de toutes ces maniéres, eſt de délayer les criſtaux de vitriol de Mars dans leur propre phlegme, avec du vin blanc ſec. On a par ce moyen des eaux artificielles, acides, excellentes.

Clyſſus. Teinture d'Amelungius.

Le Clyſſus a lieu ici : car quoi que cette compoſition ne tienne rien du Mars, néans moins elle contient un acide affamé qui approche de la pureté de celui des eaux acides naturelles, & de l'acide du ſoufre embryon ; ce Clyſſus ſe compoſe avec parties égales d'antimoine & de nitre, & la moitié de ſoufre, on diſtille le tout qui donne un eſprit acide agréable, excellent pour rafraîchir dans les fiévres & dans les maladies aigues ; il agit en précipitant ; on tire avec ce Clyſſus les teintures de plu-ſieurs végétaux, qui ſont d'une très-belle couleur : la teinture d'Amélungius n'eſt proprement qu'un Clyſſus qui ſe prépare de la maniére ſuivante. On prend de l'antimoine, du tartre, & des cailloux, parties égales de chacun, on pulvériſe le tout, après quoi on diſſout du nitre dans de l'eau chaude, & on ajoûte les eſpéces ci-deſſus à cette diſſolution qui font un corps groſſier qu'on laiſſe durant quelques ſemaines à la cave, après quoi on le diſtille par une retorte à long col. On en tire un eſprit urineux ſalin, très-ſalutaire dans le calcul.

SECTION III.

Des corps sulphureux.

CHAPITRE PREMIER.

Du second principe actif de Paracelse & des Chymistes, qui est le soufre.

LE second principe actif de la Chymie, se nomme le soufre; sur quoi il n'y a pas eu moins de disputes entre les Chymistes, que touchant le principe salin. Le tout par l'ignorance de Paracelse & de ses Sectateurs. On entend précisément ici par soufre, ou corps sulphureux, une graisse très-inflammable, telle qu'il s'en trouve particuliérement dans le soufre cru, duquel elle tire son nom; & comme les corps huileux tant naturels qu'artificiels, sont tous inflammables & gras, le mot d'huile a été aussi mis en usage, pour signifier le principe sulphureux, de sorte que soufre & huile disent la même chose. La graisse sulphureuse ne se trouve jamais seule, elle est toujours incorporée avec diverses autres particules; ainsi ce n'est pas un premier principe, puisqu'elle a quelque composition; elle s'unit & se coagule principalement avec l'acide, qui ne manque point de se trouver dans tous les soufres ou corps sulphureux, où ses pointes sont cachées & tempérées par la partie sulphureuse. Il y a de l'acide dans le soufre commun & dans celui d'antimoine, qui est composé d'acide & de graisse. L'ambre, & toutes les sortes de bitume, soit qu'ils soient de la famille minérale, ou de la végétale, ont chacun leur acide, comme il paroît par l'esprit acide qui en sort dans la distillation. Les résines graisseuses, la poix & la térébenthine, renferment de l'acidité dans leur graisse sulphureuse, & dans la distillation de la poix & de la térébenthine, l'esprit acide sort toujours avant l'huile. Quelques-uns tirent à force de feu un esprit acide de la suye, qui n'est proprement qu'un soufre sublimé des végétaux, & plus les bois sont graisseux, plus ils fournissent d'acide.

Les charbons contiennent un soufre composé d'un acide, & d'une graisse comme les minéraux, & on tire ce soufre des charbons par des alcalis fixes, qui séparent le soufre en imbibant l'acide.

La mirrhe tout amére qu'elle est, paroît acide au goût quand elle est distillée, & l'huile commune renferme un acide assez fort pour corroder & faire rouiller le fer, ainsi que les lamelles d'argent & de cuivre; on peut même tirer artificiellement de l'huile commune, un acide très-pénétrant. Mais une marque incontestable de l'acidité de l'huile commune, c'est que si on en met une goute dans l'œil, elle causera des douleurs beaucoup plus cuisantes que le suc acide de citron. L'huile de lin n'est pas aussi sans acidité. Les huiles distillées qui ne sont que des sels volatils concentrés, & de nouveaux êtres produits par le feu qui étoient matériellement, & non pas formellement dans les sujets, d'où on les a tirés. Tout sels volatils qu'ils sont, ils ne sont pas sans quelque graisse sulphureuse concentrée avec l'acide, de même que l'acide de l'huile se concentre avec l'esprit de sel ammoniac dont il est absorbé, & avec lequel il se coagule. Les huiles distillées des aromates ont pareillement chacune leur acide; & si on peut bien gouverner le feu dans la distillation de la canelle, il en sortira un phlegme acide avant l'huile, mais il est important pour cela de bien gouverner le feu comme j'ai déja dit.

Les graisses des animaux ont toutes leur acide, puisqu'en les unissant avec un alcali fixe, on en fait du savon. Ce qui arrive de ce que les alcalis imbibent l'acide de la graisse. Je croi même qu'il y a de l'acide dans l'esprit de vin; quoique bien déphlegmé,

phlegmé, si on y ajoûte de l'esprit de sel ammoniac, ils se coagulent l'un & l'autre en un corps grossier, ce qu'ils ne font que parce que l'alcali très-subtil de l'esprit de sel ammoniac, absorbe l'acide volatil de l'esprit de vin avec lequel il s'incorpore. Il y a apparence que les esprits ne sont inflammables, & que la fermentation ne volatilise les huiles, que par le moy.n de l'huile concentrée; ce qui n'est pourtant pas sans contredit, c'est pourquoi je m'en rapporte aux expériences. Mais comme il est certain que les sujets qu'on distille, sans que la fermentation précéde, fournissent beaucoup d'huile, & qu'au contraire ils n'en donnent presque point, mais beaucoup d'esprit inflammable, si on les fait fermenter, il est probable que c'est la fermentation qui volatilise les huiles de ces sujets, & les change en esprit inflammable. En quoi Beccherus se vante de sçavoir le secret de changer les huiles mêmes. Je passe ici sous silence, l'opinion de certains Chymistes, qui attribuent au soufre l'origine de toutes les couleurs & des teintures qu'on tire des corps; quoique cette opinion semble être confirmée par l'esprit de vin, qui est un menstrue sulphureux, par le moyen duquel on tire toutes ces teintures.

Si on me demande s'il y a du véritable

ſoufre dans les métaux ; je répondrai que je ne l'aſſure pas, d'autant qu'il faut tant de préparation pour avoir le ſoufre inflammable qu'on tire de quelques-uns, qu'il y a ſujet de douter ſi ce ſoufre étoit réellement dans les métaux avant qu'ils euſſent paſſé par le feu, ou s'il s'y eſt formé depuis, d'autant plus que les métaux ſont trop ſerrés, & qu'ils ne donnent ce ſoufre qu'après avoir été mélés avec d'autres corps. Néanmoins comme nous voyons que les corps ſont inflammables à raiſon de leur ſoufre, que l'étain s'enflamme dans la préparation de l'antihecticum de Potier. Lorſqu'on remue un peu trop fort les matiéres, & que l'or fulminant a la vertu de s'enflammer, de faire effervefcence avec le nitre, & d'exciter un grand bruit, ce qui eſt le propre du ſoufre ſolaire, il y a bien de l'apparence que les corps métalliques renferment un véritable ſoufre.

Je ne décide point ici par conſéquent, ſi les teintures qu'on fait des métaux, ſont de véritables extractions de leur ſoufre, ou des diſſolutions ſimples de quelques-unes de leurs parties métalliques, quoique je me perſuade que ce ſont plutôt des diſſolutions.

CHAPITRE II.

Du soufre commun.

LE Chapitre ci dessus a traité du soufre en général, c'est à-dire, de celui tant des végétaux, que des animaux & des minéraux ; celui-ci sera spécialement du soufre minéral ou commun, qui contient deux substances : la premiére est grasse, bitumineuse & inflammable : la seconde est acide & saline, ce qui se démontre par le moyen du feu : car la partie graisseuse s'y enflamme, & la partie acide sort en forme de vapeur qui frappe le nez, & resserre la poitrine, & se concentre en une véritable liqueur spiritueuse par le moyen de la cloche, comme nous verrons ci-après. Ces deux substances qui composent le soufre, sont confirmées par l'Analyse & par la Synthése, en ce qu'on peut composer un soufre artificiel d'une substance huileuse, & d'une substance acide, par exemple.

Prenez de l'huile distillée de térébenthine, avec moitié d'esprit de vitriol, distillez le tout adroitement par une retorte, & vous trouverez au col de celle-ci un soufre parfaitement inflammable, qui tient sa partie huileuse de l'huile de téré-benthine, & sa partie acide de l'esprit de vitriol. Quant à l'Analyse, elle se fait dans la préparation de l'esprit de soufre par la cloche; car dans cette opération, la partie huileuse du soufre brûle dans l'écuelle, & la partie acide se ramasse en forme d'esprit, contre les parois de la cloche.

Le soufre se divise en naturel, & en artificiel: le naturel est rare, il s'en trouve pourtant dans certaines miniéres, & on le nomme vulgairement soufre vif; il est gris & le meilleur pour l'usage de la Médecine, d'autant qu'il est plus simple: le soufre artificiel se fait par la fusion de la mine, ou par l'évaporation des eaux sulphureuses; Hofman parle d'une certaine eau limpide qui dégoûte d'un rocher, & se change en soufre à l'air en préparant la mine du vitriol; on en tire en même temps du véritable soufre.

On purifie le soufre avant de s'en servir en Médecine, ce qui se fait de diverses maniéres, & spécialement avec la lessive de chaux-vive, dans laquelle on fait bouillir le soufre pour le dépouiller de toutes ses ordures: on le dépure aussi, & en fort peu de temps, en le faisant cuire avec de l'urine humaine & un peu de vinaigre. Voici une façon très-belle.

Prenez parties égales de cire & de soufre, faites fondre le tout enſemble dans un vaiſſeau, ſans que rien s'enflamme, & verſez la liqueur toute bouillante dans de l'eau pour ſéparer le pur d'avec l'impur. La ſublimation du ſoufre ſert pareillement à le dépurer, mais nous en parlerons ci-après.

La dépuration du ſoufre avec la chaux-vive, nous montre très-bien la génération des eaux minérales ſulphureuſes qui s'engendrent des mines de ſoufre, par le moyen de l'efferveſcence, qui rend ces eaux-là chaudes : leur vertu vient toute du ſoufre ; l'expérience de Rochas confirme leur génération ; il fit creuſer juſqu'à l'origine d'une fontaine d'eau minérale ſulphureuſe chaude, où il trouva une ſource d'eau froide d'une ſaveur ſalée, qui excitoit une grande efferveſcence dans une miniére de ſoufre, au travers de laquelle elle paſſoit. On compoſe à cette imitation des eaux minérales chaudes, avec de l'eau de chaux-vive & du ſoufre.

Prenez ce qu'il vous plaira de chaux-vive & de ſoufre, mêlez le tout enſemble, & verſez deſſus de l'eau commune, laiſſez bouillir le tout juſqu'à ce que l'eau commence à rougir ; car c'eſt une marque que le ſoufre eſt diſſout.

On peut ſubſtituer cette eau aux eaux chaudes naturelles, & y faire bouillir quelques aromates ou plantes destinées pour les nerfs qui la rendront encore meilleure.

J'ai dit que la chaleur de ces eaux venoit de l'effervescence, & leur vertu du soufre, c'est par cette raison qu'elles conviennent aux maladies chroniques, aux ulcéres externes, aux fistules, aux affections des nerfs, à la paralysie.

Les artificielles y sont bonnes aussi, & dans les érésipéles exulcérés, dans la gangrène qui menace, dans la galle opiniâtre, dans les dartres, & les autres vices de la peau, qu'elles guérissent efficacement.

Fleurs de soufre.

La sublimation du soufre, est simple ou composée, la premiére est la meilleure de toutes : quelques-uns ajoûtent du sel décrépité, de l'alun brûlé, de la tête morte de vitriol, pour empêcher que le soufre ne flue au feu, & qu'il ne donne moins de fleurs ; à l'égard du colcothar ou tête morte du vitriol, il faut qu'il soit bien calciné, sans quoi les fleurs de soufre seroient corrosives & chargées de l'acide corrosif du vitriol, & au lieu d'être le baume des poumons, elles en seroient le poison. On fait des fleurs de soufre composées avec l'aloë, la myrrhe, & le benjoin, mais elles ne valent rien ; car il n'y a que le soufre pulvérisé qui monte, le reste se brûle au fond du vaisseau & sent l'empireûme; on fait aussi des fleurs de soufre saccarines qui ne valent pas mieux, parce que le sucre se brûle, & rend les fleurs de mauvaise odeur & demeure au fond du vaisseau; enfin on fait des fleurs de soufre corallées, en mêlant du corail broyé avec le soufre, & en exposant le tout au feu; on prétend que l'acide du soufre s'attachant au corail, en enlevera les parties les plus volatiles, & qu'ainsi les fleurs de soufre seront corallées & plus efficaces, il est vrai qu'il s'exhale assez d'acide dans la sublimation du soufre pour dissoudre le corail, mais cependant rien du corail ne se sublime ainsi, cette opération est inutile.

A l'égard de l'usage des fleurs de soufre, chacun sçait que le soufre est un bon pectoral, & que les Chymistes l'appellent le baume des poumons, ce qui se doit entendre de la partie graisseuse du soufre; car la partie acide est très-contraire à la poitrine; comme celle-ci se sépare difficilement de l'autre, on se sert de plusieurs infusions dans diverses sortes d'huiles pour faire les baumes de soufre; on prépare par ce moyen le baume de soufre térébenthiné: toutes les corruptions des poumons, les abscès & les ulcères, se guérissent par la vertu balsamique du soufre, ainsi que ceux des reins & des autres parties. Il n'y a rien de meilleur pour les ulcéres malins, sur-tout des mammelles, dans les catarres pour corriger l'acidité & l'acrimonie de la limphe & dans la toux qui en dépend. Les fleurs de soufre préparées avec la myrrhe & le benjoin y sont sur-tout recommandées, à cause que ce dernier égale presque le soufre en bonté. Le soufre est d'une efficacité éprouvée contre la colique causée par l'acide ; j'en donnai un jour demi-dragme à un Gentilhomme qui en étoit affligé, & il fut guéri d'abord.

Quant à l'usage externe, le soufre sert à mondifier & à guérir toutes sortes de playes & ulcéres malins : il est admirable contre la peste, & recommandé par Hypocrate même ; ainsi les fleurs de soufre sont la base de tous les remédes antipestilentiels, elles conviennent aux maladies des femmes pour pousser les mois & faire sortir tant le fétus que l'arriére-faix. Le soufre est l'unique reméde de la galle, on peut employer le baume de soufre, sans craindre qu'elle rentre, pourvû qu'on l'anime par quelque alcali, nommément avec l'huile de tartre en forme d'onguent, on ne manquera jamais de réussir, quand même la galle seroit dégénérée en lépre par la corruption des sels. Pour plus de sûreté, on doit donner les viperes & l'antimoine intérieurement pendant qu'on applique le soufre au-dehors.

Le soufre se dissout par des alcalis fixes & par des huiles distillées ; le soufre dissout par les alcalis donne le lait de soufre de la maniére qui suit. On dissout le soufre dans une lessive de chaux-vive ou du sel de tartre, & quand la dissolution est devenue rouge, on verse du vinaigre distillé, il se fait un lait qui étant lavé dans de l'eau se précipite en forme de poudre blanche, qu'on croit bonne dans plusieurs maladies de la poitrine, mais elle ne vaut rien ; car ce magistére ou lait de soufre, n'est rien qu'une chaux inutile, par la raison que la nature du soufre a été détruite par la jonction des sels, & le soufre s'étant uni en partie avec l'alcali, & en partie avec l'acide, il s'est fait un nouveau corps fixe de nulle valeur ; en effet une once de fleurs de soufre opérera mieux qu'une once entiére de ce lait. D'autres imbibent le lait de soufre avec l'esprit de sel dont ils font une bouillie par une retorte, & en tirent un lait de soufre utile dans l'hydropisie & dans la peste.

Baume de soufre.

Lorsqu'on dissout le soufre dans les huiles distillées, on nomme cette dissolution le baume de ſoufre; on ſe ſert ordinairement d'huile d'anis pour la poitrine, & d'huile d'ambre, pour la paſſion céphalique & hiſtérique.

Baume de ſoufre de Ruland.

Pour avoir un baume de ſoufre composé, on ajoûte au ſoufre de la myrrhe & du benjoin, puis on procéde comme dans le baume ſimple, avec quelque huile diſtillée. Quelques-uns prennent au lieu du ſoufre commun, le ſoufre doré d'antimoine, qui je crois, ſe diſſout mieux par les huiles diſtillées, & a plus d'efficacité. Ruland prépare ſon baume de ſoufre externe avec l'huile de navette ou de lin. On ajoûte quelquefois du camphre à ces baumes pour les rendre plus pénétrans & plus appropriés aux affections malignes.

Teinture de ſoufre.

En diſtillant le baume de ſoufre, le menſtrue monte, & il demeure au fond certain coagulum, dont on tire par le moyen de l'eſprit de vin bien rectifié, une très belle teinture de ſoufre.

L'uſage du baume de ſoufre ſert dans les ulcéres & les corruptions des viſcéres & principalement des poumons; on s'en ſert heureuſement dans la phtiſie; mais il faut de la circonſpection, qui conſiſte à ne donner jamais ce baume ſeul ou trop ſouvent, mais en y ajoûtant du baume du Pérou & du ſucre de Saturne, dont on fait des trochiſques utiles dans la toux, & dans les autres affections invétérées. Si on donne du baume de ſoufre avec le laudanum, ſur le ſoir, il fera merveille dans la toux invétérée, & ſpécialement dans la dyſſenterie maligne. Les malades s'en préſervoient ou s'en guériſſoient preſque tous avec le baume de ſoufre, dans celle qui régnoit il y a quelque temps en Allemagne ; ce qui n'eſt pas ſurprénant, puiſque le baume de ſoufre, & le ſucre de Saturne remédient promptement & ſûrement aux ulcéres des inteſtins.

Il eſt bon extérieurement pour l'uſage de la Chirurgie, dans les playes & les ulcéres, dans les tumeurs, pour mondifier & meurir les charbons, & pour empêcher qu'ils ne dégénérent en ulcéres malins. Les ulcéres dangereux des mammelles, ſe guériſſent parfaitement par le baume de ſoufre. Mêlez avec l'huile de momordica, & il n'eſt point de reméde pareil. Le baume de ſoufre ſeul guérit les panaris, ſuivant Ruland, & avec parties égales du baume du Pérou, il guérit les playes récentes & nouvelles, & les empêche de devenir ulcéres.

Esprit de soufre.

La seconde substance, ou la partie acide du soufre, se nomme vulgairement esprit de soufre, qu'il est presque impossible de séparer de la partie graisseuse, si ce n'est par le moyen de la flamme. Voici comme on s'y prend : on met le feu à ce qu'on veut de soufre, & on place un peu au-dessus de là une terrine large renversée qu'on appelle cloche pour arrêter les vapeurs à mesure qu'elles montent : celles-ci se ramassent en forme de goutes contre les parois de la cloche, d'où elles tombent dans un vaisseau de verre placé au-dessous, & font l'esprit acide de soufre : mais on en tire si peu, qu'à peine une livre de soufre, donne une dragme d'esprit, le reste se perd ; c'est-à-dire, le gas incoërcible de Vanhelmont ; il faut avoir soin durant la distillation, d'humecter la cloche avec un peu d'eau, pour faciliter la coagulation des vapeurs acides ; il est vrai que l'esprit en est plus phlegmatique, mais on le peut rectifier.

On doit choisir un temps humide pour cette distillation, afin d'avoir plus de cet esprit. C'est l'acide universel de tous les minéraux, & il a beaucoup d'affinité avec le sel central de la terre, dont il approche le plus. Cet esprit de soufre avec une terre pierreuſe forme l'alun : avec la mine de fer, il forme le vitriol de mars, & il prend diverſes modifications ſuivant les différens ſujets auxquels il ſe joint. Il a les mêmes vertus que l'eſprit de vitriol, ſans être chargé d'aucunes particules métalliques comme lui. L'eſprit de ſoufre détrempé d'eau & mis à la cave, donne des criſtaux d'une ſaveur ſalée, à ce que dit Billichius.

La fumée du ſoufre préſerve le vin de toute ſorte de corruption, & par le moyen de la même fumée, les Chymiſtes empêchent les ſucs végétaux de ſe corrompre. Vanhelmont va plus loin, & il recommande de ſoufrer les boiſſons dans la toux & dans les maux de poitrine, ſans dire comment cela ſe fait, ſuivant ſa coutume de faire un myſtére de tout. Voici pourtant comme on s'y prend.

Prenez une bouteille demi-pleine de boiſſon, & quelques allumettes que vous tiendrez allumées dedans, juſqu'à ce que la bouteille ſoit remplie de fumée, alors vous la boucherez & la remuerez pour unir la liqueur ſulphureuſe avec la liqueur; après quoi la vapeur diſparoît, & la boiſſon ne ſent rien. La boiſſon ſoufrée eſt admirable dans les maladies malignes, & elle fut d'un grand ſecours dans la peſte de Londres, où il mouroit plus de neuf cens personnes par jour.

Après le soufre commun, il n'y a point dans toute la famille minérale, de corps plus sulphureux que l'antimoine, c'est pourquoi nous allons l'examiner.

CHAPITRE III.

De l'antimoine & de ses préparations.

L'ANTIMOINE est un sujet minéral qui approche de la nature des métaux, & comme eux il est composé de beaucoup de soufre minéral, de beaucoup de mercure métallique, & enfin d'une substance saline, terrestre, alcaline; telles sont les trois substances qui composent l'antimoine, & qu'il faut démontrer. La substance sulphureuse de l'antimoine a de l'affinité avec le soufre commun; mais elle est mieux digérée & plus fixe, en quoi on croit qu'elle approche du soufre de l'or, d'autant plus qu'on remarque que l'or dépouillé de son éclat & de sa couleur, les recouvre lorsqu'on le fond avec l'antimoine. Mais ce fait ne prouve pas qu'il y ait dans l'antimoine, un soufre de la nature de l'or; car il se peut faire que l'or ait perdu ſa couleur par diverſes matiéres hétérogénes qui cachent ſon éclat pour un temps, & qu'étant fondu avec l'antimoine, celui-ci abſorbe ces matiéres étrangéres, & par ce moyen, redonne à l'or ſa véritable couleur. Il faut pourtant avouer de bonne foi que le ſoufre de l'antimoine, eſt beaucoup plus noble que le ſoufre commun; & par conſéquent plus approchant du ſoufre de l'or; c'eſt à quoi on attribue la vertu corroborative, céphalique, antiépileptique & alexipharmaque, que poſſéde l'antimoine.

Mais enfin, ce ſoufre de l'antimoine, comment ſe démontre-t-il? Par toutes les préparations de ce minéral, par ſon inflammabilité, par ſon odeur ſulphureuſe, par ſes vapeurs acides, par détonation avec le nitre & le tartre, par teinture qu'on tire avec des alcalis qui attirent promptement les ſoufres des minéraux; par l'odeur ſulphureuſe du beurre d'antimoine, qui eſt composé de mercure ſublimé & d'antimoine, parce qu'on fait un véritable cinabre avec l'antimoine vulgaire, & le ſoufre d'antimoine. Enfin parce qu'on tire de l'antimoine beaucoup de ſoufre ſemblable en tout au ſoufre commun, excepté qu'il n'eſt pas ſi jaune, & qu'il tire un peu ſur le verd.

Il y a deux méthodes pour tirer le ſoufre minéral de l'antimoine : la premiére est la distillation ; on pulvérise l'antimoine, & on le met quelque temps en digestion avec de l'esprit de vitriol ; après quoi on distille le tout à un feu violent ; & sur la fin de la distillation, le soufre s'éléve & s'attache au col de la retorte. La seconde méthode est la dissolution, on dissout l'antimoine dans l'eau régale, composée d'esprit de nitre, dans lequel on a dissout du sel commun, & on verse sur la dissolution de l'antimoine de l'eau commune, qui précipite un véritable soufre tirant sur le verd. Il n'est pas nécessaire pour confirmer l'existence du soufre de l'antimoine, de dire que par le moyen des huiles distillées, & par expression, on prépare avec l'antimoine comme le soufre commun, un baume de soufre beaucoup plus précieux que le vulgaire.

La seconde substance de l'antimoine, est le mercure métallique, lequel participe de la nature du Saturne. C'est la substance qui se sépare du soufre, dans la préparation du régule d'antimoine, & qui se coagule pour former ce régule. Basile Valentin dit, que ce régule se peut changer en véritable saturne ou plomb ; cet Auteur appelle l'antimoine hermaphrodite, parce qu'il a deux natures, celle de métal à cause de sa partie de Saturne, & celle de minéral à cauſe de ſon ſoufre, & des autres ſels ſurplus. Quelques-uns appellent l'antimoine un Soleil lépreux, *Sol leproſus*, à cauſe de ſon ſoufre, approchant du ſoufre ſolaire, ſans avoir une véritable fixation ; on l'appelle Loup, *Lupus*, à cauſe qu'à l'exemple de cet animal vorace, il dévore tous les métaux excepté l'or. Enfin le ſoufre d'antimoine abſorbe tous les autres métaux ſans toucher à l'or, ſoit parce que celui-ci eſt trop compacte, ſoit parce que le ſoufre ſolaire & le ſoufre d'antimoine, ont quelque rapport entr'eux ; le ſoufre d'antimoine eſt encore plus abſorbant que le plomb : car celui-ci abſorbe tous les métaux, excepté l'or & l'argent ; mais le ſoufre d'antimoine n'épargne que l'or qui reſte ſeul au fond de la coupelle. Enfin l'antimoine eſt nommé Prothée, à cauſe des divers changemens qui lui arrivent, & les Chymiſtes aſſurent que toutes les couleurs & toutes les ſaveurs ſont dans l'antimoine, témoins ſes fleurs qui ſont tantôt blanches, tantôt jaunes, tantôt rouges, & les verres d'antimoines qu'on fait de diverſes couleurs.

On choiſit pour l'uſage de la Médecine, l'antimoine qui ſe trouve dans les mines d'or, parce qu'il eſt le plus parfait, qu'il eſt rempli d'un ſoufre qui approche du ſoufre ſolaire ; ainſi l'antimoine de Hongrie eſt le meilleur, à cauſe de la quantité des mines d'or qui ſont en ce Royaume-là.

Les marques de ſa bonté ſont des rayes blanches, parſemées de point rouges; ceux-ci marquent l'abondance du ſoufre, & celles-là le mercure & le régule.

Quant à l'uſage, l'antimoine crud pris intérieurement, n'a aucune faculté vomitive ni purgative. Quelques modernes recommandent l'antimoine crud, juſqu'à trois grains, avec d'autres précipitans appropriés, pour l'épilepſie. Quelques-uns, comme Borellus & Zwelpher, ajoûtent un nouet d'antimoine aux décoctions ſudorifiques pour la vérole; l'antimoine crud donné quelquefois au bétail, avec la nourriture ordinaire, purifie leur ſang; on en peut donner demi-dragme aux Cochons ladres, ce que Baſile Valentin avoit déja vû réuſſir de ſon temps. Le Journal des Sçavans de France remarque que l'antimoine crud eſt bon pour engraiſſer les Chevaux & les Cochons.

Les préparations de l'antimoine ſont fort différentes; la premiére eſt la calcination, qui ſe fait ſimplement en faiſant calciner de l'antimoine pulvériſé, dans un creuſet placé ſur des charbons ardens, juſqu'à ce que le ſoufre ſoit évaporé, & que l'antimoine reſte au fond du creuſet, en forme de poudre griſe. Pour marque

que le soufre s'exhale dans cette opération, c'est parce qu'il s'arrête beaucoup de fleurs d'antimoine dans la cheminée, où l'on doit faire cette calcination, pour éviter la malignité des vapeurs. Il faut toujours remuer l'antimoine qui est dans le creuset avec une spatule de fer, pour empêcher qu'il ne se fonde : car alors il ne se calcineroit plus : mais quand il est une fois réduit en poudre, on peut y en ajoûter de crud, sans craindre qu'il se fonde.

Il y a une autre calcination de l'antimoine qu'on fait aux rayons du Soleil, par le moyen du miroir ardent, & tous les Chymistes demeurent d'accord, que l'antimoine est plus pesant après cette calcination, qu'après la calcination commune; l'antimoine calciné au Soleil, est un vomitif très-doux, & un diaphorétique assuré que Bartholin appelle Besoard, d'une vertu merveilleuse.

Dans toutes ces calcinations, il faut éviter soigneusement la fumée de l'antimoine, qui est corrosive & chargée de particules arsénicales; pour éviter tout inconvénient, avant de travailler à cette opération, on mangera du pain avec du beure, afin que la graisse de celui-ci, tempére la vertu corrosive de la fumée; & durant l'opération même, on mâchera de la racine de zédoaire pour en corriger la malignité.

Le verre d'antimoine.

Pour faire le verre d'antimoine, on fait fondre l'antimoine calciné dans un creuset, puis on jette la matiére sur un marbre bien échauffé, où elle se congelle en forme d'un beau verre de couleur de pourpre.

Il est important dans cette préparation de bien prendre la quantité & la qualité du temps. La premiére consiste en ce que l'antimoine soit suffisamment fondu, ce qui se connoîtra en introduisant dans la matiére le bout d'une verge de fer; car si celle-là ne fume plus, elle est assez fondue. La qualité du temps consiste à choisir pour cette opération, un jour clair & bien serein, & le verre en sera plus beau & plus transparent, ce qui se doit observer non-seulement ici, mais dans les autres préparations de l'antimoine, comme sa sublimation & le régule.

Si on calcine l'antimoine avec le quadruple de borax de Venise, le verre sera de couleur jaune; si on presse le feu, il deviendra blanc; que si on calcine l'antimoine avec huit fois autant de borax, le verre sera de couleur verte.

Le verre d'antimoine ne se doit jamais

donner en ſubſtance, c'eſt un vomitif trop violent, & deux ou trois grains ſont capables de cauſer une ſuperpurgation mortelle; on le donne en infuſion & plus corrigé que crud: & la vertu de l'infuſion ſe meſure plutôt par la doſe de la liqueur, que par la doſe du minéral. On corrige donc le verre d'antimoine avant de le mettre infuſer, & on ſe ſert pour cette correction, de quelque acide, on prend du verre d'antimoine pulvériſé, on l'imbibe pluſieurs fois de vinaigre diſtillé, d'eſprit de nitre, ou d'eſprit de ſel, & par ce moyen on en fait un purgatif ou un vomitif aſſez doux. On verſera, par exemple, ſur deux ou trois onces de verre d'antimoine pulvériſé de l'eſprit de ſel, qui ſurpaſſe la matiére d'un doigt, & par le moyen du feu, on en tire une liqueur groſſiére qui n'eſt rien autre que le beure d'antimoine, laquelle étant diſſoute dans l'eau, fournit une poudre qu'on peut donner ſûrement juſqu'à trois ou quatre grains.

La meilleure correction eſt de méler le verre d'antimoine pulvériſé dans du vinaigre de vin, & d'en tirer une teinture rouge, qui étant verſée par inclination, laiſſe la poudre du verre d'antimoine au fond; on verſe ſur cette poudre de l'eſprit de vin, on met le tout en digeſtion durant quelques jours, puis on allume l'eſprit de vin qui brûle ſur la matiére qu'on réduit enſuite en régule, ou en forme de verre par le moyen du feu : de cette façon, le verre d'antimoine conſerve une vertu vomitive aſſez douce. Ses infuſions dans du vin ſont bonnes pour faire vomir, ſur-tout dans les maladies chroniques ; elles ſe font de diverſes maniéres. Ruland a mis en crédit certain Gobelet de bois de génévrier qu'on enduit de poix pétrie avec de la poudre de verre d'antimoine, & les liqueurs ſpiritueuſes qu'on verſe chaudement dedans, reçoivent la vertu de l'antimoine & deviennent vomitives. On compoſe auſſi un anneau vomitif, en y enchâſſant quelques morceaux de régule d'antimoine ; on le met infuſer dans du vin, ou dans quelqu'autre liqueur, à laquelle il communique la vertu de faire vomir, & il ſert cent fois ſans rien perdre de ſa vertu. Si on prend bien ſon temps pour adminiſtrer ce reméde, il aura des effets merveilleux ; car l'antimoine purge heureuſement ce que les purgatifs végétaux n'ont ſçû purger ; & Vanhelmont eſt trop ſévére lorſqu'il dit, qu'un homme d'honneur ne doit pas ſe ſervir d'antimoine, à cauſe qu'il fait vomir, puiſque la néceſſité de vomir eſt indiſpenſable en certains cas.

Chacun ſçait la difficulté qu'il y a pour

déterminer l'antimoine à ne purger que par en bas ; on y a perdu & on y perdra toujours sa peine ; la raison en est que la vertu purgative de l'antimoine consiste en ce que son soufre ne soit pas trop volatil, & qu'en le fixant il devient diaphorétique ; ainsi le milieu est difficile à trouver.

Foye d'antimoine. Safran des métaux, Crocus metallorum. Crocus *d'antimoine*.

Pour mieux calciner l'antimoine, on y ajoûte parties égales de nitre & de tartre, on met le tout dans un creuset, & on y met le feu avec un charbon, il se fait une grande détonation & une masse tirant sur le rouge, à laquelle on a donné le nom de foye d'antimoine ; dans cette détonation, le soufre de l'antimoine s'enflamme avec le nitre, & en se fixant l'un l'autre, ils forment un alcali. La matiére est rouge à cause du soufre de l'antimoine ; si on dissout ce foye d'antimoine dans de l'eau commune, il se précipitera au fond, une poudre d'un jaune obscur, qu'on appelle ordinairement le safran des métaux, ou *Crocus metallorum*, safran à cause de sa couleur, & des métaux à cause de l'antimoine, qui est considéré comme le pere de tous les métaux. Lorsque ce *Crocus* d'antimoine se fait avec partie égale d'antimoine & de nitre seulement, c'est le véritable *Crocus metallorum* de Ruland, il n'eſt pas ſans quelque malignité, mais il opére plus doucement que le verre d'antimoine, & même avec plus de promptitude & d'effet. Néanmoins la meilleure compoſition eſt celle, où l'on met parties égales d'antimoine, de nitre & de tartre, parce que ce dernier fixe la vertu purgative de l'antimoine; quelques-uns ſe ſervent de ſel d'abſynthe au lieu de tartre, ou de nitre, comme a fait Minſicth, mais ſans raiſon. Bartholet au Traité de la reſpiration, fait mention d'un certain ſafran ou *Crocus* d'antimoine, tiré par la ſublimation, lequel ſent le muſc, & qui étant radicalement diſſout avec l'eſprit de vin & avalé juſqu'à un ſcrupule, devient un excellent purgatif par en bas, ſans cauſer aucun vomiſſement; au reſte, qu'on ne ſoit point ſurpris de l'odeur du muſc que Bartholet donne à ſon *Crocus* d'antimoine, car Finckius dans ſon Enchiridion Chymicum fait des fleurs d'antimoine, qui ont une ſemblable odeur.

Quoique le crocus métallorum agiſſe aſſez doucement en infuſion, on ne laiſſe pourtant pas de le corriger. La meilleure maniére eſt celle de Locatel, qui verſe de l'eſprit de vin ſur le crocus, il laiſſe le tout en digeſtion durant quelque tems, puis il met le feu à l'eſprit de vin. La bonté de

cette

cette correction consiste en ce que les parties les plus volatiles du crocus se dissipent insensiblement & s'évaporent avec l'esprit de vin, ainsi il ne reste que les plus fixes. Le verre d'antimoine & le safran des métaux sont la base de toutes les infusions vomitives tant d'oximel que d'autres liqueurs. Sur quoi il ne faut pas comme dit Valleus, & comme je l'ai déja dit, s'attacher à la dose du reméde qu'on infuse, mais à la dose de la liqueur; d'autant que la vertu de l'antimoine est inépuisable. Les syrops vomitifs de Tilleman & de Silvius, se préparent de la maniére qui suit.

Syrop vomitif.

Prenez du suc de coins, ou du moût, mettez-y infuser du verre d'antimoine; philtrez le tout & le laissez évaporer jusqu'à la consistance de miel; la dose est de quelques grains.

Les infusions d'antimoine sont très-salutaires dans les maux des yeux. On met infuser, par exemple, du verre ou du crocus d'antimoine dans quelque eau ophtalmique, comme de cyanus, de cicorée, ou d'euphraise; il y en a qui préférent la tête morte de beure d'antimoine pour infuser dans les mêmes eaux.

Régule d'antimoine.

Le régule d'antimoine que Basile Valentin regarde comme quelque chose de miraculeux, n'est point autre chose que la plus noble partie de l'antimoine, & la plus métallique, ou même le mercure de l'antimoine concentré & rassemblé, qui n'a retenu qu'autant qu'il faut de son soufre pour faire corps. Ce régule est de la nature du plomb, ou un plomb imparfait, que Basile Valentin, comme j'ai déja dit, réduit en véritable plomb, par le moyen du sel de Saturne.

La préparation du régule consiste à séparer par le moyen des alcalis, le soufre superflus de l'antimoine, & à donner les moyens à la partie métallique mercurielle de se réunir en un corps. Voici comme la chose se passe; les alcalis qui ont une convenance radicale avec les soufres, se rassasient & remplissent du soufre de l'antimoine, & celui-ci quittant le mercure lui donne lieu de tomber au fond, où il se réunit & forme le régule. C'est ainsi que l'on procéde.

Prenez parties égales d'antimoine, de nitre & de tartre, faites détonner le tout dans un creuset, & vous trouverez le régule au fond.

La détonation qui arrive ici, est la

même que celle de la poudre à Canon; car comme il y a dans la derniére du nitre & du soufre avec l'alcali des charbons; de même il y a dans la premiére, le soufre de l'antimoine, du nitre, & l'alcali du sel de tartre. Ce sont ces trois choses qui excitent la détonation, pendant laquelle le nitre & le tartre se brûlent, & composent un alcali âcre qui absorbe le soufre de l'antimoine, dont le régule se trouve dépouillé & tombe au fond du creuset; les scories qui se trouvent au-dessus, sont les alcalis teints & remplis du soufre de l'antimoine.

Il y en a qui ne demandent pas tant de façon, & qui se contentent de calciner l'antimoine avec le sel de tartre seul, ou quelqu'autre sel alcali, qui corrodent assez l'antimoine pour en séparer le soufre. Mais comme ces sels sont trop corrosifs, & qu'ils imbibent beaucoup de soufre, il est à craindre dans la préparation du régule, qu'ils n'absorbent non-seulement tout le soufre superflu, mais encore celui du régule même, à moins qu'on y ajoûte de la poudre de charbon, ce que plusieurs font, pour empêcher ces sels de prendre trop de soufre, & pour avoir un régule plus abondant & plus efficace, par exemple.

Prenez trois livres d'antimoine, une

livre & demi de ſel de tartre, quatre onces & demie de poudre de charbon, brûlez le tout ſuivant l'art, & vous aurez un régule bien peſant & en aſſez grande quantité, mais beaucoup plus impur que celui qu'on prépare ſuivant la méthode ordinaire.

De ce que les alcalis abſorbent le ſoufre des charbons, on peut fort bien tirer de ceux-ci un ſoufre inflammable, de la maniére qui ſuit.

Prenez des charbons concaſſés que vous ferez fondre avec du ſel de tartre, & diſſoudre enſuite dans de l'eau commune. Verſez ſur cette diſſolution du vinaigre diſtillé, & le ſoufre que l'alcali avoit abſorbé tombera au fond. Ce ſoufre de charbon eſt tantôt plus, tantôt moins inflammable; & dépend du plus ou du moins de force du vinaigre: car ſi on ſe ſert d'un vinaigre trop âcre, il fixera trop la volatilité du ſoufre, & lui otera de ſon inflammabilité: au contraire ſi le vinaigre eſt peu âcre, le ſoufre conſervera plus de ſon inflammabilité.

Zwelpher prépare un régule d'antimoine avec le charbon, de la maniére ſuivante: il prend de l'antimoine avec une quantité ſuffiſante de charbon, il met le tout en poudre, & le fait fondre dans un creuſet; l'alcali du charbon corrode l'antimoine, lui ôte ſon ſoufre & l'imbibe; après quoi le régule reſte au fond, on remêle les ſcories avec d'autre charbon, & en procédant comme la premiére fois, on en tire encore du régule. Mais comme l'alcali du charbon eſt en quelque façon raſſaſié de ſon propre ſoufre, il n'abſorbe pas promptement ni beaucoup de ſoufre d'antimoine; ce qui fait que le régule eſt en plus grande quantité & moins dépuré que le régule ordinaire; quelques-uns préparent le régule d'antimoine avec la poix ou la colophone, en mettant parties égales de poix ou de colophone, & d'antimoine, ou bien ſuivant quelques-uns, trois parties d'antimoine, & deux de colophone, fondre dans un creuſet. On a par ce moyen un beau régule & en bonne quantité; la raiſon en eſt, que dans les préparations communes du régule d'antimoine, la partie la plus volatile du ſoufre, conſomme & emporte beaucoup de la partie mercurielle, ce qui fait qu'il ſe trouve peu de régule; au lieu que dans cette derniére préparation, la graiſſe de la colophone imbibe le ſoufre de l'antimoine à cauſe de leur affinité, ainſi t[illegible] la partie métallique ſe change en rég[illegible] Au reſte l'antimoine ſeul bien calciné [illegible] ſéparé de ſon ſoufre, ſe forme en regule par la force du feu, ſans l'addition d'aucune autre chose; mais la question est de sçavoir bien calciner ce minéral. Tous les régules ci-dessus sont simples, passons aux composés.

Les régules composés, sont ceux où il entre d'autres métaux, par exemple, le Mars, le Jupiter, le Soleil: & chaque préparation a ses remarques particuliéres, par exemple, dans la préparation du régule avec le Mars.

Il est à observer que l'antimoine & l'acier ont de la peine à se bien fondre ensemble, d'autant que l'antimoine se fond facilement, au lieu que l'acier ne se fond qu'avec peine, & qu'il demeure long-temps rouge avant de se fondre au feu, or pour bien faire, il faut mettre dans le creuset une livre, ou du moins huit onces de limailles de fer, ou de cloux, & les faire rougir jusqu'au dernier degré, & alors on ajoûtera seize ou dix-huit onces, ou suivant quelques-uns, douze onces seulement d'antimoine pulvérisé. Tous les deux se fondront par ce moyen en même temps, & se réuniront en une masse à force de feu, par la raison que le soufre de Mars a radicalement de l'affinité avec celui de l'antimoine. On continuera le feu pour faire fondre cette masse, & quand elle sera fondue, on y jettera de la poudre de nitre échauffée, jusqu'à quatre ou cinq onces, à plusieurs reprises & quand les détonations seront finies le régule sera fondu, jettez-le promptement dans un culot, sans quoi les scories formeroient une croûte qui empêcheroit la matiére de couler, comme ce régule n'est pas bien dépuré, on le refond deux ou trois fois avec la même quantité de nitre pour le purifier & le polir.

Pour faire le régule avec le Jupiter ou l'étain, ou ajoûte une quantité suffisante de Jupiter, & on le fond avec l'antimoine en une masse presque argentée.

Pour faire le régule avec le Soleil ou l'or, on met fondre six fois autant d'antimoine sur le simple d'or, & le régule se trouve au fond.

Soufre doré d'antimoine.

Les scories qui se trouvent à la superficie du creuset dans les préparations du régule, sont des alcalis qui ont absorbé le soufre d'antimoine, & pour en séparer ce soufre, il ne faut que dissoudre les scories dans de l'eau, puis verser quelque acide & spécialement du vinaigre sur cette dissolution. Mais il faut observer que la premiére fois le soufre qui se précipite, est de couleur obscur, qu'il purge en bas & n'est point inflammable, & que la seconde fois & les autres suivantes, il se précipite un soufre fixe qui devient un excellent diaphorétique en le faisant brûler avec de l'esprit de vin. C'est ce qu'on appelle le soufre doré d'antimoine, si on verse sur la même dissolution de l'esprit de vitriol en place de vinaigre, on excitera une puanteur horrible, mais on en aura un soufre plus diaphorétique, par la raison que les acides arrêtent la vertu purgative de l'antimoine.

La dissolution ou lessive des scories du régule d'antimoine, est très-salutaire dans l'obstruction des mois, il faut en recevoir la fumée dans les parties génitales, elle est admirable pour les lotions des ulcéres malins dont elle mondifie & déterge toutes les ordures, & les Chirurgiens doivent toujours en avoir: elle est même très-efficace, lorsque la gangrêne commence, & si la partie est totalement gangrênée, on croit qu'en la mettant deux ou trois fois dans cette lessive, il sort de la partie certaine matiére grossiére, après quoi elle recouvre sa santé. Elle guérit aussi la galle qui dépend d'un acide; mais il ne faut pas y mêler rien d'acide, car elle imprimeroit sur la peau certaines taches blanches, qui seroient long-temps à s'en aller: enfin cette lessive est bonne pour les clystéres, pour ramollir & purger les excrémens endurcis,

Antimoine diaphorétique.

La préparation de l'antimoine diaphorétique, eſt la même que celle du ſafran des métaux, car il ne s'agit que de fondre l'antimoine avec le nitre pour le fixer. Toute la différence qu'il y a, c'eſt qu'on prend dans la préparation du ſafran des métaux, parties égales d'antimoine & de nitre, & dans la préparation de l'antimoine diaphorétique, on prend trois parties de nitre & une d'antimoine pour fixer celui-ci, lui ôter ſa vertu purgative, & le rendre diaphorétique. La maſſe ayant été fondue ſuivant l'art, on la diſſout dans de l'eau, à laquelle le nitre ſe mêle pendant que l'antimoine prend le fond en forme de poudre griſe. Cet antimoine diaphorétique étant gardée ſix mois, redevient émétique, parce que l'air lui fournit pendant ce temps-là un nouveau ſoufre volatil.

Pour empêcher cet inconvénient, on doit ſe ſervir dans cette préparation du régule, plutôt que de l'antimoine crud, ainſi l'air ne pourra pas altérer ſi facilement l'antimoine diaphorétique, ni le rendre vomitif. En ſecond lieu on doit laver exactement dans l'eau chaude, l'antimoine diaphorétique nouvellement préparé, afin d'en détacher tout le nitre; la lotion faite, on le met digérer quelque temps avec l'esprit de vin, puis on y met le feu, & par ce moyen on a un très-bon remède.

Céruse d'antimoine.

L'antimoine diaphorétique préparé avec le régule se nomme céruse d'antimoine, qui excite non-seulement la transpiration, mais même la salivation comme le mercure.

Durant la calcination de l'antimoine avec le triple de nitre, celui-ci se brûle & donne son esprit : c'est pourquoi si on prépare l'antimoine diaphorétique dans une retorte à long col bien échauffée, en y jettant les ingrédiens, cuillerées à cuillerées, l'antimoine se calcinera & se fixera, & l'esprit de nitre ira dans le récipient où il emportera quelque partie du soufre d'antimoine, & cet esprit sera une espéce de clyssus. La masse qui reste au fond de la retorte sera dissoute & lavée comme celle ci-dessus, puis on la gardera pour l'usage.

Nitre antimonié.

On tire encore de cette dissolution, un nitre qu'on appelle nitre antimonié, dont la plus grande partie se forme en cristaux, & la plus grossiére reste au fond. Celle-ci est un alcali qui est beaucoup plus en usage dans l'alchymie que dans la Médecine.

Pour l'antimoine diaphorétique, il est d'une grande utilité. La dose est depuis dix grains jusqu'à un scrupule : il est meilleur dans les maladies malignes, & pétéchiales, & dans les fiévres intermittentes, que le spécifique fébrifuge de Strobelberger, ou de Riviére, sur-tout si on le mêle avec le sel ammoniac, comme il détruit l'acide il convient à la pleurésie, aux érésipéles, aux affections qui dépendent du sang grumelé, aux chaleurs d'estomac & aux gots; il n'est pas à mépriser dans la galle & dans les maladies vénériennes, le nitre antimonié est fort salutaire dans les fiévres ardentes, tant bénignes que malignes, la Dose est d'un scrupule, mais ordinairement on en met une dragme ou deux sur une mesure de bierre ou de quelqu'autre boisson.

Magistére d'antimoine.

En versant du vinaigre sur la lessive, dans laquelle on a dissout la masse d'antimoine diaphorétique, il se précipite une poudre qu'on appelle le magistére d'antimoine, qui opére plus en demi dose, que l'antimoine diaphorétique en dose entiére.

Antihecticum de Potier.

Du régule simple d'antimoine & des autres métaux, on fait diverses compositions. Par exemple, du régule avec l'étain, on forme l'antihecticum de Potier.

En voici la formule corrigée, car celle de l'Auteur ne vaut rien.

Prenez quatre parties de régule d'antimoine, & cinq parties de Jupiter ou étain, faites fondre le tout dans un creuset, puis jettez-y peu à-peu le triple de nitre, il se fera une détonation durant une heure entiére pour séparer tout le soufre inflammable & le rendre blanc, ordinairement il est bleu, mais cette couleur n'est pas bonne; car c'est une marque que le soufre de Jupiter n'est pas encore fixé. On peut néanmoins le séparer facilement en continuant le feu. Ce reméde est très-salutaire pour la fiévre étique, pour les maladies de la matrice, le pourpre, les fiévres ardentes & les fiévres malignes; on compose quelquefois l'antihecticum avec le Mars, par exemple.

Prenez parties égales de limaille d'acier & de régule d'antimoine, faites fondre le tout avec le triple de nitre, & calciner durant une heure; enfin dissolvez la masse dans de l'eau commune, & la poudre de l'antihecticum prendra le fond. Ce reméde est bon pour la Jaunisse, pour la Cakexie des filles & pour la Galle. Si on mêle la crême de ce reméde avec partie égale de Mercure sublimé, on aura une liqueur semblable au beurre d'antimoine. Si on dissout la tête morte dans de l'eau commune, celle-ci deviendra verte & aigrelette, & tiendra lieu d'eau acide minérale artificielle, puisqu'elle est composée de l'antimoine & du Mars corrodés par l'esprit de sel; l'acidité vient de celui-ci, & la verdeur, du Mars. Tous ces remédes sont excellens, pris de l'avis du Médecin.

Fleurs d'antimoine.

On sublime l'antimoine, ou seul, ou avec le sel ammoniac dans une cucurbite, avec plusieurs alembics placés les uns sur les autres en forme d'aludels, ou avec une retorte à long col. Tout l'artifice consiste à bien menager le feu; car s'il est trop foible, les fleurs ne se sublimeront point, & s'il est trop fort, la masse se fondra sans donner des fleurs. Pour bien faire, il faut prendre une cucurbite à long col, & y mettre l'antimoine pulvérisé avec le triple de sable, par ce moyen il se sublimera des fleurs, celles qui s'attacheront au haut de l'alembic, seront blanches, celles du milieu seront jaunes, & celles d'en bas seront rouges. Les premiéres sont fort malignes, & les derniéres sont les meilleures, parce qu'elles sont les plus fixes. Toutes ces fleurs sont les parties volatiles de l'antimoine, ainsi il n'est pas sûr de s'en servir, particuliérement des blanches, à moins qu'on ne les corrige par des acides qui ſont les correctifs de tous les ſels volatils.

Teinture ſéche d'antimoine. Lilium antimonii.

Les fleurs d'antimoine ſont compoſées de la partie ſulphureuſe de l'antimoine, qui a enlevé avec ſoi la partie mercurielle, & a laiſſé la partie alcaline au fond; partant on peut redonner leur premier corps d'antimoine avec le ſel de tartre, ou quelqu'autre alcali fixe, les fleurs rouges d'antimoines ſublimées avec le ſel ammoniac, ſont admirables dans la Cakexie, & les autres indiſpoſitions ſemblables; on les nomme vulgairement la teinture ſéche d'antimoine. Le Docteur Gantzland s'en ſervoit heureuſement. Il eſt fait mention dans Paracelſe & ſes Sectateurs des fleurs d'antimoine, cheiri, ou jaunes, qui ne ſont rien autre choſe que les fleurs ſublimées du régule d'antimoine, & tellement fixées, qu'elles en paroiſſent jaunes ou rouges. Voyez Baſile Valentin. De ces fleurs rouges ſublimées avec le ſel ammoniac, ſe fait la teinture d'antimoine, nommée *Lilium antimonii*, dont Paracelſe & Hartman étalent les vertus.

Vinaigre d'antimoine.

De la ſublimation de l'antimoine paſſons à ſa diſtillation. On le diſtille ſeul, ou avec quelqu'autre corps qui lui ſert de véhicule. Lorſqu'on diſtille la mine d'antimoine ſeule & brute, dans une retorte, on en retire une liqueur ou un eſprit acide qui eſt, à la vérité, en petite quantité, mais en récompenſe très-utile en Médecine. On appelle cet eſprit le vinaigre d'antimoine, qui eſt proprement l'eſprit du ſoufre minéral de l'antimoine. J'ai dit qu'on diſtilloit la mine d'antimoine, toute ſeule & brute, pour marquer qu'elle n'a point encore ſenti le feu, à cauſe que cet eſprit acide ou vinaigre ſe perd dans la calcination; il ne ſuffit pas de diſtiller une fois cet eſprit, il faut le rejetter pluſieurs fois ſur la nouvelle mine, le laiſſer en digeſtion & le diſtiller autant de fois qu'on voudra, & on tirera par ce moyen toujours plus de ce vinaigre, & il en ſera beaucoup meilleur. Quelques-uns font rougir au feu & éteindre pluſieurs fois dans de l'eau la mine de l'antimoine, juſqu'à ce que l'eau en devienne aigrelette. Ils déphlegment celle-ci qui donne un peu d'eſprit d'antimoine.

Clyſſus d'antimoine.

Si on ajoûte un véhicule ſalin à la mine d'antimoine, on en tirera beaucoup plus de vinaigre, & par l'addition du ſoufre & du nitre, on en prépare un eſprit acide qu'on nomme ordinairement Clyſſus d'antimoine.

L'usage du vinaigre d'antimoine est fort étendu. Il est recommandé dans les fiévres malignes pour éteindre la chaleur des fébricitans, & pour tuer les vers; mais il ne peut pas servir de menstrue universel, comme quelques-uns le prétendent, qui se persuadent que l'antimoine est la racine de tous les autres métaux, & qu'il doit par conséquent contenir un menstrue universel. Il est vrai que c'est un menstrue excellent pour tirer la teinture de l'antimoine, & spécialement de la rubine d'antimoine: car c'est une regle des Chymistes, que le menstrue propre pénétre mieux sa substance qu'aucune autre, à cause de la convenance radicale des pores.

Esprit sucré d'antimoine. Huile miellée d'antimoine.

Lorsqu'on distille l'antimoine avec quelqu'autre corps, il faut que celui-ci soit capable de corroder, de dissoudre, & d'enlever avec soi l'antimoine. Tel est le sucre qu'on y ajoûte ordinairement, lequel dans sa distillation, donne un esprit acide qui corrode & enleve avec soi l'antimoine, & fournit ce qu'on appelle l'esprit d'antimoine sucré. Tel est le miel qui étant distillé avec l'antimoine à petit feu, de peur que celui-ci ne bouille, & ne se jette seul dans le récipient, fournit l'huile miellée d'antimoine : l'usage des deux derniéres préparations, regarde la Chirurgie seulement, & elles sont l'une & l'autre excellentes pour consumer les chairs baveuses.

Esprit antiépileptique.

Quelques-uns distillent l'antimoine pulvérisé avec du pain par une retorte, & ils en tirent un très-bon esprit anti-épileptique ; car le pain fournit dans la distillation un esprit acide volatil qui dissout l'antimoine, & l'enleve avec soi. L'esprit acide de pain est d'ailleurs un menstrue très-propre pour tirer la teinture de l'antimoine, & il a beaucoup d'autres usages parmi les Chymistes.

On distille pareillement l'antimoine avec le sel commun, ou les préparations de ce sel, par exemple, avec l'esprit de sel, ou avec le mercure sublimé.

Beurre & huile glaciale d'antimoine. Cinabre d'antimoine.

Les distillations de l'antimoine avec ce dernier, sont grossiéres & visqueuses, & on les appelle beurre d'antimoine, huile glaciale d'antimoine & l'écume des Dragons venimeux, c'est-à-dire, de l'antimoine & du mercure sublimé, qu'on appelle ordinairement Dragons. Voici comme on y procéde. On prend parties égales d'antimoine & de mercure ſublimé, on mêle le tout exactement dans un mortier de marbre, puis on le diſtille par une retorte à long & large col, placée dans un fourneau au feu de ſable à chaleur médiocre, pour tirer le beurre d'antimoine, qui s'attache quelquefois au col de la retorte, & alors il faut le faire fondre adroitement avec un charbon rouge. Quand tout le beurre eſt ſorti, on augmente le feu, & on le fait reverberer pour faire monter le cinabre d'antimoine qui s'attache au col de la retorte.

L'eſprit de ſel qui eſt dans le mercure ſublimé, corrode par le moyen du feu, la partie mercurielle ou métallique de l'antimoine, il l'emporte avec ſoi dans le récipient, & ils forment enſemble une liqueur groſſiére d'une odeur fort ſulphureuſe, à cauſe du ſoufre diſſout de l'antimoine, laquelle liqueur eſt appellée beurre d'antimoine, à cauſe de ſa conſiſtence. Le mercure vif que l'eſprit de ſel a quitté, ſort en partie avec le beurre d'antimoine, & il ſe joint en partie avec le ſoufre, & ces deux derniers ſont enſemble un troiſiéme corps compoſé, qu'on nomme cinabre d'antimoine, à raiſon de ſa couleur.

Remarquez que ſi on veut avoir plus de cinabre que de beurre d'antimoine, il faut mettre deux parties de mercure ſublimé ſur une d'antimoine; mais ſi l'on veut plus de beurre que de cinabre, il faut mettre parties égales de l'un & de l'autre. Pour rendre le beurre d'antimoine plus fluide, laiſſez la maſſe à la cave quelques jours avant l'opération, afin que les eſpéces humectées rendent un beurre plus liquide. Le mercure ſublimé doit être pur ſans falſification & ſans arſenic; pour le reconnoître, jettez ſur le mercure ſublimé une goute ou deux d'huile de tartre par défaillance, s'il jaunit, il eſt bon, mais s'il noircit il eſt falſifié & il y a de l'arſenic.

On demande de quelle nature eſt le beurre d'antimoine, s'il eſt mercuriel, ou antimonial ? Billichius & Angelus Sala, diſent qu'il eſt d'une nature mercurielle: mais c'eſt contre la vérité; car outre que le mercure de vie qui eſt une production du beurre d'antimoine, retourne en antimoine quand on le fond dans un creuſet, c'eſt qu'on peut fort bien faire du beurre d'antimoine ſans mercure ſublimé; car ſi en place de mercure on imbibe l'antimoine pulvériſé avec l'eſprit du ſel, ou ſi on mêle l'antimoine avec du nitre & du vitriol, & de la poudre de brique, l'eſprit de ſel commun corrodera dans la diſtillation le corps de l'antimoine, & en fera une liqueur groſſiére, ou le beurre d'antimoine.

Le beurre d'antimoine n'eſt donc proprement que le régule d'antimoine, corrodé par l'esprit de sel & changé en une liqueur épaisse. Pourquoi, dira quelqu'un, l'esprit de sel quitte-il le mercure pour s'attacher à l'antimoine? Je réponds que c'est à cause que les minéraux ont plus de disposition à se joindre avec les métaux; & comme l'antimoine est un corps à demi métallique, les acides minéraux s'unissent plutôt à lui qu'au mercure qu'ils abandonnent.

On peut faire encore le beurre d'antimoine avec les autres préparations antimoniales, sçavoir avec le régule & le verre d'antimoine, & l'antimoine diaphorétique, avec cette différence, que si on distille le régule avec le mercure sublimé, on aura du beurre d'antimoine, & du cinabre; au lieu que si on distille le verre d'antimoine, ou l'antimoine diaphorétique avec le même mercure sublimé, on aura le beurre d'antimoine sans avoir aucun cinabre, par la raison que la détonation dans la préparation de l'antimoine diaphorétique, & la calcination dans la préparation du verre d'antimoine, ont brûlé tout le soufre qui se doit joindre avec le mercure pour composer le cinabre.

Le beurre d'antimoine sert en Médecine & en Chirurgie, c'est-à-dire, intérieurement & extérieurement. Il sert extérieurement à ouvrir des cautéres, en l'appliquant sur la peau par le moyen d'un tuyau de plume à écrire, & il fait une escarre qu'on traite suivant l'art. Il est très-efficace dans la gangrêne, ou plutôt dans le sphacele ; la partie morte qu'on en enduit se sépare elle-même de la vive, après quoi on employe les mondificatifs ordinaires pour guérir l'ulcére ; il est merveilleux pour le bubon pestilentiel, lorsque le malade a la peau dure, on en applique à la pointe du bubon, où il se fait un escarre, qu'on ouvre facilement pour y faire les remédes convenables. Quand la peau est délicate, avec le *magnes* arsénical, & l'emplâtre arsénical, on ouvre l'escarre quand elle est faite, puis on consolide suivant l'art.

Magnes arsénical.

Pour composer les magnes arsénical, on fait fondre dans un creuset au feu de sable, parties égales d'antimoine, de souffre & d'arsénic, ce qui forme une masse caustique qu'on a nommé le magnes arsénical, parce qu'on le peut porter comme amulette durant les maladies malignes, & la peste même dont il défend par une vertu magnétique.

Enfin le beurre d'antimoine s'applique salutairement aux abscès, aux ulcéres déſeſpérés, putrides, & menacés de la gangréne.

Il n'eſt pas ſûr de le donner intérieurement, à cauſe des ſels qui le rendent corroſif, je l'ai vû néanmoins ordonner avec ſuccès dans une fiévre quarte, le malade en avala deux goutes, dont il fut purgé trois ou quatre fois, il en avala encore une autre fois cinq goutes qui le purgérent & le firent ſuer ſuffiſamment, & il fut parfaitement guéri, mais je ne voudrois pas le riſquer. Il y a de quoi s'étonner, que ce reméde pris intérieurement ne faſſe point vomir, c'eſt peut-être que les acides renfermés dans le beurre de l'antimoine, empêchent ſa vertu volatile, car ce reméde eſt compoſé, comme on ſçait du régule d'antimoine & de l'eſprit de ſel concentré.

Le cinabre d'antimoine n'eſt point mis en uſage par les bons Médecins, qu'il n'ait été pluſieurs fois ſublimé & juſques à ce qu'il ſoit parfaitement rouge, & qu'il ait dépouillé toutes ſes impuretés avec le mercure ſuperflu. Par cette purification, il devient un reméde véritablement polychreſte, & il fait la baſe du ſpécifique céphalique du Docteur Michaël, ou de la poudre céphalique d'Hartman. La vertu de ce reméde vient toute du cinabre; car les magiſtéres qui y entrent n'opérent rien, & la fecule qu'on y ajoûte eſt ridicule.

Le cinabre eſt ſingulier pour les parties nerveuſes ou ſpermatiques, & il n'a pas ſon pareil dans les maladies convulſives. Quoique la plupart des Praticiens paſſent ſous ſilence ces ſortes de maladies, elles ne laiſſent pourtant pas d'être les plus fréquentes de toutes ; car toutes les douleurs de la colique, de la néphrétique, & de toutes les parties de l'abdomen ſont effectivement convulſives ; vous n'avez qu'à lire Willis pour vous en convaincre, or le cinabre eſt ſi bien le reméde de toutes ces affections convulſives, que Craton cet heureux Médecin des trois Empereurs appelloit le cinabre naturel, l'aimant de l'épilepſie, éloge qui eſt dû avec bien plus de juſtice au cinabre d'antimoine, qui eſt beaucoup plus noble & meilleur que le naturel.

Il n'eſt rien de plus ſalutaire que le cinabre dépuré d'antimoine, pour le tremblement & les autres maladies des articles ; pour ceux qui travaillent aux mines où ils contractent des retiremens de nerfs, des contractions, des convulſions & tremblemens, pour les maladies & fiévres malignes, & pour la peſte même. Ce cinabre eſt le ſudorifique anti-peſtilentiel de Potier, la doſe eſt de demi ſcrupule à un ſcrupule ;

il le donnoit heureusement dans les fiévres malignes, tant aux enfans qu'aux adultes, dans la petite vérole mêlée de l'épilepsie, & dans le délire il y ajoûtoit des sels volatils, spécialement celui de corne de Cerf, ou d'ambre; il n'est rien de plus présent pour les vieillards, dans les maladies cattareuses de la tête, & des autres parties. Si on leur donne deux parties de sel volatil d'ambre sur une partie de cinabre d'antimoine, on fera des merveilles; on le donne aux femmes grosses dans l'appréhension de l'avortement, lorsqu'elles ont eu peur, & dans les fiévres malignes, non-seulement pour guérir les meres, mais pour préserver encore les enfans de l'épilepsie, à laquelle ils sont sujets lorsqu'ils naissent si ces inconvéniens sont arrivés à leurs meres pendant leur grossesse.

L'érésipéle de la tête qui est une maladie si délicate, que la moindre faute la rend mortelle, se guérit parfaitement par le cinabre d'antimoine mêlé avec les sels ci-dessus, pour procurer la sueur. Il en est de même de la vérole, & des galles malignes, sur-tout des derniéres, que le cinabre d'antimoine, déracine heureusement par le moyen de la sueur. Les douleurs vagues causées par le Scorbut, cédent au cinabre, ainsi que la passion histérique, la néphrétique, & les autres passions convulsives,

ſives, où l'on fait prendre le cinabre ſeul, ou avec le laudanum ou le camphre, ſpécialement aux adultes, car il n'eſt pas ſi ſûr pour les enfans.

Quant à la purification du cinabre, on la fait en le dépouillant de ſon mercure vif par le moyen des alcalis, par exemple, avec une leſſive de Savon, ou de ſel de tartre ; car alors l'alcali s'attache au ſoufre d'antimoine, & laiſſe aller le mercure au fond. On précipite enſuite le ſoufre de l'antimoine avec du vinaigre.

Beſoard minéral.

On prépare encore avec le beurre d'antimoine deux remédes internes, ſçavoir le mercure de vie & le béſoard minéral : celui-ci ſe fait communément en verſant de l'eſprit de nitre ſur le beurre d'antimoine; alors il y a une grande efferveſcence, pendant laquelle il ſe précipite une poudre jaune, de laquelle on retire l'eſprit de nitre par trois diſtillations, enſorte qu'il ne reſte qu'une poudre fixe, ſur quoi on fait encore brûler de l'eſprit de vin. Si on s'eſt ſervi d'eſprit de nitre, ſi bien rectifié qu'il ſe ſoit uni avec le beurre d'antimoine, ſans faire aucune précipitation, une ſeule abſtraction ou diſtillation pourra ſuffire. Quelques uns brûlent le Beſoard minéral, pour diſſiper tout l'eſprit de nitre; mais cela n'eſt pas néceſſaire, car un peu d'eſprit acide peut plutôt ſervir que nuire dans les maladies malignes; l'eſprit de nitre ainſi diſtillé, & uni avec l'eſprit de ſel ou beurre d'antimoine, s'appelle eſprit de nitre Beſoardique; on le regarde communément comme l'eau-forte, mais c'eſt mal-à-propos.

Pour avoir plutôt fait, on prépare le Beſoard minéral en calcinant le ſafran des métaux avec le tartre & le nitre dans un fourneau à vent, puis on tire par ſix diſtillations, l'eſprit de nitre d'avec le ſafran des métaux, après quoi on a un véritable Beſoard minéral.

On fait outre ce Beſoard minéral ſimple, des Beſoards minéraux, compoſés par l'addition des autres métaux, & ſpécialement du Soleil, de la Lune, du Mars, & du Jupiter, dont vous pouvez voir les compoſitions dans Crollius & Beguin.

Beſoards Solaire & Lunaire.

Dans la compoſition des Beſoards Solaire & lunaire, il faut que l'or & l'argent ſoient tout-à-fait dépouillés de leur cuivre; car s'ils en contiennent encore, leurs Beſoards ne ſeront pas parfaitement diaphorétiques; & à cauſe du mêlange du cuivre, ils exciteront le vomiſſement, & ils auront une ſaveur vitriolique.

Besoard martial.

Le Besoard martial se fait du régule d'antimoine avec le Mars, qu'on distille avec le mercure sublimé, d'où on tire un beurre d'antimoine martial, qui étant mêlé avec l'esprit de nitre, donne une poudre rouge qu'on nomme Besoard d'antimoine martial.

Besoard jovial.

Le Besoard jovial, se compose avec le beurre d'antimoine jovial, & celui-ci avec le régule jovial d'antimoine, & le mercure sublimé. Mais pour mieux faire on y ajoûte quatre onces de Jupiter qu'on mêle avec autant de mercure sublimé, d'où on tire le beurre, puis avec l'esprit de nitre, on fixe le Besoard jovial, qui est un reméde singulier dans les maladies des femmes, dans la passion histérique, dans le pourpre des Accouchées, & pour préserver de l'Hydropisie, ou de la Cakexie, après une trop grande hémorragie du nez; il convient aussi aux affections externes des mammelles causées par la terreur, dans les tumeurs des mammelles, & pour empêcher la coagulation du lait.

Le Besoard martial est salutaire dans l'Hydropisie, dans la Cakexie & la Galle qui s'ensuit, & il arrête heureusement la diarrhée & la dyssenterie épidémique.

Le Besoard minéral simple, est un excellent sudorifique, dans les maladies malignes, dans la Peste & dans les Galles malignes; il sauva beaucoup de monde dans une des derniéres Pestes de Naples. La dose est de six à huit grains.

CHAPITRE IV.

Des Extraits d'antimoine.

CEs Extraits se font pour tirer le soufre de l'antimoine, qui étant en quelque façon exalté & uni avec les menstrues, fournit les teintures d'antimoine, ainsi c'est à ce soufre qu'elles doivent leur vertu aussi bien que le cinabre. Il y a plusieurs maniéres de faire la séparation, & l'extraction du soufre d'antimoine. La plus commune est celle où l'on se sert des alcalis; on fait cuire, par exemple, de l'antimoine crud, ou le régule d'antimoine, ou le safran des métaux, ou quelqu'autre semblable préparation dans une lessive âcre, ordinairement de sel de tartre, & de chaux-vive, ou des cendres gravelées, afin que les alcalis absorbent le soufre de l'antimoine: en effet, ils font ensemble un Extrait rouge, de même qu'il arrive dans la préparation du régule d'antimoine ; car les scories qui se séparent dans la calcination, donnent par le moyen de la précipitation avec quelque acide ; & spécialement avec le vinaigre distillé, le soufre antimonial solaire de couleur rouge, ou le soufre doré d'antimoine dont nous avons parlé ci-dessus. La raison qui fait que les alcalis corrodent l'antimoine & tirent son soufre, c'est en partie parce qu'ils conviennent radicalement avec ce soufre, & en partie parce que ce soufre même contient un acide oculte, avec lequel les alcalis cherchent à se joindre ; mais quand on y ajoûte du vinaigre distillé, celui-ci reprend les alcalis qui abandonnent le soufre d'antimoine, lequel tombe d'abord au fond n'étant plus soutenu ; ce soufre extrait par le moyen des alcalis n'est pas pur, ni le soufre seul de l'antimoine, il est mêlé de quelques particules dissoutes du régule, de quelques sels de la lessive, & de quelques acides du menstrue avec lequel on a fait la précipitation. Ce qui se prouve, premiérement, en ce que faisant fondre ce soufre avec du borax, il recouvre sa premiére forme de régule. Secondement, parce que le soufre d'antimoine est diaphorétique, & celui-ci est vomitif, ce qu'on ne peut attribuer qu'aux particules du régule. Troisiémement, tout soufre est inflammable, ce que celui-ci n'eſt pas, à cauſe de la jonction des ſels ci deſſus; ainſi le ſoufre commun qui eſt de ſoi inflammable, étant diſſout dans une liqueur alcalique, puis précipité en lait de ſoufre, perd ſon inflammabilité à cauſe de la même jonction des ſels qui fixent ſa volatilité & empêchent qu'ils ne s'enflamment.

Tartre tartariſé d'antimoine.

Pendant qu'on prépare le régule d'antimoine, on peut ſans beaucoup de travail, compoſer le tartre tartariſé d'antimoine, en diſſolvant les ſcories du régule compoſées de ſels alcalis & du ſoufre de l'antimoine, dans de l'eau chaude; car ſi au lieu de vinaigre, on ſe ſert de crême de tartre pour précipiter la diſſolution, le ſoufre ira au fond, & en évaporant la liqueur il ſe fera des criſtaux qu'on appelle vulgairement tartre tartariſé; parce qu'ils ſont compoſés de l'acide de la crême de tartre qui a imbibé les ſels acides des ſcories du régule, qui n'ont pas exactement été précipités.

L'uſage de ces criſtaux ou du tartre tartariſé, eſt admirable dans les fiévres intermittentes, on en donne après les remédes généraux de quinze à vingt-quatre grains avant le paroxiſme. Starkey, au lieu de précipiter les ſcories du régule d'antimoine, les volatilise avec des alcalis volatils, & il acquiert un soufre exalté d'antimoine d'une grande vertu.

Chacun sçait de quelle estime sont les sels fixes volatilisés ; quoi qu'il soit inutile de séparer le soufre pur d'avec le cinabre d'antimoine, on le peut pourtant séparer si l'on veut, ou par des alcalis, ou par la limaille d'acier. Par des alcalis en faisant bouillir durant quelques heures le cinabre d'antimoine dans une lessive âcre, & les alcalis absorberont le soufre de l'antimoine & le mercure prendra de soi-méme le fond, sinon on y jettera du vinaigre, & il tombera en forme de grumeaux. Popius qui a écrit un Traité de Chymie met digérer dans de l'esprit de vin bien rectifié, le soufre précipité de l'antimoine, puis il distille le tout par une retorte. Le menstrue ou l'esprit de vin sort le premier, & après lui une huile rouge douce au goût, qui a de grandes vertus, & fort au-dessus du cinabre d'antimoine ; je ne sçai si la chose est ainsi qu'il le dit, car je ne l'ai point éprouvé.

Pour séparer le soufre du cinabre avec la limaille d'acier, on mêle deux parties de cinabre d'antimoine, avec une partie de limaille d'acier, puis on distille le tout par une retorte, le mercure vif sort, & le soufre demeure uni avec la limaille. On pulvérise cette masse ou tête morte avec du sel ammoniac, puis on la sublime en forme de fleurs & le soufre d'antimoine monte avec le sel ammoniac. On dissout ces fleurs dans l'eau, après quoi on les précipite avec du vinaigre distillé, & par ce moyen le soufre va au fond.

Les teintures d'antimoine tendent; comme j'ai déja dit, à tirer le soufre le plus fixe de l'antimoine, & celui qu'on prétend qui soit de la nature de l'or & d'une grande vertu dans la Médecine, lequel agit beaucoup plus promptement & beaucoup mieux sur notre corps, quand il est uni avec un menstrue convenable. Une véritable teinture d'antimoine, est un chef-d'œuvre dans la Chymie, & on croit que demi-once de cette teinture suffit pour donner la couleur de l'or à vingt once d'argent. C'est avec quoi Basile Valentin forme sa fameuse pierre de feu d'antimoine, qui n'est rien autre chose que la teinture d'antimoine distillée par une retorte & fixée. On l'appelle la pierre de Basile Valentin, qui selon lui, différe de la pierre Philosophale, en ce qu'elle ne change que l'argent seul en or, & non pas les autres métaux. Voyez l'Auteur qui est digne de foi sur cette matiére: pour moi je suis persuadé que tout ce qu'il dit de sa pierre de feu peut être vrai.

Or la teinture véritable d'antimoine consiste en deux points: le premier est l'extraction requise du soufre solaire; le second est l'exaltation convenable de ce soufre extrait. L'extraction se fait par des menstrues acides, spécialement par le vinaigre distillé, l'esprit de verdet, l'esprit de sel, &c. L'exaltation du soufre extrait dépend de sa digestion avec l'esprit de vin, & de sa distillation suivant l'art: les acides qui servent à l'extraction du soufre d'antimoine le fixent, & lui ôtent sa vertu émétique, pour le rendre sudorifique: la digestion avec l'esprit de vin ensuite de cette fixation, le détermine à purger par le bas; car si on faisoit cette digestion avant sa fixation, la vertu émétique qui consiste dans la volatilité s'exalteroit & se volatiliseroit bien davantage, au lieu de se fixer.

Le verre d'antimoine est ordinairement choisi pour tirer la teinture d'antimoine, parce qu'il a perdu la plus grande partie de son soufre, & qu'il ne lui reste plus que le soufre solaire dont il tire sa couleur de pourpre. Par cette raison, Basile Valentin le prend pour faire sa teinture & sa pierre. Et Helvétius Premier Médecin des Princes d'Orange Guillaume II. & III. qui a fait un Traité de la vertu du Soleil, se sert des verres des métaux pour tirer ses teintures, mais il ne nomme point le menſtrue qui eſt, à ce que je crois, l'eſprit des criſtaux de cuivre.

Willis, au Traité de la fermentation, admire avec raiſon l'antimoine qui a d'un côté de certaines parties ſi faciles à ſe détacher que l'huile de térébenthine ou de lin, ſuffit pour en tirer des teintures, & d'un autre côté des parties ſi fixes, que l'eau-forte ne pouvant les diſſoudre, il faut avoir recours à l'eau-régale. Cela fait pour nous: car toutes ces teintures vulgaires artificielles, ne ſont que ſimples éroſions & ſuperficielles du corps de l'antimoine, diviſé en de petites parties, & par conſéquent de peu de valeur, au lieu que les véritables teintures, ſont des portions de la ſubſtance propre du corps qui a été tirée par un menſtrue propre avec ſa vertu & ſa couleur concentrée. Spécialement les teintures des métaux qui ſont réſervées aux plus heureux Chymiſtes; les teintures d'antimoine avec les huiles diſtillées, ne ſont pas de véritables teintures, car les huiles n'agiſſent point ſur le ſoufre fixe d'antimoine, & il n'y a que les ſels capables de diſſoudre l'or qui le puiſſent faire. Voyez ce que dit Baſile Valentin de ſa teinture d'antimoine; & conſidérez en bien toutes lès circonſtances.

Teinture d'antimoine.

Paracelſe fixe les fleurs d'antimoine, d'où il tire une teinture, mais c'eſt un myſtére de Paracelſe expliqué différemment par les Chymiſtes. Ceux qui ne peuvent pas attraper ces teintures ſublimes, ſe doivent contenter des communes : en voici une qui n'eſt pas à mépriſer. C'eſt la teinture d'antimoine tartariſé, qui ſe prépare avec parties égales d'antimoine, & de tartre fondus enſemble dans un creuſet, & calcinés juſqu'à ce que la mixtion ſoit parfaitement jaune ; alors on la retire du creuſet pour la diſſoudre dans de l'eau chaude, on extrait la poudre qui reſte avec de l'eſprit de vin, & on évapore la liqueur juſqu'à une conſiſtence requiſe. Cette teinture eſt bonne, dans les maladies chroniques, dans la Cakéxie, les fiévres intermittentes, la galle, les maladies cutanées, la ſuppreſſion des mois, & les autres affections des femmes. Elle purifie le ſang, elle en précipite les impuretés qu'elle pouſſe par les urines. Le vulgaire prépare une teinture des ſcories d'antimoine concaſſées, puis extraites avec l'eſprit de vin rectifié, après une digeſtion requiſe ; mais c'eſt plutôt une teinture des ſels que de l'antimoine : car l'eſprit de vin dans quoi on met infuſer des ſels alcalis, ſe teint d'abord d'une couleur rouge qu'il tient de la digestion, comme il paroît dans la préparation de la teinture de tartre. La meilleure de toutes les teintures d'antimoine, se tire avec l'esprit de vin & le vinaigre, & Freitagius a raison de dire que qui sçait faire celle-ci, se peut aisément passer des autres.

SECTION IV.

Des Végétaux.

CHAPITRE PREMIER.

Du vin & de son esprit.

JE parlerai de la famille végétale le plus succintement qu'il me sera possible, & je ne dirai que ce qu'il faut pour entendre les principes de la Chymie; & comme le vin avec ses productions y tiennent le premier rang, je commencerai par expliquer sa génération, & les changemens qui lui arrivent. Ce que nous dirons du vin, de l'esprit de vin, du vinaigre, du tartre, &c. se pourra facilement appliquer à tous les autres végétaux, particuliérement aux liqueurs vineuses qu'on tire des fruits par expression, au miel & à l'esprit de miel;

ce qui nous épargnera la peine de traiter de chacun en particulier.

Le vin n'est rien autre chose que le suc des raisins tiré par expression, puis dépuré & exalté par la fermentation. Le vin se dépure, lorsque dans la fermentation actuelle il se décharge de ses féces, & il s'exalte, parce qu'en fermentant ses esprits se dévelopent & le volatilisent. Avant la fermentation on l'appelle moût, qui fermente en ce que l'acide & l'alcali combattent ensemble. Alors les particules hétérogénes se séparent, & celles qui sont capables d'union, s'unissent ensemble, d'où s'ensuit la génération du vin, c'est-à-dire, le changement de la tissure du moût par la fermentation.

Il faut dire ici un mot en passant, de la concentration du moût & des bierres selon Glauber. Le but de cet Auteur étoit de dépouiller ces boissons de leur phlegme, & après les avoir réduites en consistence de miel, de les rendre plus faciles à transporter par Mer ou par terre dans les Pays Etrangers; alors en versant de l'eau dessus, il prétendoit leur rendre leur phlegme & leur premier état. Je dis qu'il prétendoit, car au lieu de réussir, Glauber vit changer sa masse déphlegmée en vers; ce qu'on devoit espérer; car en ôtant le phlegme au moût & à la bierre, les autres particules s'unissent si étroitement que l'eau ne peut plus les dissoudre, ni par conséquent faire fermenter les sels, puisque ceux-ci ne sçauroient agir sans être dissous.

Les raisins passés ou raisins secs, sont plutôt un moût concentré ; car en y versant de l'eau & du sucre, il se forme une liqueur vineuse qui devient par la fermentation assez semblable à du vin d'Espagne. Avec les raisins passés & le suc de poires muscatelles, on fait par le moyen de la fermentation un vin composé, excellent pour corriger la masse du sang dans les Cakexies, & le suc de pommes de renette fait un vin artificiel, propre dans la maladie hypocondriaque & la mélancolie. Nous avons dit que les particules du moût se volatilisoient & s'exaltoient en esprits, par le moyen de la fermentation, & c'est ce qui fait la différence entre le moût & le vin.

Le moût étant bû fermente facilement, à cause de ses particules hétérogénes, & produit des diarrhées, des dyssenteries, & des *choleras morbus*, ce que le vin ne fait pas; celui-ci enivre par son esprit qui fixe ou cause des mouvemens irréguliers aux esprits de notre corps, mais on a beau boire du moût, il n'enivre point, d'autant que ses particules sont confondues, & non encore exaltées en esprits.

Les particules hétérogénes & immiſcibles qui ſe ſéparent par la fermentation, conſtituent la lie du vin.

Il eſt à remarquer, que ſi on jette de la limaille d'acier dans le moût, il ne fermentera plus. La raiſon eſt que les particules acides du moût, agiſſent ſur le corps du Mars & le corrodent, pendant quoi elles ne combattent point avec les particules contraires, ce qui fait ceſſer la fermentation. On peut par ce moyen préparer avec le moût, une excellente eſſence de Mars.

L'Anatomie ou Analyſe du vin, s'attache à trois choſes: à l'eſprit de vin, à la terre tartareuſe fixe, & à la partie acide du vin ou vinaigre.

L'eſprit de vin n'eſt autre choſe qu'un ſel volatil huileux, délayé par beaucoup de phlegmes ou bien une huile exaltée par la fermentation & convertie en eſprit, car l'huile enleve avec ſoi le ſel volatil, & l'une & l'autre volatiliſés par la fermentation actuelle font l'eſprit. Celui-ci à raiſon de ſa partie huileuſe, contient un acide volatil qu'elle tempére; & cet acide de l'eſprit de vin ſe démontre en ce que mêlant de l'eſprit de vin, avec de l'eſprit de ſel ammoniac, ou du ſel volatil d'urine, il ſe fait une eſpéce de bouillie, parce que le ſel volatil de l'eſprit de ſel ammoniac, s'attache à l'acide volatil caché dans l'esprit de vin, avec lequel il se coagule. L'esprit de vin n'est donc qu'un sel volatil huileux, dissout ainsi que les esprits de tous les végétaux doués d'un sel volatil, & d'une odeur aromatique, qui fournissent par le moyen de la fermentation & du feu, assez d'esprit mais peu ou point d'huile. Les Chymistes ont par conséquent raison de dire que les esprits inflammables volatils sont des huiles dissoutes par la fermentation, & les huiles distillées, sont des sels volatils concentrés par un acide un peu graisseux. Ceci fait voir que l'esprit de vin, & les autres de cette nature, sont de nouvelles productions, ou de nouveaux mixtes engendrés par la fermentation, & bien différens des corps auxquels ils étoient unis, & par conséquent qu'il n'y a aucun esprit ardent qui existe de soi, mais qu'ils sont tous formés de quelqu'autres corps, par le moyen de la fermentation.

Esprit de vin alcholisé. Esprit de vin tartarisé.

L'esprit de vin bien rectifié, se nomme vulgairement esprit de vin alcholisé. On connoît qu'il est bien rectifié lorsqu'on en répand une goute, & qu'au lieu de tomber à terre, elle se dissipe en l'air; ou bien si en faisant brûler de l'esprit de vin avec de la poudre à Canon, il se consomme tout, sans laisser aucune marque. Une troisiéme preuve est de mouiller un linge dans l'esprit de vin, & d'y mettre le feu. Le linge doit rester sec & sans aucune moiteur, si l'esprit de vin est bien rectifié. Il ne faut pas confondre l'esprit de vin alcholisé avec l'esprit de vin tartarisé, car pour mieux rectifier l'esprit de vin, on a coutume de le distiller sur du sel de tartre bien calciné, qui prend ce qu'il y a de phlegme dans l'esprit de vin, & celui-ci prend à son tour quelques particules du sel de tartre pendant la digestion, ce qui le rend plus efficace & lui donne le nom d'esprit de vin tartarisé, qui est un menstrue beaucoup meilleur que l'esprit de vin simple pour extraire les vertus des végétaux.

Esprit de vin Philosophique.

L'esprit de vin distillé de la lie, enleve avec soi des particules salines volatiles, qui le rendent plus pénétrant, & plus propre pour servir de menstrue aux végétaux. La distillation de l'esprit de vin de Paracelse, ou sans feu, est de laisser gêler le vin au froid; il se trouve au milieu de la masse gêlée de l'esprit de vin, qu'on nomme esprit de vin Philosophique. Il est très-pur & préférable au vulgaire, qui contracte toujours quelque empireume qui change sa tissure.

La partie acide du vin, est la base & le fondement de tout le mixte : c'est par elle que le moût se change en vin : c'est par elle que le vin se change en vinaigre : c'est par elle que le tartre s'engendre : enfin c'est par elle que toutes les altérations du vin se font.

Quant à l'usage médical du vin, il est très-grand & très-salutaire : & comme il a deux substances, l'une volatile & spiritueuse, l'autre acide & fixe ; à raison de la premiére, il est bon pour réjouir les esprits de nôtre corps, ce qui fait qu'il est appellé par un Sçavant, l'or végétal potable, & par Paracelse, le Prince & le nectar des végétaux. Cette partie spiritueuse du vin a la faculté de tempérer les humeurs acides ramassées dans nôtre corps, de même que nous voyons l'esprit de vin édulcorer les esprits acides végétaux. Il résiste à la corruption, par sa substance pénétrante, & il est d'un grand secours dans les ulcéres putrides & enclins à la corruption, si on le mêle avec la thériaque ou quelque chose de semblable. L'esprit de vin camphré convient aux parties gangréneuses, & il adoucit puissamment les douleurs de la goute ; il guérit les érésipéles, en dissolvant l'acide qui les cause, spécialement ſi on le mêle avec le rob de ſureau pour en oindre la partie. Mais il faut obſerver que l'excès de vin diſſipe la faculté animale, pour parler le langage des Anciens, attendu qu'il fixe les eſprits, comme il paroît par l'envie de dormir, à quoi les yvrognes ſont ſujets.

A raiſon de la partie acide, le vin eſt favorable à l'eſtomac & a ſes affections. Il convient même dans les fiévres ardentes, & on peut le donner en ſûreté, nonobſtant le vulgaire qui crie que le vin échauſe, cela n'eſt pas conſidérable; car on a vû cent fois que le vin faiſoit beaucoup mieux dans les fiévres continues & intermittentes, que les juleps & les autres compoſitions plus laborieuſes. Il faut pourtant ici de la médiocrité; car l'abus du vin cauſe de grands maux à nos corps. C'eſt de là que le calcul vient, ainſi que la goute, en tant que l'acide du vin bû trop abondamment affoiblit à la longue le ventricule qui ne retient plus l'acide dans ſa capacité; mais le laiſſe couler des premiéres voyes juſques dans la maſſe du ſang, par le moyen duquel il eſt porté aux parties nerveuſes & ſenſibles, où il cauſe les douleurs de la goute, ou de quelqu'autre ſorte. Le paréſis, ou la ſtupeur des membres, les contractions des parties, &c. dépendent du même acide, qui eſt le plus grand ennemi des nerfs.

CHAPITRE II.

Du vinaigre.

LE vinaigre ſe fait, non pas lorſque les particules volatiles ſalines s'exhalent, mais quand elles ſont dominées & déprimées ſucceſſivement par l'acide du vin: ou bien quand l'acide du vin s'exalte, fait prendre le deſſous, & fixe la partie huileuſe & ſpiritueuſe: car l'eſprit du vin n'eſt pas ſéparé du vinaigre, il eſt ſeulement déprimé & fixé. Ce qui ſe démontre en ce que ſi on renferme du vin défait dans un vaiſſeau bien fermé, il s'y fera du vinaigre, quoi qu'il ne ſe faſſe aucune exhalation de l'eſprit de vin. On tire de l'eſprit de vin du vinaigre même, joint au ſucre de Saturne. De plus, ſi on met infuſer du corail dans du vinaigre, celui-ci ſe radoucit. Ce qui arrive parce que le corail concentre l'acide du vinaigre, & donne le moyen à la partie volatile de s'exalter.

Plus le vin eſt fort, plus le vinaigre en eſt vigoureux, & quelques-uns y ajoûtent des choſes douées de beaucoup de ſel volatil, comme la ſemence de Moutarde, de Roquette & le Poivre, pour le rendre plus âcre.

Comme l'eſprit de vin eſt fixé dans la génération du vinaigre, il s'enſuit que dans la diſtillation de celui-ci, le phlegme doit ſortir le premier, & l'eſprit de vin ne ſort qu'après le phlegme. Le contraire arrive dans la diſtillation de l'eſprit de vin. La diſtillation du vinaigre ſe doit faire au bain-marie, & une ſeule fois, car plus on le rectifie, plus il eſt foible: on doit au reſte faire un feu lent, de peur que l'eſprit ne ſente l'empireume. On aiguiſe le vinaigre avec le ſel ammoniac, pour s'en ſervir à faire des extractions: ſi on diſtille, par exemple, quatre livres de vinaigre, avec demi-once de ſel ammoniac, on aura un vinaigre très-âcre & très-propre à diſſoudre certains métaux, & certains minéraux. Que ſi on le diſtille avec du nitre & du ſel gemme, il enlevera les eſprits de ces derniers avec ſoi, & ſa vertu s'exaltera conſidérablement. L'acide du vinaigre eſt volatil, pénétrant & préférable aux eſprits acides des minéraux, qui ſe concentrent avec les ſujets diſſouts, & les reſſérent trop, ce que le vinaigre ne fait pas.

Quant à l'uſage du vinaigre en Médecine, c'eſt un alexipharmaque ſouverain dans la peſte, & beaucoup plus ſûr que la thériaque. C'eſt la raiſon pourquoi nous avons tant de vinaigres beſoardiques. Il corrige la virulence ou la malignité des végétaux, ſpécialement de l'opium & des purgatifs. Le vinaigre fait revenir ceux qui ont trop pris d'opium, & il corrige la fumée maligne des charbons.

Il eſt inutile de demander ſi le vinaigre eſt chaud ou froid? Son acidité ſtiptique & la coagulation qu'il cauſe au ſang démontrant en quelque façon qu'il rafraîchit; mais les particules ſpiritueuſes volatiles, & inflammables dont il eſt composé diſent le contraire. On ſe ſert même du vinaigre pour diſſoudre le ſang coagulé, & alors on le méle avec les yeux d'Écreviſſes, les perles & le corail, parce qu'il ouvre ces mixtes & facilite leur opération. Le vinaigre a pourtant ſes inconvéniens; & ſon acide pénétrant ne permet pas de l'employer ſans jugement. Il eſt contraire aux parties nerveuſes & aux hypocondriaques qui ſont déja remplis d'un acide aſſez corroſif. Enfin il ne convient point aux femmes hiſtériques, à cauſe des effervescences qu'il eſt capable d'exciter dans leurs inteſtins, & par conſéquent la ſuffocation de matrice.

CHAPITRE III.

Du tartre du vin.

LE tartre du vin, est suivant Paracelse, un enfant beaucoup plus noble que son pere, dont la génération est bien dépeinte par Vanhelmont, au Traité intitulé, du tartre du vin : nous avons dit ci-dessus, que l'acide faisoit la base du vin : je dirai plus ici, sçavoir que le vin reçoit non-seulement son être de l'acide, mais encore toutes ses altérations. Voici donc comment le tartre s'engendre. Pendant que l'acide du vin corrode la lie, il se coagule lui-même avec les particules salines qu'il dissout, il retire en même temps les parties terrestres, & l'union de ces trois choses fait le tartre.

La lie du vin se fait comme j'ai déja dit; en ce que dans la fermentation la partie terrestre hétérogéne se précipite au fond. La lie n'est pourtant pas toute terrestre, elle a ses principes salins, c'est-à-dire, beaucoup d'acide & d'alcali fixes & volatils embarrassés, & faisant corps avec elle. Pour preuve de cela, c'est qu'on tire par la distillation de la lie de vin, un esprit ardent très-excellent, & même en procédant bien, un sel volatil en forme de neige; avec un esprit très-volatil. L'acide ne sçauroit corroder la lie du vin qu'il ne se coagule en même temps avec les particules corrodées suivant la régle qui porte, que tout acide se coagule avec les corps qu'il dissout. Et c'est ce qui fait le tartre, comme il a été dit ci-dessus; le tartre s'attache aux côtés du tonneau, pour deux raisons: la premiére est que le vin a plus d'acide en cet endroit, comme il paroît lors qu'on expose un tonneau rempli de vin à un grand froid; car le vin se gêle vers les côtés du vaisseau, & l'esprit de vin prend le milieu: la seconde raison que les sels ne sçauroient se coaguler qu'ils n'ayent un sujet ferme auquel ils s'attachent, comme est le bois de chêne, duquel les tonneaux sont ordinairement faits.

Le mot de tartre a trois significations; il signifie premiérement l'acide du vin inséparablement, lequel est plus ou moins fixe dans divers vins. L'acide de certains vins, par exemple, du vin d'Espagne monte dans l'alembic, & ne laisse qu'une liqueur insipide, celui des autres, est plus fixe & embarrassé avec des parties terrestres, qui font que les parties volatiles montent dans la distillation, & que les fixes demeurent en forme de chaux. Ceci est manifeste dans le vin de Jéna: car si on

en

en répand le foir fur une table, on y trouvera le lendemain au matin le tartre attaché. L'acide du vin fe démontre en ce que fi on y laiffe un œuf durant quelque temps, celui-ci paroîtra couvert de petits criftaux, attendu que l'acide du vin corrode l'alcali de la coque de l'œuf, & forme avec lui un troifiéme fel falé en forme de criftal: de plus en ce que les yeux d'Écreviffes infufés dans du vin, lui ôtent fon acidité, c'eft-à-dire, qu'ils imbibent l'acide; en fecond lieu, le tartre fe prend pour la lie du vin, dont nous venons de parler. En troifiéme lieu, il fignifie proprement une pierre fort dure, qui fe trouve adhérente aux parois des tonneaux du vin, & c'eft de ce dernier dont nous entendons parler ici.

Le tartre eft blanc ou rouge, felon la couleur du vin qui l'a produit; l'un & l'autre ont prefque les mêmes vertus. Quant aux principes du tartre, il contient beaucoup de fel acide, plus ou moins fixe, avec beaucoup de fel urineux, entremêlés de parties terreftres fixes, & d'une huile qui lie & foude les parties du mixte. Cette Analyfe montre affez les vertus du tartre: car en tant qu'il eft compofé d'un acide & d'un alcali, enforte que le premier domine comme volatil, il doit être bon pour incifer & déterger les mufcofités tant de l'eftomac que des inteſtins. C'eſt un doux laxatif, ſpécialement ſi on joint deux ou trois grains de diagrede à demi-dragme de crême de tartre: &.celle-ci priſe avant les purgatifs, avance beaucoup leur opération. De plus le tartre eſt fort diurétique, & il déterge puiſſamment les canaux des reins. Néanmoins comme le tartre renferme beaucoup de terre & de lie qui ne ſe peut digérer dans l'eſtomac, & ſe précipite au fond en forme de chaux, on prépare le tartre avant de s'en ſervir.

Criſtaux de tartre.

La préparation conſiſte à le purifier de ſa partie terreſtre par des diſſolutions & coagulations réitérées, qui nous donnent la crême & les criſtaux de tartre; quelques-uns s'imaginent que plus ces criſtaux ſont diſſous & coagulés de fois, plus ils ſont purs, mais ils ſe trompent; car plus on les diſſout, plus on les affoiblit, à cauſe que l'eau retient toujours quelque portion de l'acide volatil, & diminue leur vertu, une ſolution & une criſtalliſation ſuffiſent. D'autres pour avoir des criſtaux plus blancs & en plus grande quantité, jettent un peu d'alun dans la diſſolution. Mais que gagnent-ils, ſinon qu'au lieu de criſtaux laxatifs, ils en font des ſtiptiques & aſtringens.

Hépatique rouge.

Le tartre ainsi préparé & dépouillé de sa terre, ne convient pas encore à toutes sortes de maladies, il y est même quelquefois contraire à cause de son acidité. En ce cas on employe les cristaux ci-dessus avec le sel fixe de tartre, ou bien on les fait fermenter avec le sel de tartre, & par ce moyen on a des cristaux salés, bien plus efficaces & plus utiles que les cristaux acides de tartre, parce qu'ils se sont remplis ou rassasiés de leur propre sel & devenus détersifs; ce qui les rend d'une grande recommandation dans le mal hypocondriaque, dans l'hydropisie, la cakexie, le scorbut, &c. Zwelpher enseigne dans son Mantissa, la maniére d'altérer le tartre avec les végétaux. Le tartre avec la limaille d'acier, donne des cristaux très-salutaires dans les maladies chroniques; & on trouve dans les boutiques de la crême ou des cristaux de tartre rouges, appellés vulgairement hépatique rouge, qui sont très-bons pour corriger les grandes chaleurs qu'on ressent en Été, pour éteindre l'ardeur & la soif des fiévres tierces, & pour dissiper l'yvresse.

Dans la distillation du tartre à feu ouvert, il sort en premier lieu un esprit phlegmatique, puis une huile puante, &

il reste au fond de la retorte une tête morte noire composée du sel alcali, & des parties terrestres; comme le tartre est acide de sa nature, on demande que devient son acidité? Elle demeure dans l'huile. Le tartre étant composé d'alcali & d'acide, & ces deux sels venant à combattre ensemble, il se fait une effervescence ou gas sauvage au langage de Vanhelmont qui rompt tout, à moins qu'il ne trouve un passage. Dans ce combat, ces deux sels se concentrent ensemble, & rencontrant un corps graisseux avec lequel ils s'unissent, ils forment une huile pendant que le reste se change en alcali fixe par la force du feu. Il faut séparer l'esprit d'avec l'huile, & le rectifier plusieurs fois, afin de le rendre volatil; on ne doit pourtant pas prétendre qu'il le devienne parfaitement, par cette méthode, c'est-à-dire, qu'il soit un peu alcali, dépouillé de tout acide ce qui est réservé aux Chymistes les plus rafinés.

Esprit de tartre volatil.

Quelques-uns pour avoir un esprit de tartre très-volatil, rectifient l'esprit de tartre sur sa tête morte, d'autres avec la chaux vive, d'autres avec un alcali approprié, par ce moyen l'alcali fixe absorbe ce qui reste d'acide dans l'esprit de tartre & il ne monte que l'esprit le plus pur, &

l'alcali le plus volatil, qui se peut tirer au feu de sable. La meilleure méthode de toutes, est de laisser fermenter le mercure crud avec son sel propre, puis distiller le tout. On tire par cette conduite un esprit de tartre très-volatil, & d'une grande vertu en Médecine.

Le sel de tartre distillé avec la chaux vive, donne un esprit très-efficace, mais en petite quantité. Le même sel distillé avec l'alun crud ou brûlé, fournit un esprit volatil urineux, qui fait avec le camphre, la base de la teinture besoardique de Paracelse, où il entre trois parties d'esprit volatil de tartre, une partie d'esprit volatil de vitriol, & quatre ou cinq parties d'esprit thériacal camphré. Ceci fait voir la différence des teintures besoardiques vulgaires préparées avec des esprits tout phlegmatiques, & de la teinture besoardique de Paracelse qui demande des esprits tout volatils.

Les vertus de l'esprit volatil de tartre, sont à la vérité si grandes, qu'on n'a point de paroles assez énergiques pour les exprimer, car comme il renferme un alcali volatil très-pur, il absorbe & radoucit quelque acide que ce soit, il n'est point par conséquent de meilleur remède pour le mal hypocondriaque, la goute, la paralysie ensuite de la colique, qui est endémique en Moravie, la pleurésie, l'hydropisie & toutes les maladies chroniques, qu'il guérit en chassant leur cause matérielle par les urines, ou par les sueurs. En un mot étant pris intérieurement, ou appliqué extérieurement il absorbe, corrige & radoucit l'acidité qui picote les nerfs ou les tendons. Enfin il empêche qu'il ne produise aucune coagulation. Tout volatil ne détruit pas tout alcali, chacun combat le sien; il n'y a que l'esprit de tartre volatil à qui céde toute sorte d'acide, ce qui marque son prix & son excellence.

L'huile de tartre puante.

Dans la distillation du tartre, l'esprit est suivi de l'huile de tartre puante, qui n'est rien autre chose qu'un alcali concentré par un acide graisseux. Cette huile rectifiée & clarifiée sur de la corne de Cerf brûlée est un excellent sudorifique, deux ou trois goutes procurent puissamment la sueur dans les maladies malignes, où l'on a de la peine à suer, & sont un présent secours dans la colique & dans la passion histérique. Elle convient extérieurement aux douleurs de la goute & au calcul des reins, elle guérit & mondifie salutairement les bubons pestilentiels; & si on y ajoûte de l'esprit de vin, sa puanteur se changera en odeur de Romarin.

Sel fixe de tartre.

Il nous reste à considérer dans la distillation du tartre, la tête morte de couleur noire, & le sel fixe de tartre qu'on en tire. C'est le maître de tous les sels fixes, & il n'a point son pareil tant en Alchymie, qu'en Médecine. Il augmente la vertu de tous les menstrues, soit d'eau, soit d'esprit de vin, & il facilite beaucoup l'opération des décoctions & des infusions purgatives. C'est un bon diurétique & diaphorétique; il est spécifique pour les fiévres, il tient le premier rang entre les cosmétiques, sur-tout pour remédier aux dartres, aux pustules, aux taches & à la couperose, &c. Enfin l'onguent de céruse avec l'huile de tartre par défaillance, est connue & éprouvé contre la galle.

Les Alchymistes n'ont point de meilleur menstrue que le sel de tartre pour dissoudre, presque tous les minéraux, & extraire leur soufre: il est excellent pour révivifier les métaux & travailler leur mercure; c'est pourquoi il est appellé sel récuscitatif.

Terre foliée du tartre.

Avec le sel de tartre & l'acide volatil du vinaigre, on fait la terre foliée du tartre qui est proprement un tartre régénéré, dont on peut tirer comme du tartre, de l'esprit de l'huile & du sel fixe. Cette terre foliée avec de l'esprit de sel ammoniac, est un reméde salutaire contre le mal hypocondriaque, les maladies de l'urine & des filles. Voyez Schuvalbe sur l'acide & l'alcali.

Les Chymistes non contens de ce sel fixe de tartre prétendent le volatiliser; mais il ne faut pas confondre ici le sel volatil, tiré de la lie du vin, avec le sel de tartre volatilisé. Celui-ci est recherché avec d'autant plus d'empressement par tous les Chymistes, que Vanhelmont assure que c'est le menstrue universel des Alchymistes, & outre cela un reméde qui pénétre jusqu'à la quatriéme digestion, que cet Auteur place dans les artéres, & qui déterge & purifie toutes les ordures du corps par sa vertu saponaire.

On tente la volatilisation du sel de tartre en plusieurs maniéres, les uns se servent du vinaigre, & procédent comme dans la terre foliée. Les autres cohobent & digérent plusieurs fois le sel de tartre avec l'esprit de vin, comme dans le baume Samech de Paracelse, mais en vain: d'autres comme Vanhelmont, employent inutilement l'huile fétide de tartre; d'autres entreprennent cette opération par le moyen de l'air. Zwelpher met fondre le ſel de tartre à la cave, & il ſe perſuade ridiculement qu'il ſe volatiliſe à meſure qu'il s'empreint du ſel acide volatil de l'air. Il eſt vrai que celui-ci altére le ſel de tartre liquefié, mais il le change en un ſel ſalé nitreux, non pas en un ſel volatil : une marque que le ſel de tartre attire le ſel acide de l'air, c'eſt qu'ayant été diſſout à l'air il fait effervéſcence avec de nouveau ſel de tartre.

Teinture de ſel de tartre.

C'eſt perdre ſa peine que d'extraire la teinture du ſel de tartre, avec de l'eſprit de vin rectifié ; car le ſel de tartre ſe change dans le feu en un corps calciné rouge qui donne facilement une teinture rouge à l'eſprit de vin, mais celle-ci vient moins du ſel de tartre que des parties ſulphureuſes terreſtres. Si on tiroit une teinture du ſel de tartre avec de l'eſprit de vin non déphlegmé, elle pourroit ſervir de quelque choſe & avoir quelque vertu.

CHAPITRE IV.

Des herbes & de leurs vertus.

NOUS n'examinerons ici que sommairement les constitutions & les vertus des autres végétaux, par rapport aux principes de Chymie. On a coutume d'exprimer les qualités des Plantes par les mots de chaud, de froid, d'humide & de sec comme si le goût pouvoit juger de la chaleur, du froid, & des autres qualités qui appartiennent au toucher; & comme si une saveur mordicante qu'on trouve dans une Plante, pouvoit faire connoître quel est son degré de chaleur. Les Chymistes jugent bien mieux de ces qualités, en les attribuant aux différens mêlanges des sels. Lorsqu'au lieu de dire comme les Galenistes, qu'une Plante âcre, par exemple, est chaude, ils disent qu'elle contient un sel volatil âcre.

On demande si les sels fixes existe dans les végétaux, avant l'incinération? Je répons que non, avec Schuvalbe. Il n'y a point en effet de sel fixe dans aucun des végétaux, avant qu'il ait passé par le feu actuel, qui en rompant les liens du mixte, donne moyen à l'alcali & à l'acide de s'approcher & de se joindre, & la force du feu les fixe dans la cendre d'où ils sont tirés en forme de sel fixe. Le feu, continue cet Auteur, engendre les sels des végétaux, & ils ne les trouve pas tout fixés, il les produit & ne les tire pas. Pour preuve de cela, le bois pourri ne donne aucun sel fixe, & les végétaux desséchés à l'air, en donnent très-peu, parce que le sel volatil, acide & alcali s'est envôlé en tout ou en partie avant l'incinération, au lieu que si on brûle du bois vert & des végétaux tout frais, on aura beaucoup plus de sel. Mais pour garder ici quelque ordre & remplir la promesse que j'ai fait d'être succint, je diviserai toutes les Plantes en cinq classes.

La premiére classe comprend les Plantes aqueuses, & presque insipides, comme le pourpier, la joubarbe, la laitue, les endives, &c. qui contiennent toutes un sel volatil tempéré & caché, & on les nomme rafraîchissantes, parce qu'à raison de ce sel elles corrigent l'acide, qui cause les chaleurs & les inflammations. L'alcali caché de ces Plantes se démontre en ce que leurs essences précipitent les dissolutions du Saturne, faites avec le vinaigre, ce qui arrive à cause que l'alcali de ces herbes, s'unit avec l'acide du menstrue, & chasse le Saturne des pores qu'il occupoit. On demande si les eaux distillées des Plantes qu'on trouve communément dans les boutiques, sont de quelque efficacité? Vanhelmont dit que non, il appelle ces eaux des sueurs simples des herbes, & assure qu'elles ont très-peu de vertu; ce qui est vrai des eaux insipides & sans odeur, non pas de celles qui gardent l'odeur & la saveur de leurs simples, & qui ont été préparées par plusieurs digestions & cohobations.

La seconde classe contient les Plantes aqueuses, mais acides, comme toutes les espéces d'oseilles d'alleluya, & toutes celles qui ont une saveur acide. Ces Plantes ont un acide retenu dans un alcali caché, leurs eaux ne sont pas bonnes comme leurs sucs, sur-tout à l'égard du suc rouge de l'oseille qui est d'une saveur très-agréable, toutes ces Plantes sont bonnes pour l'estomac, & très-utiles dans les fiévres ardentes pour tempérer la chaleur de la bile. Leur suc évaporé suivant l'art, donne un véritable tartre ou sel essentiel crystallin de la même saveur & figure que le tartre du vin.

La troisiéme classe renferme les Plantes d'une saveur amére sans odeur, qui ont un sel subtil de la nature des alcalis, ou nitreux telles sont la chicorée, le chardon benit, le chardon de Notre-Dame, l'houblon, la fumeterre, la petite centaurée, la dent de Lion, &c. On tire de leurs ſucs par l'évaporation, un ſel eſſentiel qui étant dépuré par une leſſive, donne un ſel inflammable. Ces Plantes à raiſon du nitre ſont déterſives, diurétiques & ſudorifiques: elles conviennent par conſéquent dans les maladies chroniques, où il s'agit de nétoyer les ordures & rétablir la conſtitution de la maſſe du ſang. On s'en ſert heureuſement dans les décoctions, auxquelles elles communiquent promptement leurs vertus, & dans des nouëts diurétiques altérans, &c.

La quatriéme claſſe eſt compoſée des Plantes âcres & pénétrantes, leſquelles poſſédent un ſel volatil très-âcre. Telles ſont le creſſon, la cochlearia, la moutarde, l'armoracia, le raifort, la roquette, le poivre, &c. Ces Plantes ſont nommées antiſcorbutiques, & ſe donnent pour corriger l'acide qui péche dans le mal hypocondriaque, dans la Cakexie, &c. Les eaux diſtillées de ces Plantes, entraînent avec ſoi quelque portion de ſel volatil âcre, ce qui leur donne quelque efficacité. Ces mêmes Plantes par le moyen de la fermentation, fourniſſent un eſprit qu'elles n'avoient pas avant la fermentation, & qui s'eſt formé des particules ſalines, qui ſe ſont volatiliſées & jointes avec les huileuses, & enfin se sont changées en esprit à force de fermenter.

Est-il nécessaire, dira quelqu'un, de faire fermenter ces Plantes pour en tirer l'esprit, puisqu'elles sont remplies de beaucoup de sels volatils ? Ceux qui tiennent la négative disent que les sels les plus volatils dans lesquels la vertu de ces Plantes consiste, s'exhalent dans la fermentation. Ce qu'ils confirment par l'odeur de ces Plantes qui se fait sentir dans tout le voisinage durant qu'elles fermentent. Ceux qui tiennent l'affirmative, disent que la fermentation sert à ouvrir ces mixtes, & à volatiliser les sels qui y sont fixés, & que le peu qui s'exhale n'est d'aucune considération, parce que ces sels sont tellement liés & embarrassés ensemble, qu'il est difficile qu'ils s'envolent. En effet l'esprit de la cochlearia préparé par la fermentation est beaucoup plus âcre que celui qu'on tire par la distillation seule. Ordinairement on distille ces herbes, on remet la liqueur distillée sur des nouvelles pour la rectifier, puis en faisant fermenter le reste, on en tire encore un esprit très-bon.

La cinquiéme classe est des Plantes odoriférantes & aromatiques, comme la sauge, le romarin, le pouliot, le thim, le serpolet, le lévistie, l'angélique, la semence d'anis, de fenouil, de cumin, &c. Ces Plantes ont un sel volatil huileux, & elles donnent dans la distillation, une eau surnagée par une huile dans laquelle la vertu de la Plante est concentrée. Le sel fixe reste dans la tête morte. Elles fournissent aussi de l'esprit par le moyen de la fermentation, mais il vaut mieux en tirer l'huile, parce que la vertu de la Plante y est moins altérée.

Ces Plantes à raison de leurs facultés sont dites céphaliques, stomachiques, nervines, utérines, cordiales, &c. Elles sont la base de toutes les eaux apoplectiques & épileptiques; à cause de leur sel volatil aromatique, très-salutaire aux nerfs que l'esprit de vin exalte.

A raison de leur partie huileuse; elles sont bonnes contre les vents, en empêchant la fermentation contre-nature qui les engendre.

CHAPITRE V.

Des Fleurs.

ON peut les diviser en trois classes. La premiére classe contient les fleurs sans odeur comme celles de nimphée, d'antirrhinum, d'ancolie, de cyanus, ou bluet, &c. L'eau tirée de ces fleurs est inutile, mais leur suc épaissi n'est pas toujours à rejetter.

La seconde classe comprend les fleurs qui n'ont qu'une odeur superficielle comme le muguet, les roses, la violette, le jasmin, l'hyacinthe, &c. qui se dissipe facilement; on en tire par la distillation peu ou point d'huile odoriférante, si ce n'est par le moyen de l'infusion. Par exemple, on stratifie des fleurs de jasmin, avec de l'huile de behen qui se charge de l'odeur du jasmin; mais ces huiles sont plutôt cosmétiques que médicales.

La troisiéme classe renferme les fleurs odoriférantes & aromatiques, dont la vertu est concentrée, comme la lavande, le thim, le serpolet, &c. Ces fleurs ont la même vertu que les Plantes aromatiques, & sont nervines: on en peut tirer de l'huile, & elles donnent avec de l'esprit de vin, un véritable esprit de vin aromatique.

CHAPITRE VI.

Des Bois.

LEs bois ſont preſque tous d'une même nature, & on en tire par le moyen du feu premiérement de l'eau ſimple, ſecondement un eſprit acide, troiſiémement une huile groſſiere, puante & empireumatique, quatriémement il ſe trouve dans la tête morte un ſel fixe avec une terre noire.

L'eſprit des bois contient de l'acide & un eſprit ardent; car ſi on le verſe ſur du corail ou ſur d'autres corps terreſtres fixes, ceux-ci prennent & retiennent la partie acide & abandonnent dans la diſtillation la partie volatile ardente qui eſt preſque ſemblable à de l'eſprit de vin. L'eſprit de bois eſt un excellent ſudorifique, la doſe eſt de demi dragme à une dragme. Tous les bois ſont en un mot ſudorifiques, ſoit en décoction, ſoit en forme d'eſprit ou d'eſſence, celle-ci eſt ſalutaire pour les affections cutanées & catareuſes.

L'huile des bois eſt pareillement un puiſſant ſudorifique. Elle convient aux bubons peſtilentiels, aux ulcéres, à la vérole, &c.

La ſuye qui procéde du bois, eſt l'eſprit

acide qui s'envole, lequel eſt composé d'un acide volatil, & d'un ſel volatil urineux. On tire de la ſuye les mêmes choſes que du bois dont elle vient, c'eſt-à-dire, un phlegme, un eſprit, un ſel volatil, une huile & la tête morte. L'eſprit de ſuye pouſſe par les ſueurs, & eſt ſalutaire à la pleuréſie, la doſe eſt d'une dragme. L'emplâtre de térébenthine & de ſuye, eſt admirable pour appliquer aux pouls dans les fiévres longues, & il eſt d'une grande utilité dans les ulcéres chancreux, à raiſon de ſon ſel volatil.

CHAPITRE VII.

Des Semences.

LES unes ſont nourriſſantes, les autres ſont médicales ou altératives. Les premiéres ſont tempérées & les derniéres excédent en chaleur ou en odeur. On en peut faire commodément trois claſſes.

La premiére comprendra les ſemences qui excédent en odeur ou en ſaveur, & ſont nommées carminatives : elles renferment un ſel volatil huileux, comme la ſemence de fenouil, d'anis, de carvi, de cumin qui ſe tire tantôt par diſtillation, tantôt par expreſſion, & qui fait toute leur vertu. Etant infusées dans du vin, elles chassent puissamment les vents, elles sont pareillement nervines, & remédient aux convulsions qu'on a coutume d'attribuer aux vapeurs âcres.

La seconde classe contiendra les semences d'une saveur excessive & très-âcre comme la semence de la moutarde, de cochlearia, du poivre; elles ont beaucoup de sel volatil âcre joint à quelque peu d'acide, à raison de quoi elles conviennent au scorbut où l'acide rance & vicié domine; elles ne fournissent aucunes préparations, excepté un esprit qu'elles donnent par la fermentation.

La troisiéme classe sera composée des semences tempérées, & particuliérement de celles qui sont nourrissiéres, à raison d'un certain mucilage qu'elles contiennent qui est tantôt plus aqueux, comme dans la semence de persil, de fenugrec, les quatre semences froides, & les quatre petites. Tantôt plus huileux, comme dans la semence de lin, & les amandes douces. On tire de l'huile par expression de ces derniéres semences, & on peut tellement volatiliser & subtiliser les autres qu'elles donnent un esprit, comme il est manifeste dans la bierre, & les autres boissons préparées avec l'orge & le froment qui enyvrent. On tire même un esprit ardent & inflammable, par le moyen de la fermentation; lequel enyvre puissamment.

Le pain se forme quand les principes formentatifs du grain sont arrêtés au milieu de leur volatilisation, & quand les acides fixes sont réduits en une masse avec les autres particules.

La préparation du pain consiste particuliérement dans la fermentation, par le moyen de laquelle l'acide volatil du levain qu'on y a ajoûté, ôte la viscosité de la farine, & ouvre la porte aux parties salines & sulphureuses, qui sortent de leurs entraves, se volatilisent, & se convertissent en esprit volatil ardent. Avant que toutes ces parties soient volatilisées, il faut mettre la pâte au four, ou pendant qu'elle cuit, une portion des particules volatilisées, s'envole en forme d'esprit qui remplit tout le lieu d'une odeur très-agréable, & qui est un confortatif plus excellent que toutes les eaux des Perles. Kerker, enseigne la méthode de ramasser cet esprit. L'autre portion des sels imparfaitement volatilisés, à cause de tostion qui arrête la fermentation, demeure embarrassée avec les autres particules. Mais on peut la tirer par le moyen du feu & d'une retorte en forme d'esprit volatil, qui tire sur l'acide d'où dépend l'acidité subtil du pain.

Voila les vertus générales des végétaux qui ne doivent pas être confondues avec les vertus ſpécifiques de chacun en particulier, laquelle eſt fondée ſur la conſtitution individuelle du mixte. Il ſe trouve, par exemple, beaucoup de Plantes qui conviennent entr'elles en ſaveur âcre, & qui ſont toutes différentes à raiſon de leur ſpécifique : ainſi l'abſynthe & la petite centaurée conviennent en amertume, & différent en ce que l'un fortifie l'eſtomac & l'autre guérit les fiévres.

On doit dire la même choſe de toutes les parties des Plantes, les fleurs de muguet guériſſent l'épilepſie, celles de primévére & de romarin, la paralyſie, & le ſafran eſt pour la ſuppreſſion des mois des femmes. Tous les bois ſont généralement ſudorifiques, mais ſpécifiquement le buis eſt anodin, le coudrier antiépileptique, le ſaſſafras convient aux catarres, & le gayac à la vérole. Les ſemences d'anis, de fenouil, de roquette & de moutarde, ſont preſque ſemblable en ſaveur, non pas en vertu ſpécifique, la ſemence de moutarde eſt ſalutaire à l'eſtomac, celle de roquette à l'aſthme, celle d'anis aux vents & celle de fenouil aux yeux.

CHAPITRE VIII.

De la correction de la malignité de certains végétaux malins.

LA préparation de végétaux consiste à leur ôter ou à empêcher leur crudité maligne, & à réunir la vertu qui est dispersée dans tout le mixte. Le premier s'appelle correction, ce qui se doit entendre d'une correction véritable, & non palliative; non pas d'une castration, car souvent, on les prive de leur vertu au lieu de les corriger.

La véritable correction consiste à ôter les propriétés nuisibles ou virulentes du reméde, & à conserver sa vertu salutaire. Lorsqu'on mêle des aromates aux purgatifs comme correctifs, par exemple, la zédoaire à la scamonée, le mastic & le gingembre au turbith, le cumin à la coloquinte, les amandes douces & le safran à l'euphorbe, le fenouil au jalap, &c. Ce n'est qu'une correction palliative, qui diminue simplement leur malignité, sans la leur ôter, & ce n'est pas de quoi il s'agit ici, car les purgatifs ont besoin pour la plupart d'une véritable correction, ainsi que l'opium & les narcotiques. On ne peut pas nier que les purgatifs n'ayent besoin d'être corrigés, puisqu'on ne peut pas douter de leur virulence, qui est si manifeste dans leurs opérations, qu'un homme sain qui en prend d'un peu forts, devient triste & chagrin, ressent des tranchées cruelles dans le bas-ventre, & plusieurs autres symptomes terribles, l'ellébore produit des convulsions, le jalap des supurgations mortelles, des tranchées, des coliques, l'épilepsie, & souvent la passion hystérique.

L'opium non-corrigé cause la manie, la stupeur des sens, des songes terribles, & plusieurs autres cruels symptomes. Tous les hypnotiques & narcotiques font la même chose, sçavoir le jusquiame, le solanum, le pavot, &c. A l'égard de la scammonée, la nôtre est fort différente de celle des Anciens, que Dioscoride recommande, qui étoit un suc tiré de la racine d'une Plante de Syrie bien mûre & creusée, qui donnoit un remède si doux, que Musué assure qu'on en donnoit jusqu'à une dragme. Ce qui ne se peut dire de notre scammonée, qui est un suc lacté épaissi & coagulé de tithymale, tiré par expression de toute la Plante, & non de la racine par incision: aussi est-ce un purgatif puissant, qui purge avec violence les humeurs saines & morbifiques également.

Tous les tithymales ont un ſuc cauſtique ainſi que la ſcammonée, à cauſe d'un ſel volatil très-âcre qu'ils contiennent; ce ſel fermente également avec le chyle & les ſucs excrémenteux, & purge tant les matiéres ſaines que les morbifiques, ce qui ne ſe fait pas ſans cauſer de grandes irritations aux inteſtins, des tranchées & des ſuperpurgations mortelles. Ceci montre que notre ſcammonée a beſoin d'être corrigée autrement que par des aromates.

Les acides minéraux dont on ſe ſert pour corriger la ſcammonée, détruiſent moins ce ſel âcre qu'ils ne lui ôtent ſa vertu purgative. Il en eſt de même de tous les purgatifs végétaux, l'ellébore, par exemple, perd ſon efficacité avec l'eſprit ou le phlegme de vitriol. La gomme-gutte & l'éſula qui approche de la ſcammonée, perdent la leur avec les acides, ſpécialement avec l'eſprit de ſoufre.

Ainſi la ſcammonée paſſée au ſoufre, quitte quelque choſe de ſa virulence; mais ce n'eſt pas ſans perdre beaucoup de ſa vertu purgative. La raiſon de ceci, eſt que le ſoufre allumé laiſſe aller ſon eſprit qui s'inſinue dans la ſcammonée, tempére ſon ſel volatil, le fixe & le détruit ſucceſſivement. La ſcammonée ainſi préparée, eſt plus ou moins purgative, ſelon qu'elle a été plus ou moins ſoufrée, & il faut bien

prendre

prendre garde que la ſcammonée ne ſe fonde dans cette préparation; car ſi cela étoit, la fumée du ſoufre ne pourroit pas pénétrer ſa ſubſtance, & elle garderoit toujours ſa même violence, il faut donc la pulvériſer, afin que la fumée du ſoufre la pénétre mieux, & corrige en quelque maniére ſa malignité.

Le magiſtére de ſcammonée préparé avec les acides, mérite la même critique. On diſſout ordinairement la ſcammonée pulvériſée, dans l'eſprit de vitriol bien rectifié, on diſtille la diſſolution, puis on précipite la liqueur diſtillée avec l'huile de tartre par défaillance. La doſe de ce magiſtére eſt d'un ſcrupule à un ſcrupule & demi, & ſuivant quelques-uns, depuis une dragme juſqu'à quatre ſcrupules, au lieu que la véritable ſcammonée ne ſe donne que juſqu'à ſix ou neuf grains au plus. Les ſucs acides des végétaux, ſont meilleurs ici que les acides minéraux, celui de coin domte le diagrede, & les ſucs de citron & de limon adouciſſent puiſſamment la ſcammonée. Mais toutes ces corruſions par les acides, ſur-tout par les minéraux, ſont de véritables caſtrations qui lui ôtent ſa vertu laxative.

Ceci nous montre que la raiſon pourquoi les mêmes purgatifs agiſſent mieux les uns que les autres; vient du levain de l'estomac, qui est plus ou moins acide en divers sujets. Les purgatifs, par exemple, opérent peu sur un homme qui a le levain de l'estomac trop acide, ou qui boit quelque acide après avoir pris le purgatif. Ce qui se confirme par les mélancoliques & les hypocondriaques, que les purgatifs émeuvent difficilement, & très-peu, à cause de l'acide des premiéres voyes. L'expérience nous apprend que les purgatifs avalés par un Chien, même le verre d'antimoine jusqu'à plusieurs grains, n'opérent que peu ou point du tout sur cet animal, au lieu qu'étant injectés dans ses veines, ils opérent assez promptement. Ce qui arrive manifestement de ce que le levain de l'estomac du Chien est trop acide.

Ce qui a été dit des purgatifs se peut attribuer à l'opium qui opére plus doucement, ayant été corrigé par les acides. On le corrige ordinairement par le soufre, & l'esprit de vitriol, ou par plusieurs dissolutions dans le vinaigre: mais ces acides détruisent plutôt la vertu de l'opium, qu'ils ne corrigent sa malignité. Sa vertu consiste dans un sel volatil huileux, ou joint à un soufre abondant & puant, qui sont l'un & l'autre détruits par l'acide. Quelques-uns laissent évaporer l'opium pour lui ôter une partie de son soufre narcotique, pour ne pas énerver un reméde si excellent & si désirable, que Sylvius assure qu'il aimeroit mieux n'etre pas Médecin ; que d'etre sans laudanum.

Si les acides adoucissent l'opium & les purgatifs, l'esprit de vin au contraire exalte leur vertu, & on s'en sert pour tirer les résines des purgatifs, lesquelles purgent en très-petite dose. C'est assez parler des corrections palliatives & des castrations des végétaux, passons à la véritable correction qui consiste dans la fermentation ou dans la préparation avec des sels alcalis.

Quant à la fermentation, elle renverse entiérement la tissure du mixte, & on la nomme par cette raison, la clef qui ouvre la porte aux poisons renfermés dans les végétaux, & spécialement dans les purgatifs. L'élaterium même s'adoucit entiérement par le moyen de la fermentation : pour marque de cela, j'ai pris moi même du suc récent de concombre sauvage, que je laissai fermenter, & épaissir, j'en eus un rob très-amer, mais si bien corrigé, qu'on en pouvoit prendre vingt deux grains sans rien craindre, au lieu qu'on n'en donne pas ordinairement jusqu'à quinze grains. La colokinte qui est un purgatif très violent, perd pareillement beaucoup de sa malignité par la fermentation suivante. Mêlez des pommes de colokinte avec du suc de pommes de reinette, laissez bouillir le tout, après quoi vous y ajoûterez un peu de levûre de bierre pour faciliter la fermentation. Quand celle-ci aura assez duré, ce qui se connoîtra par l'odeur amére qui se fera sentir, on extraira le tout avec un menstrue approprié : vingt grains de cet extrait purgent avec moins de violence, que dix grains de l'extrait ordinaire. Ce n'est pourtant pas sans tranchées.

L'opium se corrige de même par la fermentation, Vanhelmont le fait fermenter avec le suc de coin ou de pommes de reinette, où il le laisse digérer, après l'avoir laissé un peu évaporer; puis il le laisse fermenter & épaissir. Trois grains d'opium ainsi préparé, opérent plus doucement que demi grain de l'autre. Durant la fermentation, l'opium jette une odeur de pavot, ainsi que l'esprit d'opium. Quand on le tire par la fermentation, cette correction de Vanhelmont est très bonne. Voici la préparation du laudanum, dont Cnoringius se servoit en diverses rencontres. Il prenoit l'opium, il y ajoûtoit de l'extrait de castoreum, des espéces de diacalamintha, & un peu de pierre de besoard, mêlant le tout exactement, il donnoit pareillement la scammonée préparée avec le suc de coin dans les passions histériques.

La correction par les sels alcalis, est encore meilleure que celle par la fermentation, témoin la Colokinte à laquelle cette derniéré laiſſe toujours quelque malignité qui donne des tranchées, ce qu'elle n'a pas quand elle a été corrigée avec des ſels alcalis, qui doivent être fixes ou volatiliſés; ce n'eſt pas à dire volatils, mais qui de fixes ont été exaltés juſqu'au dégré de volatilité. Alors ils ſont très-propres à corriger les malignités des végétaux, même celle du napel, qui ſuivant Boyle, dans ſa Philoſophie expérimentale, page 163. devient ſalutaire, par une légére digeſtion avec le ſel de tartre fixe ou volatiliſé, ſur quoi on peut voir l'Abbé Rouſſeau, qui par la fermentation en faiſoit une liqueur très-ſaine & fort agréable. Mais comme la méthode de volatiliſer les ſels fixes, n'eſt pas connue de tout le monde, on peut faire ces corrections avec l'eſprit du vin tartariſé. Les ſels fixes corrigent pareillement les purgatifs. On choiſit ordinairement ceux de tartre & de nitre. Le ſel de tartre eſt le meilleur correctif de l'opium & des purgatifs, celui du nitre le ſuit qui s'alcaliſe avec le charbon.

Ce ſel nitre fixe digéré en forme de leſſive avec les végétaux, corrige leurs mauvaiſes qualités. Pour mieux corriger l'opium, on joint le ſel fixe de tartre à l'huile diſtillée de térébenthine. Enfin la terre foliée de tartre faite avec le ſel de tartre, empreigné de vinaigre diſtillé, eſt après le tartre le meilleur correctif de tous les végétaux, ſpécialement de la ſcammonée. A la place de cette terre, le bon vin du Rhin empreigné de ſel de tartre, ſuffira pour corriger l'opium & tous les autres végétaux.

La correction de l'opium ſert à le rendre anodin, ſûr, innocent & ſalutaire, dans la plûpart des maladies, au lieu qu'il eſt nacorique. On le joint donc au cinabre ou antimoine fixe, dans les maladies malignes & aux ſels volatils d'ambre & de corne de Cerf dans les maladies chroniques, ſur-tout dans la paſſion hyſtérique & l'épilepſie.

La correction des purgatifs les rend ſouvent diurétiques ou diaphorétiques, ou s'ils retiennent quelque choſe de leur vertu purgative, ils ſont tellement adoucis qu'ils opérent ſûrement & promptement ſans picoter l'eſtomac, ni cauſer de tranchées dans les inteſtins. La rhubarbe, par exemple, digérée avec le ſel de tartre, perd toute ſa vertu purgative, & l'Aſarum, ou Cabaret devient un diurétique, puiſſant contre les fiévres-quartes, lorſqu'on la fait bouillir dans l'eau.

SECTION V.

Des Animaux.

CHAPITRE PREMIER.

Des Animaux parfaits & imparfaits.

IL n'y a pas beaucoup de différence entre les animaux en général, à l'égard des procédés qui s'en font en Chymie, qui conviennent tous à raiſon d'un ſel volatil de même genre, excepté les inſectes qui ont quelque choſe de particulier. Toutes les parties des animaux tant ſolides que liquides, contiennent beaucoup de ſel volatil huileux qu'on tire par le feu, comme on le remarque dans la diſtillation du poil, de la corne, des os, du ſang & des excrémens mêmes. Ceci nous fait comprendre que le ſel urineux eſt le principe qui domine dans tous les animaux. Ce principe y eſt raſſaſié de ſon acide, & ce dernier domine même dans quelques-uns, comme dans les grandes Fourmis, qui jettent certaine odeur acide lorſqu'on les écraſe, & qui dans la diſtillation donnent un eſprit acide, capable de corroder le fer & de le convertir en rouille. L'acide des Fourmis est néanmoins tempéré par son alcali, témoin l'esprit urineux & alcali, que quelques-uns tirent de l'esprit acide de Fourmis ci-dessus, en le distillant après y avoir ajoûté de la chaux-vive, & un peu d'eau froide pour y exciter l'effervescence. Il y a pourtant une méthode plus courte de séparer l'urineux d'avec l'acide, qui est de renfermer les Fourmis dans un vaisseau de verre bien bouché, jusqu'à ce qu'elles soient réduites en putrefaction; car alors l'acide & l'urineux combattent ensemble, s'altérent & se changent en un esprit urineux de la nature des alcalis.

Le sel volatil des animaux est salé, lorsqu'ils sont dans leur vigueur, c'est-à-dire, qu'ils sont composés d'un acide & d'un alcali volatils, qui en s'unissant, font un sel salé volatil, dominé pourtant par l'urineux. Ceci paroît manifestement dans les excrémens des animaux. Tachenius enseigne la maniére de séparer ces deux sels.

Dans la distillation des animaux ou de leurs parties, il sort premiérement un phlegme spiritueux qui se ramasse en forme de goutiéres, ce qui n'arrive à aucun phlegme pur, mais uniquement aux esprits seuls.

Secondement, il sort beaucoup de sel

volatil qui s'attache aux parois du récipient, & qui représente souvent la figure de son mixte, comme j'ai remarqué en distillant de la corne de Cerf, & de l'eau de sperme de Grenouilles, d'où j'ai tiré un sel qui avoit la figure de petites Grenouilles. Et un Chymiste de ma connoissance a vû un sel volatil d'absynthe qui ressembloit exactement à cette Plante. Ce sel volatil des animaux varie suivant les sujets, soit qu'il vienne des parties molles ou des parties dures. Il est plus âcre dans les animaux sauvages, que dans les animaux domestiques, & beaucoup plus volatil & pénétrant dans les mâles que dans les femelles. Il est plus tempéré dans les animaux châtrés, que dans ceux qui ne le sont pas, à cause que le levain des testicules rend la masse du sang plus âcre.

On me dira peut-être que si le sel volatil des animaux vivans est salé, comme je l'ai dit, il n'en devroit pas sortir dans la distillation un sel volatil urineux, joint à très-peu d'acide. Mais je répondrai que l'acide des parties des animaux, s'attache au volatil urineux & se coagule avec lui.

Troisiémement, l'huile sort après le sel volatil, qui n'est encore rien autre chose qu'un sel volatil concentré par l'acide graisseux. Pour preuve qu'il y a de l'acide dans les huiles, c'est qu'en les mêlant avec leurs sels volatils propres, elles dégénérent avec le temps en forme de Savon, qui est une marque de l'union mutuelle de l'acide & de l'alcali qui fait le Savon.

Quatriémement, il reste une tête morte noire & vuide : car on y trouve aucune acidité, ni aucun sel fixé, d'autant que tout a été volatilisé, tant par la fermentation que par l'inspiration continuelle de l'air dans le corps de l'animal. Comment pourroit-il y rester du fixe ? Il ne sert de rien de dire qu'on a tiré quelquefois un peu de sel fixe des animaux, car ce n'étoit pas leur sel naturel, mais du sel qui avoit été uni dans leurs alimens, & que le levain de l'estomac n'avoit pas encore séparé. Ce qui est si vrai, que quand on a distillé cette sorte de sel, on en a tiré un esprit acide, semblable à l'esprit de sel commun. Quoi que la tête morte des parties des animaux soit ordinairement noire, on peut néanmoins la rendre blanche en la calcinant à un feu violent, de même que nous voyons un charbon noir se changer en cendres très-blanches à force d'être calciné. Ce changement de couleur vient du changement de tissure. Sur quoi voyez le Chevalier Boyle.

Les insectes ont pareillement beaucoup de sel volatil, mais nitreux, & non huileux, en quoi il est beaucoup volatil &

plus pénétrant que le sel volatil des animaux parfaits. Beccher tire un véritable nitre des vers de terre putréfiés, & les préparations des insectes qui vivent dans les caves, les vieilles masures, & les lieux souterrains, comme les Cloportes, les Crapeaux, les Vers de terre, &c. possédent une vertu diurétique admirable, qu'elles tiennent du nitre.

Les parties molles des animaux se changent quelquefois entiérement en une liqueur spiritueuse, par exemple, l'arriére-faix humain dépouillé de sa peau qui est très-mince, puis haché & putréfié au bain-marie, s'en ira tout dans la distillation en une liqueur spiritueuse. Il en est de même des cerveaux de tous les animaux. Les Vers de terre putréfiés se changent entiérement en esprit, excepté la peau seule. On met, par exemple, des Vers de terre dans une phiole non-exactement bouchée, de peur qu'elle ne se casse; on expose le tout au Soleil durant quelques jours, & les Vers se dissoudent en trois sortes de substances. Premiérement, on voit au fond une terre noire. Secondement, les peaux sont au-dessus. Troisiémement, on voit entre-deux une liqueur de couleur d'or, qu'on sépare pour l'usage. Si on enfouit sous terre ces peaux vuides des Vers, il en naîtra un nombre prodigieux de Vers.

Esprit essencifié.

Quant à l'usage des productions Chymiques des animaux, premiérement le phlegme spiritueux qui sort le premier est rarement mis en usage tout pur, on le rejoint ordinairement avec son sel volatil, & alors on le nomme esprit essencifié. Par exemple, le phlegme spiritueux de corne de Cerf, mêlé avec le sel volatil de corne de Cerf, se nomme esprit essencifié de corne de Cerf.

Secondement, le sel volatil étant de la nature des alcalis, est par conséquent contraire à tout acide contre nature, & à raison de sa pénétration il va chercher à détruire son ennemi jusques dans les parties les plus reculées, d'où il le chasse & le fait sortir par la sueur; ainsi il n'y a rien de meilleur dans la goute que les sels volatils des animaux; rien aussi n'est plus propre pour resoudre le sang grumelé, & dissiper les inflammations qui s'ensuivent, ni pour pousser la sueur; & c'est par cette raison qu'ils sont d'un secours surprenant dans l'érésipéle, la pleurésie, & les autres affections semblables qui se guérissent par la sueur. Par la même raison ces sels sont excellens dans les fiévres malignes, dans la petite vérole, la rougeole, le pourpre des femmes, &c. Ils sont outre cela salutaires aux douleurs vagues des ſcorbutiques, entant qu'ils détruiſent l'acide morbifique. Ils ne cédent à aucun autre remède dans l'épilepſie, l'apoplexie, & la paralyſie, pourvû qu'on faſſe précéder les remédes requis. Enfin ce ſont les plus ſûrs ſudorifiques de la Médécine.

Troiſiémement, l'huile toute déſagréable qu'elle eſt, n'eſt pas à rejetter, on la rectifie pluſieurs fois ſur ſa tête morte, pour lui ôter quelque choſe de ſon acidité, & pour corriger ſon odeur & ſa ſaveur déſagréable. Après quoi elle eſt ſalutaire pour oindre les parties dans la paralyſie & le tremblement, & pour froter les tumeurs dures & ſquirrheuſes : trois ou quatre goutes priſes intérieurement, pouſſent puiſſamment par les ſueurs.

La tête morte pour être dépouillée de toute acidité & vuide a cela de commode qu'elle en eſt plus propre à abſorber toutes les humidités, & elle devient par accident très-utile en Médecine, ſoit intérieurement, ſoit extérieurement. Elle abſorbe ſi bien l'acide, que ſi on verſe de l'eſprit de vitriol ſur la tête morte de corne de Cerf, il perd d'abord toute ſon acidité. Ce qui fait voir que ces ſortes de têtes mortes ſeroient admirables dans le ſoda, ou mal d'eſtomac, qui dépend de la ſurabondance de l'acide vicié dans les premiéres voyes. Il ne faut pas confondre ceci avec la calcination Phiſoſophique, ou la calcination ſans feu des parties des animaux, qui ſe fait ou par la vapeur, comme quand on rend leurs os friables à la faveur de la vapeur, ou par immerſion, comme quand on en tire la gelée par une coction ſimple. Il ſe perd beaucoup de ſel volatil dans cette calcination Philoſophique, mais il en reſte toujours, comme il paroît, de ce qu'en diſtillant la corne de Cerf calcinée Philoſophiquement, on en tire de l'huile, de l'eſprit, & aſſez de ſel volatil. Voilà en général les procédés qu'on fait en Chymie ſur les animaux.

Quant à leurs vertus, les ſels volatils de tous les animaux conviennent en général par rapport à leur pénétration; mais ils ont outre cela chacun leur vertu ſpécifique, qui fait que le ſel volatil de l'un eſt plus propre à certaines maladies, que le ſel volatil de l'autre, par exemple, le ſel volatil de corne de Cerf eſt propre aux fiévres malignes: celui de Vipere aux affections cutanées: celui de Crapaux eſt diurétique & anti-hydropique: l'eſprit & le ſel volatil des Vers de terre, abſorbe & chaſſe l'acide des gouteux: le ſel ammoniac eſt expérimenté contre la fiévre-quarte: le ſel volatil des yeux d'Écreviſſes eſt vulnéraire, & les décoctions de ces yeux ſont très-ſalutaires contre les playes & les ulcéres. Enfin les Ecreviſſes ſont bonnes pour la brûlure, & elles étoient en réputation dès le temps de Gallien. Le ſel volatil de ſang humain eſt ſouverain contre l'épilepſie, & celui d'urine pour le calcul. Le crane humain paſſe pour l'antidote de la dyſſenterie. L'urine ou mouſſe du même crane, arrête toutes les hémorragies, & fait la baſſe de l'onguent magnétique. Le cerveau humain donne par la putréfaction un eſprit merveilleux contre l'épilepſie. L'arriére-faix humain par le moyen de la putréfaction, fournit un eſprit ſalutaire pour pouſſer le fétus mort ou vivant. La doſe eſt de trente ou quarante goutes dans de la bierre. Il pouſſe pareillement les vuidanges après l'accouchement, appaiſe les douleurs d'après l'enfantement. Le ſang menſtrual renferme pluſieurs facultés; un linge trempé dans celui d'une vierge, guérit par application, les éréſipéles, les douleurs violentes de la goute, & même la fiévre-tierce, au rapport d'un de mes amis. Voyez Paracelſe. Le Priape de Cerf eſt le ſpécifique de la dyſſenterie, on le donne en décoction avec des foyes de Vipere, & des criſtaux préparés. Le Priape de Baleine eſt anti-pleurétique. Les fientes des animaux ont de grandes vertus par leur ſel volatil. La fiente de porc arrête toutes sortes d'hémorragies, on en donne une dragme en forme de poudre, ou en forme d'électuaire, il y a un an qu'une femme eut ensuite d'une fausse-couche une perte de sang extraordinaire, son mari lui donna de la fiente de porc à son insçu, & par mon conseil, & d'abord le flux cessa, & la malade fut bien rétablie. La fiente de Cheval est le remède de la colique & de la passion histérique. On en donne le suc exprimé avec de la bierre ou du vin. Ce même suc convient à la petite-vérole & à la rougeole des enfans, ainsi qu'à la pleurésie.

CHAPITRE II.

De la préparation légitime de certain médicamens.

LA préparation des médicamens a deux buts. Le premier est d'avoir les vertus pures des simples, & séparées des scories excrémenteuses. Le second est d'ôter, de corriger, ou d'altérer leurs qualités nuisibles: car rarement on employe les simples cruds & sans préparation, à cause des excrémens terrestres des végétaux & du soufre arsénical & narcotique des minéraux.

Mais les préparations Chymiques, dira

quelqu'un, opérent-elles par leur vertu naturelle, ou par une nouvelle vertu que l'art leur a donné ? Je réponds à cela qu'il y a peu de remédes Chymiques qui ayent leurs vertus naturelles, après l'examen du feu; & qu'ainſi ils acquérent de nouvelles vertus, où les leurs ſe trouvent extrêmement altérées. Ce qui arrive en partie par le changement du tiſſu naturel de ces ſimples, en partie des additions qu'on y joint, & en partie de la diverſité des opérations : car plus un reméde eſt composé & travaillé plus ſes vertus ſe changent. L'or fulminant nous ſervira d'exemple. Ce métal ne fulmine point de lui-même, c'eſt par le moyen des choſes qu'on y ajoûte. Il en eſt de même de la poudre à Canon, dont chaque ingrédient en particulier ne fulmine point, il faut qu'ils ſoient joints tous enſemble pour faire du bruit. Ceci nous démontre que les diverſes combinaiſons font les différentes vertus : l'argent ne purge point de ſoi, mais il purge puiſſamment les humeurs ſéreuſes, étant joint avec l'eſprit de nitre dans la Lune Hydragogue; & il perd ſa vertu purgative, dès qu'on le ſépare d'avec l'eſprit de nitre.

Elixir de propriété.

Ainſi dans l'Elixir de propriété, il ne faut pas s'arrêter à examiner la vertu de chaque ingrédient. Et il ne sert de rien de dire, par exemple, que l'aloë est un bon déterſif, que la myrrhe eſt balſamique, & que le ſafran réjouit le cœur. On doit plutôt conſidérer le composé, d'autant que les vertus des ingrédiens ont pû être exaltées ou altérées. Pour extraire l'Elixir de propriété, on ſe ſert communément de l'eſprit acide de ſoufre ou de vitriol, mais celui de ſel commun vaut mieux, pourvû qu'on tire chaque ingrédient en particulier pour joindre enſuite les extraits, & leur donner une juſte conſiſtence. C'eſt un remède ſalutaire pour l'eſtomac, il déterge puiſſamment l'abondance des mucoſités acides dont il eſt rempli, & il convient à cet égard mieux aux perſonnes humides, qu'aux ſéches: il préſerve de la corruption & de toute pourriture, tant interne qu'externe, & il tue les Vers qui s'y engendrent. Cet Elixir eſt plus ſalutaire aux maladies des femmes, quand on le prépare avec des alcalis fixes ou volatils, qui diſſoudent facilement les ingrédiens, par exemple, avec des ſels fixes.

Prenez du ſel de tartre & de nitre, parties égales de chacun. Faites détonner le tout enſemble, pour réunir ces deux ſels en un ſel urineux, dont vous ferez une leſſive avec de l'eau ſimple, puis vous y diſſoudrez l'aloë, la myrrhe & le ſafran, vous ferez évaporer la dissolution jusqu'à la consistence requise, après quoi vous y verserez de l'esprit de vin pour extraire les espéces nommées.

Si l'esprit de vin est bien rectifié, il ne tirera rien du sel de tartre.

L'Elixir ainsi préparé est spécifique pour les maladies des femmes sur-tout pour la suppression des mois & des vuidanges après l'accouchement.

Pour composer l'Elixir de propriété avec un alcali volatil, on y joint l'esprit de sel ammoniac avec l'esprit de vin. Ce mélange dissout parfaitement le safran & la myrrhe, & donne une teinture anti-scorbutique admirable. Que si on dissout & évapore suivant l'art, les ingrédiens de l'Elixir de propriété, on aura un reméde exquis pour les maladies malignes, pour se préserver de la petite vérole, & du pourpre, pour la galle, & autres affections cutanées qui accompagnent la vérole.

Le meilleur Elixir de tous, est lorsqu'au lieu des esprits acides, on aiguise l'esprit de vin avec la terre foliée de tartre, qu'il dissout parfaitement, pour le verser ensuite sur les espéces, & procéder comme il a déja été dit. Ce même menstrue est un puissant diurétique, & d'une saveur agréable.

Dans la préparation de l'Elixir de propriété, on a quelquefois en vue de le rendre simplement altératif, & quelquefois de le rendre purgatif. Pour la premiére vue, il suffit de l'extraire avec de l'esprit de vin aiguisé par quelque acide ; & pour la seconde, il faut extraire l'aloë avec de l'eau animée par un peu de sel de tartre, ce qui suffit pour en extraire le mucilage purgatif, les autres ingrédiens seront extraits avec l'esprit de vin, & leurs extraits joints avec le premier pour les réduire tous à la consistance requise : on peut voir dans Vanhelmont la maniére dont il prépare l'Elixir de propriété, & les vertus qu'il lui attribue.

Mais pour revenir à notre sujet, nous avons dit que les préparations Chymiques acqueroient de nouvelles vertus, ou qu'elles altéroient considérablement les vertus naturelles des mixtes. Ces altérations viennent principalement des dissolutions & des extractions, où il reste toujours quelque chose du menstrue dont on s'est servi avec le changement de tissure qui ne se peut concevoir sans le changement de vertu.

Vous observerez en passant que la méthode ordinaire n'est pas bonne de se servir de l'esprit de vin, pour faire l'extraction des végétaux; d'autant qu'il ne tire que les parties résineuses & sulphureuses, sans toucher aux salines qui lui sont disproportionnées, l'eau simple aiguisée par l'alcali de nitre ou de tartre, est beaucoup meilleure, car elle dissout non-seulement les résineux comme l'esprit de vin, mais les mucilagineux, & les salins.

Ces extractions se séparent & s'épaississent en forme de rob ou de miel, dont on tire ensuite l'essence avec l'esprit de vin, qui ne souffre plus de précipitation, & opére très-promptement. Si tant de changemens ne sçauroient arriver aux végétaux sans altérer leurs vertus naturelles, que deviendront les minéraux dont on ne fait les dissolutions & les extractions, que par des menstrues corrosifs, qu'il est impossible de séparer entiérement des corps dissouts, suivant la régle des Chymistes, qui porte que tous les menstrues corrosifs se coagulent & se fixent avec les corps qu'ils dissoudent.

La fermentation ne cause pas moins de changement, elle renverse toute la tissure du mixte, fait envoler ce qu'il y a de volatile, & aller au fond ce qu'il y a de fixe, après leur avoir ôté leur vertu naturelle. Les purgatifs purgent toujours moins après la fermentation, & quelquefois point du tout. Il en est de même de l'opium; du jusquiame & des autres narcotiques qui perdent beaucoup de leur malignité par la fermentation. C'est-elle qui forme les esprits qui n'existent point dans le mixte qu'après cette opération, & après la violence du feu; & c'est assez de dire que ce sont de nouvelles productions; pour donner à entendre qu'ils ont des vertus nouvelles, dont ils sont redevables à l'art. Les huiles pareillement sont formées par le moyen du feu, de divers principes salins de la matiére, & ce sont de nouvelles productions qui n'existoient point actuellement dans les simples; ainsi on ne trouve pas la moindre goûte d'huile dans l'acorus des boutiques, avant que le feu ait concentré, & réduit en huile ses principes salins. C'est par cette raison que les vertus de ces huiles sont toutes différentes de celles des simples: les premiéres étant beaucoup plus pénétrantes & de plus dure digestion, témoins les Rots qui suivent l'usage de ces huiles, parce que l'acide graisseux qui concentre le sel volatil, empêche que l'estomac ne les puisse digérer.

Enfin la digestion altére considérablement la tissure des simples, en fixant les volatiles, par exemple, le mercure en une poudre rouge, ou en volatilisant les fixes, le tout par le moyen du feu qui métamorphose les mixtes en cent maniéres différentes. Tant il est vrai que les productions Chymiques sont comme revétues d'une nouvelle nature, & que pour connoître les vertus d'un médicament, il faut moins considérer chaque simple qui y entre, que le tout qui en résulte, sans négliger le menstrue, qui détruit, altére, ou augmente toujours les vertus des simples.

J'ai encore un mot à dire des teintures, à qui on a donné ce nom de couleur dont le menstrue se trouve teint dans l'extraction ou l'opération. Ainsi la fameuse pierre Philosophale supposé qu'elle existe, est nommée teinture, à cause qu'elle teint les métaux moins nobles de la couleur des métaux plus nobles. Les teintures sont universelles, ou particuliéres; les premiéres sont ce mystére des Philosophes qu'on prétend qui teint toutes sortes de sujets, les derniéres sont celles qui teignent un ou deux sujets seulement, telle qu'est la pierre de feu de Basile Valentin, qui ne fait que la transmutation de l'argent en or. Ces teintures particuliéres servent dans la Chymie ou dans la Médecine. Laissons celles-là pour examiner celles-ci.

Les teintures médicales sont des extraits liquides colorés, ou bien les extractions de la plus noble substance du mixte en forme de teinture ou essence avec l'esprit de vin, qui imbibe toute la vertu du sujet, & laisse le corps du mixte sans l'efficacité & la vertu la plus noble qu'il a perdue. La chose est plus embarrassée à l'égard des minéraux, & des métaux. Les Spagiriques disent que les teintures de ceux-ci sont des métaux tellement changés en une teinture liquide, que la réduction artificielle en est impossible. Telle est la fameuse & véritable teinture du Soleil. La teinture de Vénus de Vanhelmont, la teinture d'antimoine par soi, &c.

Peut-on tirer une véritable teinture des métaux & des pierres? Avant de répondre à cette question, il est à remarquer que les Chymistes supposent que la vertu & la couleur des métaux consistent dans leur soufre. Cela supposé il faut premiérement, pour préparer les teintures des métaux en tirer le soufre pur, ensorte que le corps métallique reste dépouillé du soufre qui fait la teinture. Secondement, il faut que les teintures ne puissent se réduire en leur premier corps. Voila les deux régles suivant lesquelles les teintures des métaux doivent être faites & examinées, quelques-uns considérant la ferme liaison des métaux, disent qu'il est impossible d'en tirer de veritables teintures. Beccher est de ce sentiment. Il n'importe pourtant pas que le reste du métal ne soit pas de la couleur de la teinture, ni que les teintures préparées avec des acides se revivifient par des alcalis, &c. Pour les teintures des Perles & de quelques pierreries, elles sont ou impossibles ou très-difficiles; & j'ose bien

bien dire qu'elles sont toutes sophistiquées, & dépendent en partie du changement arrivé au mixte pendant la digestion, & en partie de la vertu du menstrue. Ainsi les teintures du Soleil ne sont que de fausses solutions de l'or, & quoi que la poudre blanche, en quoi il est changé, résiste à l'eau régale, elle ne résiste pourtant pas à la coupelle. La même chose se doit dire de la teinture de corail qui n'est due qu'au menstrue. Le sel de tartre calciné, donne à l'esprit de vin une teinture rouge qu'on appelle teinture de tartre sans raison ; puisque l'esprit de vin prend toujours cette couleur quand on le verse sur quelque alcali ; si on n'aime mieux dire que l'esprit de vin a imbibé les féces du sel de tartre, qui lui ont donné cette couleur rouge ; car par le moyen de la calcination, le sel de tartre s'est changé en féces qui ne sont d'aucune efficacité, & d'aucune utilité.

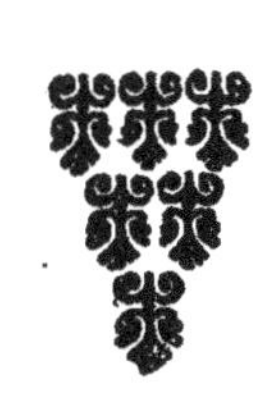

CHAPITRE III.

Des non-Etres Chymiques.

AVANT de finir les opérations Chymiques, il eſt bon d'examiner certains non-Etres, c'eſt-à-dire, des productions, qui n'exiſtent que dans l'imagination de quelques ſouffleurs, qui nous les débitent comme des effets de leurs opérations, en quoi il faut beaucoup de circonſpection pour ne pas prendre, comme eux l'ombre pour le corps, ou le corps pour l'ombre. On ne peut pas tout ſçavoir, & pour n'avoir pas vû ce que quelqu'autre a vû, ou pour l'avoir vû ſous quelqu'autre forme que lui, il ne faut pas ſe récrier d'abord, ni l'accuſer d'être viſionnaire.

En ſecond lieu, il eſt important de connoître la différence qui ſe trouve entre une véritable extraction, & une nouvelle production : par exemple, autre choſe eſt de regarder le mercure tiré des métaux comme une partie qui entroit dans leur compoſition, & autre choſe de le regarder comme un corps, en quoi le métal a été changé par le moyen de l'art & du feu.

En troiſiéme lieu, on doit ſuppoſer pour fondement, que les non-Etres doivent avoir de la contrariété en leur racine : par exemple, de ce que la convenance du mercure minéral ou métallique, avec le mercure des végétaux est impossible, je suis fondé à dire, que le mercure vif du sang des animaux est un non-Etre; car quoi qu'effectivement on ait tiré un véritable vif-argent ou mercure coulant du sang d'un certain homme, ce n'étoit pas une nouvelle production, mais plutôt un mercure qui y avoit été mis ; cet homme ayant peut-être été Orfévre, a manié du mercure qui s'étoit insinué dans son corps & dans son sang. Et chacun sçait que ceux qui touchent au mercure, s'ils ont des piéces d'or, ils les trouvent argentées & blanchies, à raison de la sympathie singuliére de l'or avec les atomes du mercure. J'ai vû une vallée proche de Milan, où il croît des herbes dont on peut aisément tirer le mercure vif, peut-on dire pour cela que ce mercure soit un principe de ces herbes? Non, c'est l'effet d'une mine de mercure qui se trouve dans ce lieu-là. De même l'or qui dore, à ce qu'on dit, certaines vignes & certains raisins de Hongrie, n'est pas de l'essence de ces vignes ni de ces raisins, mais l'effet des mines d'or qui sont fréquentes en ce pays-là. Le petit homme de Paracelse engendré artificiellement sans pere & sans mere, est un non-Etre.

Les quintes-essences se font avec beaucoup de peine & de travail, mais elles ne sont pas des non-Etres; car puisque tous les corps ont cinq principes, trois actifs & deux passifs, ne peut-on pas tirer la partie la plus simple, & la plus pure des premiers, qui est ce qu'on appelle quinte-essence. J'en ai vû chez un de mes amis, dont trois goûtes étoient capables de faire un effet sensible sur un pot entier de vin.

La transmutation des métaux, n'est point un non-Etre, quoique la plûpart des Chymistes disent le contraire : car s'il est vrai, comme nous l'avons prouvé ci-dessus, que tous les métaux n'ont qu'une même racine, & qu'ils ne différent entr'eux que par le dégré de fixation & de maturité, n'est-ce pas une chose possible de perfectionner les imparfaits, en fixant par le moyen de l'art, ce qu'ils ont de trop volatil, & en mûrissant ce qui n'est pas assez mûr, de plus nous voyons les végétaux se changer les uns en d'autres, le Froment en Avoine, le Seigle en Yvraye, & le Cresson en Menthe, parce qu'ils conviennent en leur racine, & en leurs principes matériels: pourquoi la même chose n'arrivera-t-elle pas aux métaux, où les mêmes raisons se rencontrent, & encore plus fortes. J'ai vû un morceau de bois qui n'étoit pas simplement recouvert d'une croûte de pierre, mais effectivement changé en pierre, quant à sa substance. Il y avoit même dans le Cabinet du Roi à Paris, un tronc d'arbre de trois pieds de long sur deux pieds ou environ de circonférence, qui a été changé réellement en pierre. Or si la transmutation est possible à l'égard des substances de différens genres, comme le bois & la pierre, peut-on nier qu'elle le soit à l'égard des métaux, qui n'ont qu'un même principe séminal & une même espéce. Enfin l'expérience est pour nous, y a-t-il rien de plus fort au monde?

DISSERTATION

Sur la Nature, l'Analyse & la propriété des Métaux & des Minéraux, pour la Pharmacie & la Médecine.

CHAPITRE PREMIER.

Des Métaux en général.

LEs métaux, ſur leſquels doivent rouler tous les Chapitres & les opérations ſuivantes, ſont des mixtes, composés de diverſes matiéres, dont le mêlange fait un corps qui eſt nommé métal; & chacun de ces corps qui renferment divers principes, ne laiſſent pas d'être homogénes, indeſtructibles & eſſentiellement indiviſibles.

Les Chymiſtes, pour donner une explication plus exacte des métaux & de leurs Phénoménes, diſent qu'ils ſont composés de mercure, de ſoufre & de ſel; doctrine qui eſt fort ancienne & qui étoit reçue dès le temps de Raymond Lulle, c'eſt-à-dire, à la fin du XIIIe Siécle. On n'entend pas ici par ces noms le ſel, le ſoufre, ni le mercure qui ſont vulgaires; mais on entend, par exemple, par le ſoufre, une ſubſtance acide oléagineuſe, ou même une gomme qui donne aux métaux la faculté de s'enflammer & de rougir au feu : le mercure, eſt leur humidité radicale qui leur donne la faculté de ſe fondre, & par le ſel on entend une ſubſtance fixe & preſque alcaline, qui lie le ſoufre & le mercure enſemble, & forme une ſubſtance métallique. Ces principes ont rapport entr'eux ; le ſel eſt un principe paſſif qui donne le corps, le ſoufre donne la forme & l'eſſence du métal, & le mercure ſert à mieux unir & à joindre le ſoufre & le ſel enſemble. Ceci revient à l'explication de certains Chymiſtes, qui ont donné aux métaux, un corps, une ame & un eſprit ; entendant par corps le ſel, par ame le ſoufre, & par eſprit le mercure ; celui-ci pour lier & maintenir les deux autres. Si on veut expliquer ceci ſuivant la Philoſophie des corpuſcules, on entend par le mercure certaines particules très-faciles à ſe mouvoir dans le feu, d'où vient la fuſibilité des métaux. On entend par le ſoufre certaines particules qui s'enflamment aiſément dans le feu, ce qui fait que les métaux rougiſſent au feu. Enfin par le ſel on entend certaines particules qui fixent le ſoufre des métaux, & empêchent qu'ils ne s'envolent. Il eſt facile après cela de connoître la nature des métaux, pourvû qu'on ne s'imagine pas le soufre, le sel & le mercure comme des parties qui constituent essentiellement les corps des métaux, & comme y étant avant la dissolution: car quoiqu'on puisse tirer artificiellement, un soufre inflammable de quelques métaux, comme on tire du mercure vif des corps métalliques, & même un sel parfait ou vitriolique, il ne faut pas croire pour cela qu'ils existassent actuellement avant la transmutation qui leur est arrivée dans les opérations de Chymie; ce sont de nouvelles productions de l'art, qui n'étoient point auparavant.

Ainsi le soufre solaire que quelques-uns montrent, n'étoit point dans l'or, mais il a été produit de nouveau par l'union du Soleil avec d'autres corps. Le mercure qu'on tire des métaux, est pareillement un nouvel être produit par l'union de ces corps avec d'autres. Cette critique se doit étendre aux teintures vulgaires des métaux & des minéraux, que les Chymistes ont l'imprudence de nous débiter pour de véritables teintures.

Quant à la génération des métaux, il est certain qu'il s'éléve du fond de la terre, certaines fumées onctueuses & volatiles qui sont reçues & retenues dans les pores ou écroues d'un corps pierreux, & qui deviennent métaux par succession de temps. Ces mêmes fumées au défaut d'un semblable corps dégénérent en fleurs ou en aiguilles de diverses maniéres, selon la diversité des métaux.

Le soufre est celui de tous les principes des métaux qui mérite plus d'attention, puisqu'il a le plus de vertu dans la Médecine. Ce soufre renferme toujours de l'acide, & il est en autant plus grande quantité, que le métal est plus sulphureux. L'acide abonde par conséquent dans l'Or & dans le Mars, dont les soufres sont plus excellens que ceux des autres métaux. L'acide de l'or se démontre en ce que si on enfonce le bout d'une verge de fer dans de l'or fondu, celle-ci paroîtra corrodée, ce qui ne peut venir que de l'acide du soufre solaire, qui est assez corrosif. L'acide qui abonde dans le Mars, se dissout par les liqueurs aqueuses. Ce qui se démontre, en ce que le Mars se change tout en *Crocus*. L'étain contient beaucoup de soufre, c'est pourquoi lorsqu'il est remué sur le feu avec du nitre, il s'enflamme aussitôt. C'est par ce soufre que tous les métaux causent un sentiment de saveur acide vitriolique, selon Hartman.

Tous les métaux conviennent donc en leur racine, puisqu'ils ont les mêmes principes, & ils ne différent que par le plus ou le moins de maturité, & à raison de la proportion de leurs principes.

Par leur maturité ; les métaux se divisent en fixes, mûrs & nobles, tels sont ceux dont le soufre est parfaitement fixé, comme l'or & l'argent : & en moins fixes, moins mûrs & moins nobles, qui n'ont ni la fixité, ni la proportion requises dans leurs principes : ces derniers sont durs, ou mols. Les mols sont tels, parce qu'ils contiennent beaucoup de mercure, & à proportion peu de soufre & de ce sel, qui fait qu'ils se fondent avant que de rougir dans le feu, tel est l'étain & le plomb. Les durs, au contraire, contiennent beaucoup de soufre, & peu de mercure ; c'est pourquoi ils rougissent facilement dans le feu ; & s'y fondent avec peine par le défaut de mercure. Il faut distinguer ici la densité d'avec la dureté ; le fer & l'acier sont également durs, non pas également denses ; le mercure est le plus dense de tous les métaux, & en même temps le plus mol. L'or est très-dense, & plus mol que le verre, & celui-ci beaucoup moins dense, & moins pesant que l'or.

Par la proportion des principes, les métaux sont parfaits ou imparfaits. Ce qui nous apprend la raison pourquoi dans la purification de l'or & de l'argent, le plomb absorbe les autres métaux, sans toucher aux deux premiers ; car puisque le plomb contient beaucoup d'acide sulphureux, il doit chercher à se rassasier : & comme l'or & l'argent sont trop fixes & trop compactes pour pouvoir être absorbés par le plomb, celui-ci est obligé de s'attaquer aux métaux moins nobles, sçavoir au cuivre, au Mars ou à l'étain qui sont plus terrestres ; & par conséquent il doit corroder & absorber ces derniers dans la coupelle, sans toucher à l'or ni à l'argent.

Ce n'est pas assez d'avoir dit que tous les métaux convenoient en leur racine, il faut le prouver. Pour en venir à bout, il suffit de considérer que tous les métaux participent chacun de quelqu'autre métal, sur-tout les moins nobles qui conviennent avec les plus nobles ; ainsi le plomb tient toujours quelque chose de l'argent, l'argent bien examiné, fournit toujours quelques grains d'or. Le Mars contient un soufre solaire, dont quelques uns se servent pour fixer le soufre d'antimoine. Il y a dans le cuivre la matiére premiére de l'argent. Par cette raison ils conviennent radicalement, & jamais l'un ne se trouve sans l'autre. Ils donnent tous deux des teintures de couleur de Saphir, & ils excitent des vomissemens assez violens. Outre cela, il y a dans le cuivre quelque chose de l'or.

Je ne parle point ici de la convenance

du grand monde avec le petit, c'est-à-dire, du rapport des sept métaux avec les sept Planettes, ni avec les principales parties de notre corps. C'est une chose trop commune: mais après avoir établi que les métaux conviennent radicalement, & qu'ils ne différent qu'en dégrés de perfection, que dirons-nous de la transmutation des métaux? Je suis persuadé qu'il n'y a point de répugnance à ce que les métaux imparfaits, & qui ne sont point encore mûrs, montent à un plus haut dégrés de perfection & de maturité. Vanhelmont a vû changer du plomb en or; & l'expérience nous apprend que les autres métaux s'y transforment tous les jours. Il est encore constant que tous les métaux n'ont aucune différence formelle, & qu'ils ne différent que du plus au moins de maturité, laquelle seule leur manque pour être de l'or. Qui sçait fixer parfaitement l'argent, fait de véritable or; & s'il n'en a pas la couleur, on sçait qu'on peut la lui donner avec le cuivre, qui participe de l'or. C'est pourquoi Basile Valentin fait ainsi parler l'argent ou la Lune: *Je suis blanche, mais Venus me fait rougir, lorsqu'elle s'accorde avec le Soleil.*

Quant à l'usage des métaux, on demande si étant cruds, ils sont de quelque efficacité dans notre corps. Je réponds qu'ils n'y font aucune opération active, puisqu'ils sont trop compactes, & qu'on les rend comme on les a pris. Ils y opérent pourtant passivement, attendu que les sels viciés de notre corps perdent leur acrimonie, en attaquant & corrodant le métal avalé. Par exemple, quoique le Mars crud pris en poudre n'ait aucune efficacité, il ne laisse pas d'être utile dans les maladies causées par l'acide des premiéres voyes, parce que ces sels acides venant à corroder le Mars, non-seulement ils en perdent leur acrimonie, mais ils s'attachent même au Mars, & sont poussés dehors avec lui par les selles. Il en est de même du Saturne que Paracelse appelle *le quatriéme pilier de la Chirurgie*. Les préparations du Saturne qu'on applique aux ulcéres chancreux, n'opérent que passivement, & en tant que les sels acides se radoucissent en s'associant avec le Saturne. Disons-en autant du cuivre qui fait vomir les humeurs contre-nature.

Il faut raisonner tout autrement des teintures & des autres préparations métalliques, qui participent au soufre essentiel des métaux. Nous en voyons des effets surprenans, sans sçavoir comment elles opérent. La vertu irradiative de Vanhelmont me passe, elle peut satisfaire quelque spéculatif, mais non un Praticien.

J'aimerois mieux dire que ces préparations agiſſent par une vertu anodine, qui eſt attachée à chaque métal; & c'eſt par elle que le ſoufre de l'antimoine & du cuivre, calme le déſordre des humeurs viciées & les remet ſous l'obéiſſance de la nature.

Au reſte les teintures des métaux demandent une préparation bien plus ſublime que les diſſolutions qu'on fait des métaux avec des menſtrues corroſifs; celles-ci ne ſont que des éroſions ſuperficielles du métal en petites parties, qu'il eſt facile de révivifier & de remettre en métal par le moyen de quelques alcalis, & ſpécialement par le ſel de tartre & le borax, qui en s'uniſſant à l'acide, délivrent les parties métalliques de leurs liens, & celles-ci ne ſont pas plutôt en liberté, qu'elles tombent au fond. C'eſt ainſi qu'on peut faire l'épreuve des teintures. Les alcalis végetaux ſont ſinguliers pour faire la réduction des métaux, ſur-tout le ſel de tartre qu'on nomme par cette raiſon, *le ſel privilégié*.

Le mercure des corps ne ſe tire que par les alcalis fixes, & principalement par le ſel de tartre, ou par le ſel ammoniac. Ces ſels ſont nommés *Reſſuſcitatifs* par les Chymiſtes, & il ne ſe peut faire de vrai mercure que par leur moyen.

CHAPITRE II.

Du Mars ou Fer.

LE Mars est un minéral, ou métal qui se trouve ordinairement en pierres sur les montagnes; quelquefois néanmoins il a diverses figures, avant que d'être fondu. Il contient beaucoup de sel acide, peu de mercure, une assez grande quantité de soufre combustible, & quelque peu d'acide; mais ce dernier est en quelque façon fixe, ce qui fait que le Mars est celui de tous les métaux qui approche le plus de l'or; & l'on prétend même que sa partie fixe sulphureuse peut être convertie en ce précieux métal. Ces trois principes du Mars sont unis par une terre fixe, séche, alcaline & rougeâtre, qui l'empêche d'être malléable, avant que d'avoir été fondu. Cette méme terre & sa forte tissure, font que le fer s'enléve ou se sépare & tombe en paillettes sous le marteau; c'est de cette terre que le Mars tire la faculté d'absorber tous les acides: c'est d'elle que ce métal tient sa vertu astringente: c'est d'elle enfin que procéde toute la vertu médicale du Mars, qui est d'imbiber les humeurs viciées & acides de notre corps.

L'acier & le fer ne différent qu'en dureté. L'acier se forme artificiellement avec le fer; on stratifie des lames de fer dans un grand fourneau avec des alcalis, sçavoir des charbons & des cornes, ou des ongles d'animaux, on fait dessous un feu très-violent, les ongles s'enflamment, calcinent & endurcissent le fer. Cet endurcissement consiste en ce que l'acide abondant du Mars, absorbe les sels alcalis fixes des charbons, & les volatils des cornes, ce qui resserre le principe terrestre, & augmente la dureté du fer. On forme encore l'acier en trempant le fer bien rougi au feu, dans de l'eau de vers de terre, & dans l'eau de racine de raifort & de porreau. D'autant que les sels volatils qui sont dissous dans ces eaux, s'insinuent dans le Mars ouvert par le feu, & rassasient l'acide qui donne la dureté requise à l'acier. On prétend qu'en Médecine la limaille de fer est meilleure que celle d'acier, parce que le feu & les drogues que l'on joint au fer, pour en former l'acier, font perdre au fer son soufre volatil & spiritueux.

On donne vulgairement deux vertus fort contraires au Mars; l'une apéritive, & l'autre astringente. On attribue la premiére aux parties terrestres & fixes, & la derniére aux parties volatiles. Et sur ce fondement, afin de faire un safran de Mars aſtringent, on calcine le fer juſqu'à ce que toutes les parties volatiles ſoient diſſipées, & qu'il ne reſte que les fixes. Mais cette hypothéſe eſt établie ſur un faux principe; car le Mars eſt un corps homogéne qui demeure toujours au même état dans la plus grande violence du feu. Ce qui a donné lieu à cette erreur & à cette diſtinction, c'eſt qu'on a vû que le Mars étoit d'une grande utilité dans les maladies qu'on croyoit venir des obſtructions & de l'amas des humeurs groſſiéres; comme la cakexie, la fiévre-quarte, la ſuppreſſion des mois, la mélancolie hypocondriaque, &c. Et de là on a crû qu'il poſſédoit une vertu apéritive. Et comme on a remarqué d'un autre côté qu'il étoit ſalutaire dans la dyſſenterie, la diarrhée & les autres flux contre-nature, on a conclu de même qu'il avoit une vertu aſtringente; mais d'un faux principe on ne pouvoit en tirer que de fauſſes conſéquences; car il n'eſt pas vrai, comme on le ſuppoſe, que les maladies ci-deſſus dépendent des obſtructions, & des amas d'humeurs groſſiéres; & il eſt certain que le Mars eſt toujours aſtringent de ſa nature, & que la terre du Mars eſt purement ſtiptique. Toutes les préparations du Mars en convainquent par le ſentiment de ſaveur aſtringente, qu'elles donnent au goût. Si le Mars eſt apéritif, c'eſt par accident ; en ce qu'il abſorbe & entraîne avec ſoi les ſels acides viciés qu'il trouve dans le corps, qui auroient en ſe coagulant cauſé des obſtructions, ainſi en ôtant la cauſe, il ôte l'effet. On a donc raiſon de dire que le Mars eſt un digeſtif admirable pour la mélancolie, puiſque la cauſe matérielle de cette maladie n'eſt, ſuivant les Modernes, que l'acide vicié des premiéres voyes, qui s'attache aux Mars, perd ſon acrimonie en le corrodant, & ſort enſuite par les ſelles avec lui. C'eſt par cette raiſon que les ſelles ſont ordinairement noires après l'uſage du Mars & des eaux minérales acides ; & ſi elles ne le ſont pas, c'eſt un mauvais ſigne qui marque que le Mars n'a pas imbibé les ſels viciés.

Les excrémens ſont noirs, parce que le Mars empreigné de l'acide ſe trouve précipité par la bile. Ces raiſons ont fait mériter au Mars les beaux noms *de digeſtif & d'alexipharmaque de la mélancolie, de panacée de la cakexie* des hommes & des filles, tant ſimple que ſcorbutique : & il entre avec juſtice dans toutes les poudres cakectiques, qui ſont d'autant plus efficaces, qu'elles ſont ſimples ; ainſi la poudre du ſafran de Mars ſeul avec un peu de canelle, & quelques grains d'ambre, eſt plus utile ſimple, que compoſée.

Il ne faut pas manquer de faire quelque exercice ou mouvement corporel, après avoir pris le Mars, & même de s'abstenir de toutes sortes d'acide dans le boire & le manger, d'autant que ceux-ci rassasieroient le Mars qui ne toucheroit plus aux acides viciés.

La limaille d'acier crue peut-elle se donner intérieurement avec sûreté? Oui bien à ceux qui ont l'estomac bon, non pas à ceux qui l'ont foible: car il seroit à craindre que le Mars ne s'arrétât au fond de l'estomac, qu'il n'y contractât une vertu vitriolique & vomitive, qu'il n'excitât des nausées, & qu'il ne ruinât entiérement l'appétit. Panarolle assure qu'il a trouvé de la limaille d'acier toute crue au fond de l'estomac de quelques sujets morts, qui avoient usé du Mars. C'est qu'ils avoient l'estomac foible.

Les préparations du Mars sont en forme liquide, ou en forme séche: les premiéres se nomment teintures, les derniéres prennent le nom de safran. Les teintures du Mars sont, à mon avis, préférables au safran, parce que le Mars est plus dissout dans celles-là, & plus compacte dans celui-ci, qui fatigue par conséquent davantage l'estomac.

Le safran de Mars tire son nom de sa couleur jaunâtre; c'est proprement la rouille du fer. C'est mal-à-propos qu'on le divise en astringent & en apéritif, puisqu'il n'est apéritif que par accident, comme j'ai déja dit. Pour faire le safran de Mars astringent, on calcine le Mars à un feu violent, jusqu'à ce qu'il soit réduit en une poudre rougeâtre, qui est-ce qu'on appelle *safran de Mars astringent.* Le poids du Mars s'augmente par la calcination, ensorte qu'une livre de Mars avant la calcination, pésera une livre & deux onces après la calcination. Cette augmentation de poids vient de l'acide des charbons qui s'est insinué dans le Mars. Sans tant de façon, quelques-uns se contentent de ramasser avec une patte de Liévre, la poudre rouge qui se trouve attachée aux barreaux des fourneaux, qui est un safran de Mars fort bon. Quelques-uns même prennent la rouille qui s'amasse sur les Canons de fer qui sont exposés à l'air. L'usage de ce safran a lieu dans les affections qui ont besoin d'astringent, comme dans tous les flux de sang & d'excrémens, dans la dyssenterie & la diarrhée. Il entre dans la poudre stiptique de Crollius, dans les emplâtres vulnéraires & stiptiques des Chirurgiens, & dans l'emplâtre *Opodeldok* de Paracelse. Et il est excellent dans les ulcéres pour absorber l'acide corrosif.

La terre douce de vitriol qui est un safran de Mars ou de Vénus, a les mêmes propriétés, & vaut même mieux que le simple safran de Mars.

Le safran de Mars apéritif mériteroit mieux le nom d'altératif, puisqu'il redonne par son usage l'état naturel à la tissure viciée de la masse du sang, & qu'en absorbant les sels viciés, il corrige les vices de toutes les digestions. Il ne faut pas préparer ce safran de Mars avec des acides qui le rempliroient, après quoi il ne toucheroit plus à ceux du corps: & comme le Mars se laisse facilement corroder par tous les acides, tant minéraux que végétaux, on aura recours à des menstrues insipides, ou du moins à de foibles acides, pour corroder doucement le corps du Mars. En voici une préparation fort estimée.

Prenez de la limaille de fer, versez dessus un peu d'eau simple, & laissez le tout au Soleil durant la canicule. Au bout de quelques jours la limaille sera changée en safran après une grande effervescence: l'acide qui abonde dans le Mars étant dissout dans l'eau, puis agité par la chaleur du soleil, s'attache à son propre corps, il le corrode & le change en ce safran qui est d'autant plus apéritif qu'il n'a point eu d'acide externe pour le rassasier. Le fer exposé simplement à l'air s'humecte & se change pareillement en rouille ou en safran, qui s'engendre par le moyen de l'acide de l'air qui s'insinue dans les pores du Mars. Ce qui est si vrai qu'on empêcheroit ce fer de se rouiller par le moyen de quelque alcali ; & spécialement avec l'huile de tartre par défaillance, parce que les alcalis détruisent les acides : & c'est contre la raison qu'on enduit ordinairement d'huile commune, les épées & les autres armes ou instrumens de fer pour les défendre de la rouille, puisque l'huile commune contient beaucoup d'acide, & que par conséquent elle est capable de faire plutôt rouiller ces instrumens.

Zwelpher donne encore une autre préparation du safran de Mars. Prenez du nitre très-pur, une livre que vous ferez fondre en un creuset. Jettez-y peu-à-peu de la limaille de fer très-nette, tant qu'il en pourra recevoir. Augmentez le feu jusqu'à ce que le nitre s'enflamme & se calcine. Retirez la masse & la mettez en eau chaude, qui doit prendre une teinture rouge ; décantés, filtrés, & en 24 heures il se précipitera un crocus très-rouge que vous sécherez, & qui est bon pour la cakexie, mélancolie & maladies des filles, depuis un demi scrupule jusqu'à un scrupule, & même jusqu'à une dragme dans de la conserve, ou dans d'autres véhicules convenables.

Quelques-uns pour préparer le safran de Mars apéritif, animent l'eau simple avec quelques alcalis, sur-tout avec le sel d'absynthe, puis ils versent le tout sur de la limaille d'acier, dans un lieu tiéde où elle se rouille facilement. M. Michaël versoit sur la même limaille une lessive faite des cendres d'herbes apéritives, sçavoir, de fumeterre, d'absynthe, &c. Mais le safran de Mars ainsi préparé ne vaut rien: car dès que les sels contenus dans la lessive s'attachent au Mars, ils font une espéce de chaux ou de calcination qui est inutile, & nullement apéritive. On a beau cuire le Mars avec des sels, il n'en reçoit aucune altération; l'eau seule agit sur l'acide du Mars qu'elle dissout. Ceux qui préparent le safran de Mars apéritif avec du vin, n'ont pas un mauvais remede.

Pour faire le tartre martial, on dissout du tartre dans l'eau des Forgerons, & on jette de la limaille d'acier dans la dissolution. L'acide du tartre corrode le Mars, après quoi on filtre & laisse évaporer la dissolution: on la réitére, puis on l'expose dans un lieu froid ou à la cave, où il se forme des cristaux admirables dans les maladies chroniques, & spécialement pour la suppression des mois. La préparation secrette de Willis, *au Traité de la Fermentation*, & de Bartholin, *dans ses*

Epîtres, a lieu ici, elle se fait avec la crême de tartre & l'esprit de vin.

Les préparations avec les forts acides sont ridicules, & doivent être rejettés; telle est la calcination du fer avec des billes du soufre; celui-ci s'enflamme, corrode le Mars par le moyen de son esprit acide, & le Mars tombe par grains dans un vaisseau qu'on a placé au-dessous. Enfin on pulvérise ces grains qui sont le safran de Mars, ou plutôt une chaux fixe, qu'aucune liqueur ne sçauroit dissoudre, & qui charge simplement l'estomac sans produire aucun bon effet dans le corps, d'autant que le Mars est déja rassasié & rempli de l'acide du soufre. Il se fait une préparation du Mars par le soufre que je trouve beaucoup meilleure; en calcinant de cette limaille plusieurs fois par le soufre en poudre, dont l'acide pénétre plus intimement les parties du Mars, de maniére que la teinture simple s'en fait très-bien par la seule affusion de l'eau chaude que l'on peut filtrer, pour l'avoir plus épurée. Et si on fait évaporer cette eau, on aura un très-beau vitriol de Mars.

Par la même raison, les teintures de Mars préparées avec des acides trop forts font peu d'effet, elles en font au contraire beaucoup quand on les prépare avec des alcalis, ou avec des acides modérés. Telle est

eſt la teinture de vitriol de Mars de Zwelpher qui ſe fait avec le vitriol de Mars, & la terre foliée de tartre. Voyez ce qu'en dit l'Auteur qui eſt en ceci aſſez véridique.

L'eſſence de Mars tartariſée n'eſt pas inutile : on diſſout pour la faire, parties égales de vitriol de Mars & de criſtaux de tartre ; on fait évaporer la diſſolution juſqu'à conſiſtance de miel ; puis on verſe deſſus de l'eſprit de vin pour en tirer l'eſſence ci-deſſus. C'eſt un excellent remède dans les affections des reins, de la veſſie & de l'urine.

Le vitriol de Mars de Rivière, peut être ici placé. On le prépare de la manière qui ſuit. Prenez une partie de vitriol de Mars, deux parties d'eſprit de vin : mettez infuſer le tout dans un vaiſſeau de fer, & après la digeſtion requiſe, mettez la diſſolution dans un lieu frais, il ſe fera des criſtaux d'une grande utilité, parce que l'acide du Mars a été adouci & édulcoré par l'addition de l'eſprit de vin.

Les préparations liquides du Mars, ſont ordinairement appellées *Teintures*, & diviſées en aſtringentes & en apéritives, ce qui ſe doit entendre dans le ſens que nous avons déja dit.

L'eau des Forgerons eſt l'une & l'autre : elle eſt ſalutaire, par exemple, dans la dyſſenterie & la diarrhée, comme aſtringente: & dans la cakexie & la jauniſſe, comme apéritive. On tire pareillement une teinture altérative d'une grande vertu, en éteignant le Mars rougi au feu dans un menſtrue aigrelet tiré des végétaux, ou dans une liqueur alcaline; pour mieux faire, on n'a qu'à mettre infuſer de la limaille d'acier dans du vin, car l'acide de celui-ci corrode & imbibe le Mars. Ce vin ſe boit avec un peu de canelle, & produit des effets merveilleux dans la cakexie, dans la mélancolie hypocondriaque, & dans les autres maladies des femmes. On fait auſſi des nouets altératifs avec quelques végétaux & la limaille d'acier; on les met infuſer dans du vin pour boire dans les maladies chroniques, à quoi le Mars n'eſt pas inutile.

Les uns tirent la teinture du Mars, avec du ſuc d'oſeille, quelques-uns avec le ſuc de tamarins, les autres avec du moût, ou avec du ſuc de berberis, mais le ſuc de pommes de reinette eſt meilleur que tout cela. On épaiſſit la diſſolution, puis on y verſe l'eſprit de ces ſucs ou quelqu'autre convenable, pour en tirer une eſſence de Mars, ſalutaire dans les maladies chroniques rebelles, & ſpécialement dans la fiévre-quarte.

Panarolle prépare une teinture de Mars

excellente, avec une dissolution de limaille d'acier, dans du suc de chicorée : & on peut tirer une teinture rouge de Mars avec l'esprit acide volatil du pain qui dissout le Mars promptement.

La principale des préparations du Mars en forme séche, sont les fleurs. Sur quoi on peut lire Zwelpher, qui s'est ici surpassé ; aussi bien que Charas dans sa Pharmacopée. Cette opération se fait par le moyen du sel armoniac, avec lequel le Mars se sublime en fleurs rouges, d'autant que l'acide du sel corrode le Mars, & enléve les particules qu'il a corrodées.

Les Chymistes les plus curieux, ont trouvé le moyen de rendre le *Mars fulminant* ; ce que quelques-uns croyent impossible, mais à tort : car la vertu fulminante du Mars consiste dans la convenance du soufre martial avec le soufre solaire, qui ne différent entr'eux, qu'en ce que celui-ci est plus fixe que l'autre : pour faire le Mars fulminant, on le dissout dans de l'eau régale, puis on le précipite avec de l'huile de tartre par défaillance : mais il y a deux choses à observer dans cette préparation. La premiére est le point exact de *Saturation*, sans quoi il n'y aura aucune fulmination à espérer. La seconde est que la précipitation ne soit point trop subite ; car si l'effervescence est trop grande, rien ne fulminera. La cauſe de la fulmination du Mars & de l'or eſt la même, & conſiſte dans le combat du ſoufre & du nitre avec le ſel fixe du Mars.

Le beſoard martial ſe forme du régule d'antimoine martial diſtillé en beurre, & précipité par l'eſprit de nitre : on s'en ſert dans l'hydropiſie où il eſt ſpécifique, ſuivant *Roſenkreuſer*, dans la cakexie & la jauniſſe. Voyez *Rolſinck*.

CHAPITRE III.

Du Cuivre ou Vénus.

LE cuivre eſt un métal qui a beaucoup d'affinité avec le Mars, tant pour ſes principes que pour ſa compoſition, excepté que le premier eſt plus noble.

Le ſoufre dont il eſt rempli, eſt plus fixe que celui du Mars, qui participe beaucoup moins du mercure que le cuivre, qui contient bien autant de ſoufre que de mercure, mais plus de terre. C'eſt par cette proportion de mercure & de ſoufre, que le cuivre ſe fond & s'enflamme plutôt que le fer : car le premier s'enflamme d'abord avec le ſel armoniac, qui ouvre ſon ſoufre & le rend inflammable. Le mercure, du cuivre fait qu'il ſe mêle avec l'or & l'argent, sans leur ôter la fusibilité, qu'ils perdent dès qu'on les mêle avec d'autres métaux.

A l'égard du soufre du cuivre, Basile Valentin assure qu'il donne la couleur de l'or à l'argent, & Poleman en a fait un Traité entier dans le Livre intitulé : *De sulphure Philosophorum*, qui est beaucoup plus curieux & agréable pour la théorie, qu'utile pour la pratique : & il paroît que quand il a écrit ce Traité, l'Auteur ne sçavoit pas encore volatiliser le sel de tartre.

Quant au soufre bienheureux avec lequel Vanhelmont prépare le Soleil ou le feu de Vénus, il est sans doute dans le cuivre, & c'est lui qui fait les cures magnétiques.

C'est en vertu de ce soufre de Vénus, que la tête morte du vitriol du cuivre, guérit la dyssenterie qui s'arrête aussitôt qu'on a jetté des excrémens du malade dessus. Knæphelius s'est rendu fort recommandable par ce secret.

Le soufre & le mercure, qui sont en égale proportion dans le cuivre, rendent ce métal volatil, au point que quand le feu est fort, il se dissipe presque entiérement en l'air, parce que la partie mercurielle enleve avec soi la partie terrestre.

Le cuivre & l'argent ont tant d'affinité, que l'un se trouve rarement sans l'autre dans la mine. L'un & l'autre produit la couleur de ſaphir ou d'outremer, & poſſéde la vertu purgative: il eſt en effet un argent hydragogue très-excellent dans l'hydropiſie, & chacun ſçait que le cuivre ne pouſſe que trop par haut & par le bas, ce qui fait qu'il eſt dangereux d'en donner intérieurement.

Cependant Konig rapporte que le cuivre mis en fine limaille, & donné au poids d'une dragme dans du bouillon, eſt un reméde contre la rage & contre la morſure des animaux enragés: ce qu'il confirme par l'autorité de quelques Médecins. Il aſſure même que l'un d'entr'eux faiſoit calciner des Écreviſſes vivantes dans une poële de cuivre rouge ſur un grand feu de flamme, & qu'il les mettoit en poudre, & en donnoit en doſe convenable pour ce mal, & même pour purger & purifier la limphe corrompue dans le corps humain; qu'elle évacuoit puiſſamment: mais je ne voudrois pas m'en ſervir.

Si on mêle le cuivre avec la pierre calamine, ſçavoir cent parties du premier ſur trente parties de la derniére, on aura du *Léton*.

Tous les acides corrodent le cuivre, les fixes & les forts en vitriol, les doux & les volatils en *Verdet*. Les alcalis volatils diſſoudent le cuivre ſans toucher au Mars, par la raiſon que les alcalis s'attachent au ſoufre qui eſt plus abondant dans le cuivre que dans le Mars. L'eſprit d'urine teint le cuivre en couleur d'outremer ou de ſaphir, qui déſigne le ſoufre métallique, mais les diſſolutions du cuivre par les acides ſont toutes vertes. Poleman & ſes Sectateurs, diſent que le ſoufre de Vénus ſe doit tirer par des ſels volatils, ou par des alcalis fixes volatiliſés.

Pour faire le verdet, on ſtratifie des plaques ou lames de cuivre avec du marc de raiſins, on verſe deſſus une partie de vinaigre, & trois ou quatre parties d'urine de petits garçons; on laiſſe le tout quelque temps dans un lieu chaud, après quoi l'on trouve les lames corrodées & réduites en verdet par l'acide volatil que le marc fournit durant l'effervescence modérée du vinaigre & de l'urine. Si on diſtille ce verdet, on aura l'eſprit acide volatil de Vénus engendré du marc de raiſins, de l'urine & du vinaigre, que Zwel[illegible]er débite pour la liqueur *Alchaeſt*. Tachenius veut que cet eſprit ne ſoit rien autre choſe que du vinaigre diſtillé; mais celui-là eſt bien différent, & il renferme beaucoup plus de vertus. Il y a deux méthodes de faire l'eſprit de Vénus : la premiére eſt de diſſoudre du verdet dans du vinaigre diſtillé, de filtrer la diſſolution, & d'en former des cryſtaux verds qu'on diſtille enſuite pour avoir l'eſprit acide. C'eſt l'opération telle que l'a donnée Baſile Valentin, & après lui le célébre Nicolas Lefévre, dans ſon excellente Chymie: ce dernier croit même que cet eſprit eſt une eſpéce de diſſolvant univerſel. Hadrien Mynſicht, au lieu de vinaigre diſtillé, n'employe que de l'eau de pluye. On donne encore une autre maniére de diſtiller le verdet avec partie égale de ſable, ce qui donne un eſprit volatil très-efficace dans la Médecine & dans l'Alchymie. On s'en ſert principalement dans la léthargie, & les autres affections ſoporeuſes. On prépare avec le même verdet & la gomme armoniac, un eſprit acide volatil composé qui eſt admirable dans les affections aſthmatiques. On prend deux parties de verdet, & une partie de gomme armoniac, ou bien quatre parties de verdet, deux de gomme armoniac, & une partie & demi de ſoufre vulgaire, puis on diſtille le tout.

Vanhelmont fait encore une autre opération ſur ce métal. Il en tire l'être étranger de Vénus qui ſe fait ainſi. Prenez de l'eſprit d'urine acué par ſon propre ſel volatil, & le mêlez avec partie égale d'eſprit de vitriol ou de nitre, à votre choix; ou même avec de l'eſprit de ſel commun; mais il faut que ces eſprits ſoient volatils,

Par ce moyen, vous en tirerez un ſel qu'il faut ſublimer par ſoi-même. Cet eſprit ainſi ſublimé volatiliſe toute la ſubſtance du ſel de tartre. Cette volatiliſation ſe peut multiplier à l'infini par le moyen d'un nouveau ſel de tartre. Cette ſublimation ſe doit faire de la maniére ſuivante: Prenez le colcothar du vitriol de Hongrie, fait par la diſtillation ordinaire du flegme & de l'eſprit. Joignez ce ſel avec partie égale de l'être étranger de Vénus, qu'il faut ſublimer trois fois. Après la troiſiéme ſublimation, procédez comme le marque Vanhelmont, (*De Lithiaſi cap.* 8. *num.* 9.) Prenez enſuite du ſel marin fixe trois parties; du colcothar ſublimé par l'être étranger de Vénus, trois parties; de l'uſnée de crane humain une partie: & votre opération ſera finie. En voici l'uſage: par ce moyen, on tire la quinteſſence des perles & coraux: auſſi bien que de la chaux d'or & d'argent, bien ouverte & bien édulcorée, qu'il faut ſublimer avec ſon poid de l'être de Vénus & cette ſublimation, ne ſçauroit être réduite en corps métallique, & devient un vrai or potable.

Le verdet crud n'eſt point employé en Médecine, excepté dans la Chirurgie pour l'uſage externe. Il fait ordinairement la baſe de l'onguent Egyptiac, de l'onguent de Hildanus, &c. qui ont lieu dans les ulcéres cakoëtiques & dangereux: il entre dans les eaux vertes qu'on compose pour les ulcéres scorbutiques, véroliques, &c.

CHAPITRE IV.

Du Plomb ou Saturne.

LEs métaux les plus moûs sont le plomb & l'étain, ils ont beaucoup de mercure ce qui fait qu'ils se fondent aisément. Le plomb sur-tout, en contient plus que l'étain; mais comme il n'est ni fixe, ni bien mûr, il s'exhale facilement & le plomb perd beaucoup de son poids dans la fusion, à cause des scories ou impuretés que le feu lui fait jetter au-dehors. Il y a dans le plomb peu de soufre, c'est-à-dire, autant qu'il en faut seulement pour corroder le mercure, mais très-peu de sel: ainsi le Saturne est entiérement contraire au Mars, quant à ses principes & à sa composition.

Le mercure abondant qui se trouve dans le plomb, fait qu'il absorbe tous les métaux, excepté l'or & l'argent; aussi l'on s'en sert pour éprouver ces deux derniers par la coupelle. Il absorbe donc tous les autres, parce que le mercure du plomb eſt affamé de leur terre ſaline, & il épargne l'or & l'argent, dont le ſoufre acide eſt trop fixe pour être abſorbé par le plomb. Il a pourtant beaucoup de convenance avec l'argent, comme il paroit en ce qu'on en trouve ordinairement dans le plomb calciné. On dit même, que ſi on calcine le plomb au Soleil, par le moyen du miroir ardent, on y trouvera quelques grains d'or au lieu d'argent, ce qui n'eſt pas incroyable.

La premiére préparation du plomb eſt ſa calcination au feu de reverbere, par le moyen duquel il ſe convertit en *Minium*, qui augmente ordinairement en poids. Si on a pris, par exemple, douze onces de plomb crud, il s'en trouvera treize après la calcination. Ce qui vient du ſoufre du charbon, dont les particules acides ſe ſont attachées à la ſubſtance de ce métal.

Le plomb calciné diſſout par un acide, ſur-tout par l'acide volatil du vinaigre, acquiert une ſaveur douce, & ſe change en une chaux nommée vulgairement *Sucre de Saturne*. On verſe par inclination la diſſolution qui a été faite dans du vinaigre diſtillé, on la filtre, on la laiſſe évaporer, puis on la laiſſe repoſer, & alors il ſe forme des criſtaux qu'on purifie par pluſieurs diſſolutions réïtérées. Remarquez qu'il ne faut pas tirer tout le vinaigre du plomb diſſout, car il pourroit fulminer; comme il m'eſt arrivé. On fait de ſemblables criſtaux, en diſſolvant la mine de plomb dans du vinaigre diſtillé, animé par l'eſprit de nitre. Ce ſucre de Saturne pris intérieurement abſorbe tous les acides, & il eſt ſpécifique dans le mal ou mélancolie hypocondriaque, dans la fiévre-quarte rebelle, où un homme de ma connoiſſance en a donné juſqu'à deux ſcrupules pour une ſeule doſe. Il eſt bon d'y ajoûter quinze grains d'yeux d'Écreviſſes. Il eſt éprouvé dans les inflammations cauſées par l'efferveſcence des ſels viciés, auſſi-bien que dans les éréſipéles. Et à raiſon de ſa vertu alumineuſe aſtringente, il eſt ſalutaire dans la dyſſenterie.

On croit ridiculement que le plomb pris intérieurement rend les perſonnes ſtériles, à cauſe de la convenance qu'on lui ſuppoſe avec le Saturne céleſte, à qui Jupiter ôta la vertu d'engendrer: mais ce ſont des opinions ſans fondement.

On tire du ſucre de Saturne avec le vitriol de Mars ou de cuivre bien dépuré, & l'eſprit de vin, la *Teinture antiphtiſique*, qui eſt bonne pour conſolider les ulcéres des poumons, des reins & des autres parties.

Le ſucre de Saturne diſtillé par une retorte avec le vitriol de Mars, donne la pierre *Hêmatite* artificielle, qui eſt entiérement ſemblable à la naturelle, ce qui fait connoitre la compoſition de celle-ci.

Le plomb calciné à la vapeur du vinaigre, dans un lieu chaud fait la céruſe qui eſt d'uſage dans la Chirurgie; mais ſi on le calcine avec du vinaigre diſtillé, dans lequel on a diſſout du ſel armoniac, on aura une céruſe beaucoup plus belle & plus fine pour l'uſage des Alchymiſtes.

Le ſucre de Saturne eſt d'un ſi grand uſage, que Paracelſe aſſure qu'il fait le quatriéme pilier de la Chirurgie; ce qui eſt très-véritable, puiſqu'il abſorbe effectivement l'acide des playes & des ulcéres, & qu'il fait la baſe de pluſieurs onguens. L'emplâtre de céruſe avec la ſemence de Grenouilles, eſt bon par cette raiſon pour abſorber l'acide qui fait l'inflammation des éréſipéles, & le plomb eſt ſi utile dans le cancer occulte, pour en abſorber pareillement l'acide, que les Médecins veulent qu'on prépare les onguens qu'on y applique, dans un mortier de plomb. Les remédes où il entre, ſont ſalutaires aux ulcéres ſcorbutiques & malins, à la galle, à la couperoſe, aux lentilles, & autres vices du viſage: en un mot le plomb ne céde qu'au mercure doux, ſpécialement la céruſe, quand il s'agit de corriger l'acide ramaſſé ſous la peau par le défaut de l'inſenſible tranſpiration. La derniére avec l'eau de ſemence de Grenouilles, ou l'eau de chaux & le ſucre de Saturne, eſt admirable contre la brûlure pour abſorber l'acide.

Quand on diſtille le ſucre de Saturne dans une retorte, il en ſort d'abord un eſprit volatil ardent, & en ſecond lieu, deux ſortes d'huile, la premiére rouge, & la derniére noire, celle-ci ſent l'empyreume. L'eſprit ardent eſt, dit-on, de la ſubſtance du mercure, ce qui n'eſt pas; c'eſt ſimplement l'eſprit du vinaigre, avec lequel on a fait le ſucre de Saturne, ou même l'eſprit de vin régénéré; car il eſt hors de doute que le vinaigre en retient toujours. Pendant que les parties fixes de l'acide corrodent le Saturne & s'y attachent, les plus volatils prennent l'eſſort dès le premier feu, & quand on augmente le feu, les parties du Saturne ſuivent avec, & forment un corps huileux. Ce qui découvre manifeſtement l'impoſture de cet eſprit de Saturne.

Il en eſt de même de l'eſprit ardent de corail, qui n'eſt en effet que l'eſprit du vinaigre ou l'eſprit de vin régénéré. Le vinaigre ſe forme lorſque le ſel acide du vin fixe les particules ſalines, volatiles & ſpiritueuſes; & quand on y diſſout du corail, le ſel acide du vinaigre s'y attache & quitte les parties volatiles qu'il retenoit fixées; celles-ci remises en liberté, paroissent au moindre feu, sous leur premiére forme d'esprit de vin.

Si on distille le plomb seul & sans addition, on n'en tirera rien de liquide, non plus que des autres métaux, & la liqueur qu'on en tire quand on y ajoûte quelqu'autre corps, est une nouvelle production qui n'existoit pas auparavant. Tel est le beurre de Saturne qui se distille de la maniére qui suit. On prend de la mine de plomb, non pas de la vulgaire, mais de la volatile qui vient de Hongrie, on la pulvérise, puis on la mêle avec une partie égale de mercure sublimé, on distille le tout par une retorte, & l'on a une liqueur grossiére composée de l'esprit acide de sel commun, qui étoit renfermé dans le mercure sublimé, & des particules du plomb que l'esprit de sel a enlevées avec soi. Outre cela, il se trouve au col de la retorte quelque cinabre composé du Saturne & du mercure. Le beurre de Saturne se doit rectifier à la maniére accoutumée, après quoi on le précipite avec de l'eau simple comme le beurre d'antimoine, en forme de poudre blanche. Son usage est le même que celui du sucre de Saturne, il lâche doucement.

Pour faire le *Besoard Saturnin*, on précipite le beurre de Saturne avec l'esprit de nitre, & après trois abstractions, trois édulcorations & trois calcinations, on a un *Besoard Saturnin simple*, qui ne tient aucunement de l'antimoine, comme les autres Besoards métalliques. C'est un excellent remède dans la peste, dans les fièvres malignes pestilentielles, & dans les maladies qu'on nomme ordinairement *Saturniennes*, sçavoir le mal hypocondriaque, le scorbut, la goute vague, la mélancolie hypocondriaque, &c. Il sort dans la distillation du beurre de Saturne, quelque mercure vif, qui est le mercure vulgaire revivifié du mercure sublimé. Si on jette le beurre de Saturne ainsi rectifié sur une nouvelle mine de Saturne, pour distiller le tout par une retorte, on aura, à ce qu'on croit, le véritable mercure vif du plomb; mais on se trompe, c'est une nouvelle production qui n'étoit point auparavant.

Le beurre de Saturne distillé avec le sucre de Saturne, donne une huile rouge extrêmement douce & d'une grande efficacité dans les maladies chroniques, spécialement dans les ulcéres corrosifs & difficiles à guérir. Il est bon de donner auparavant un peu de Besoard de Saturne.

Ce qui a été dit ci-dessus de l'esprit de Saturne, se doit dire aussi de ses fleurs. Il n'en donne aucune de soi-même, parce que le mercure dont il abonde, le fait fondre d'abord dans le feu. Ordinairement on ſtatifie le plomb avec du ſoufre, afin que l'acide de celui-ci corrode le corps de celui-là. On y ajoûte parties égales de ſel décrépité, & le double de ſalpétre. Mettez le tout dans une retorte à deux cols, adaptez un récipient à l'un & un ſoufflet à l'autre, pouſſez le feu, vous trouverez dans le récipient de l'eſprit de nitre, & au col de la retorte des fleurs que vous ramaſſerez. Ce n'eſt rien autre choſe qu'une partie du Saturne corrodée par l'eſprit de nitre. On édulcore bien ces fleurs avant de s'en ſervir. On peut révivifier le mercure des corps ou du Saturne, de ces fleurs par le moyen des alcalis.

Quoique le ſucre de Saturne ſoit aſſez bon, on tâche d'en extraire le *Baume de Saturne*. Pour en venir à bout on met le ſucre de Saturne en digeſtion avec de l'huile diſtillée de térébenthine ou de genévrier, juſqu'à ce que le tout devienne rouge, ce qui n'arrivera qu'à force de bien remuer cette mixtion. Cette couleur ne vient point du Saturne, mais de la digeſtion ſeule.

Si ces huiles pouvoient s'unir à ce ſucre, ce ſeroit aſſurément un baume merveilleux pour les maladies chroniques, mais il n'en eſt rien. J'en dis autant des teintures de Saturne, car l'eſprit de vin imbibe, à la vérité, l'huile qu'on y ajoûte, mais il ne prend rien du corps de Saturne, ainſi toutes les teintures de Saturne de Schroder ne valent rien, d'autant que ce métal eſt trop mercuriel, & qu'il a peu de ſoufre duquel toutes les teintures dépendent. Il n'y a pas apparence par conſéquent, qu'on en puiſſe tirer rien d'huileux avec des eſprits ſulphureux. Que ſi la vertu balſamique des huiles ſe pouvoit joindre avec le Saturne, ce ſeroit avec ſon ſucre, alors on auroit un baume de ſoufre tempéré, d'une grande utilité dans les affections internes, & beaucoup plus efficace que le vulgaire qu'il n'eſt pas ſûr d'employer dans certaines maladies de la poitrine, comme la phthiſie, l'hectique, &c. à moins qu'il ne ſoit préparé avec le ſucre de Saturne. Si ce baume ſe trouve trop âcre pour l'uſage externe, on peut le mêler avec de la céruſe ou du baume du Pérou, & alors ce ſera un aſſez bon remède.

CHAPITRE V.

De l'Etain ou Jupiter.

L'ÉTAIN a beaucoup d'affinité, avec le plomb, cependant il ne lui ressemble pas en tout. Quelques Naturalistes assurent que l'étain est le plomb blanc des Anciens; en quoi ils se trompent, car les Anciens avoient l'étain & le plomb blanc comme deux métaux differens. L'étain des Anciens étoit le plomb cendré, que nous appellons *Bismuth.* On sçait qu'il y a trois sortes de plomb, sçavoir le plomb vulgaire, l'étain, & le bismuth. Quelques-uns appellent l'étain demi-métal, ainsi que l'antimoine. Le bismuth approche le plus de l'argent. A l'égard des principes de l'étain, ce métal contient beaucoup de mercure, mais plus pur & plus mûr que le Saturne; ce mercure n'est pourtant point parfaitement fixe, il est au contraire plus mol & plus coulant que celui des métaux parfaits; il est plus pur, mais en moindre quantité que dans le plomb, ce qui fait que celui-ci est plus pesant & plus malléable.

D'un autre côté, le soufre abonde dans l'étain; & ce soufre est très-volatil, mais peu lié avec la terre saline, ce qui fait que l'étain par le défaut de liaison entre ses principes, est le plus poreux de tous les métaux, sans en excepter le Mars; par cette raison, il est difficile de le séparer d'avec les autres métaux quand il y a été une fois mêlé avec eux. Si on le fond, par exemple, avec le plomb, il sera presque impossible de l'en retirer. C'est ce qui a donné lieu d'appeller l'étain le *Diable des métaux*, parce qu'il les détruit ou les altére beaucoup. Ceci est vrai, principalement à l'égard du cuivre que l'étain rend friable & cassant: & comme ces deux métaux sont sulphureux, lorsqu'ils sont mêlés & remués ensemble sur le feu, ils s'enflamment aisément.

C'est de ce soufre que vient la couleur bleue, qui est produite par l'étain aussi-bien que la qualité émétique de tous les remédes tirés de l'étain, à moins qu'on en ait retiré tout le soufre. C'est par ce soufre que l'étain s'enflamme dans l'eau-forte, & qu'étant mêlé avec le nitre & quelque alcali, il fulmine comme la poudre à Canon.

L'étain crud se met rarement en usage, & ceux qui s'en servent dans la passion histérique, font voir leur peu de lumiéres. Voici les préparations qu'on lui donne avant de s'en servir.

On peut voir premiérement diverses calcinations de l'étain, dans les Livres des Chymistes, qui ne se font pas sans beaucoup de difficulté : en second lieu, on granule l'étain, & pour le faire, on le met dans un creuset enduit de craye, avec parties égales de sel décrépité, & l'on remue exactement le tout, alors l'étain se réduit en petits grains qui sont aisément corrodés par quelque acide que ce soit. Et comme on prépare le sucre de Saturne avec le minium; on prépare de même le *Sucre de Jupiter*, avec l'étain granulé, qui se donne intérieurement pour les affections histériques & les autres maladies, à quoi le sucre de Saturne convient. On a coutume d'appliquer sur le nombril le sucre de Jupiter avec quelque huile appropriée, pour détourner le paroxisme histérique, mais il n'y a rien de plus inutile.

Les cristaux laxatifs de Jupiter, sont salutaires dans l'hydropisie & la cakexie des femmes, & se préparent de la maniére qui suit.

Prenez ce qu'il vous plaira de la mine de Jupiter en poudre, dissolvez-là dans de l'esprit de nitre, ou plutôt dans du vinaigre animé par l'esprit de nitre, filtrez la dissolution, laissez-là évaporer comme il est requis, & la mettez dans un lieu frais, pour en former des cristaux. Autrement, versez deux livres d'esprit de vitriol bien rectifié, sur une livre de mine d'étain, avec le double d'eau de Fontaine. Après la dissolution & l'évaporation requise il se forme de beaux crystaux qui sont très-bons pour purger doucement les eaux des hydropiques par les selles. La dose est de trois grains.

Le Besoard jovial simple se compose avec le mercure sublimé & l'étain, c'est un reméde très-excellent dans les fiévres malignes, & dans le pourpre des Accouchées, tant blanc que rouge. Le *Besoard jovial composé* a les mêmes vertus. Voyez sa composition dans les Chymistes. Le *grand sudorifique de Faber*, préparé avec le mercure sublimé & le Jupiter, distillés ensemble, est bon pour faire suer.

L'*Antihecticum* de Potier est une des plus fameuses préparations de l'étain: mais les autres remédes internes qu'on tire de ce métal, ne méritent pas notre attention, non plus que les teintures vulgaires de Jupiter: ainsi nous allons passer à l'examen des métaux qu'on estime les plus nobles, sçavoir l'or & l'argent.

CHAPITRE VI.

De l'Or.

LES principes métalliques qui composent l'or, sont très-épurés & très-bien liés. La terre fixe saline, y est en médiocre quantité ; mais il y a beaucoup de soufre & du mercure très-purs, & tous ces principes sont tellement unis par un nœud très-étroit qu'ils rendent l'or *indestructible* : car suivant tous les Artistes, *il est beaucoup plus facile de faire l'or, que de le détruire*. Et Vanhelmont se moque de ceux qui se vantent de rendre l'or potable : effectivement, on a beau, selon cet Auteur, calciner l'or au feu, on a beau le mettre dans quelque menstrue que ce soit, insipide, acide, ou corrosif, la réduction de ce métal est toujours très-facile. Si l'indestructibilité de l'or étoit bien établie, il seroit manifeste qu'il ne peut être d'aucun usage, ni dans la Médecine, ni même dans l'Alchymie : ceux qui ajoûtent des feuilles d'or à leurs remédes, les rendent précieux, à la vérité, mais non pas meilleurs. Quelques-uns éteignent de l'or rougi au feu dans une eau appropriée, laquelle devient jaune & épaisse, puis ils en précipitent une poudre, que Locatel recommande dans la jaunisse; mais cette poudre n'est rien autre chose que des atomes de l'or, qui sont trop compactes pour faire aucune opération, & qu'on peut réduire aisément en or.

(*C'est Chambon, principes de Physique*, p. 193.)

Un Auteur aussi habile dans la Métallurgie que dans la Médecine, a dit que l'or est une résine tirée des entrailles de la terre, fixe au feu, fondante, malléable, d'un grand poid en peu de Volume, de couleur jaune inaltérable. Peut-être est-il un remède, peut-être ne l'est-il pas.

L'Or a plus d'utilité dans l'Alchymie; c'est, dit-on, avec les principes de ce métal, que les Artistes prétendent composer la pierre Philosophale. Ainsi ce n'est point dans le corps, mais dans la racine de ce métal qu'on la doit chercher. L'or reçoit plusieurs préparations, mais il y en a peu qui satisfassent.

Les teintures vulgaires de l'or ne sont que des érosions superficielles du corps de l'or en particules très-petites, qui peuvent être facilement réduites en métal. Pour dissoudre l'or véritablement & radicalement, les menstrues corrosifs ne suffisent point; il en faut d'insipides; mais en est-il? Les uns sont pour la négative. L'affirmative me paroît plus vraisemblable, & l'expérience fait pour elle : car sans parler de ceux qui se vantent de dissoudre l'or avec l'esprit de la rosée de Mai, ni sans rien dire des autres qui prétendent le dissoudre avec un agent tiré de la neige, *Meyer* assure que ceux de l'Amérique ont un menstrue insipide, qui ramollit tellement l'or, qu'on le manie comme de la cire, & qu'on y enchasse des pierreries pour en faire des bijoux. Lauremberg témoigne qu'il a vû une eau insipide, dans laquelle l'or se fondoit comme de la glace dans de l'eau chaude. Un Archevêque d'Allemagne que je ne nomme point, avoit chez lui un Chymiste, qui sçavoit dissoudre de l'or en six heures de temps en une liqueur très-rouge, par le moyen d'une eau blanchâtre & insipide. Ces menstrues sont donc possibles, mais chacun n'est pas assez heureux pour les posséder.

Au reste, il faut observer dans la préparation des remédes tirés de l'or, que ce métal soit le mieux épuré qu'il soit possible ; car s'il y restoit la moindre portion de cuivre, il pourroit causer des nausées & des vomissemens terribles.

Pour purifier l'or de son cuivre, on se sert premiérement du plomb, avec lequel on le fait fondre dans une coupelle, les autres métaux s'attachent au plomb, & l'or tombe au fond très-pur; mais cependant mêlé quelquefois avec des portions d'argent. Secondement on se sert de la calcination ou de la cémentation, qui se fait en stratifiant des lames d'or avec le sel armoniac, le sel commun, le sel gemme, &c, à quoi on ajoûte de la poudre de briques pour empêcher la fusion des sels. On fait du feu dessous, & les sels corrodent les autres métaux, & en dépouillent l'or, auquel ils ne touchent point. Troisiémement on se sert de l'antimoine, dont le soufre acide absorbe les autres métaux même l'argent, sans toucher à l'or, qui demeure très-épuré. On prend, par exemple, une partie d'or, quatre ou six parties d'antimoine; on fait fondre le tout dans un creuset, & l'on y ajoûte sur la fin une once de nitre, & trois dragmes de limaille d'acier. Il paroît diverses couleurs qu'on appelle *yeux de Perdrix:* après la fusion requise, il se forme un régule qui demeure au fond séparé des scories; on fait refondre celles-ci une seconde fois pour en tirer le régule qui peut y être resté; enfin on fond ce régule à un feu très-violent, pendant quoi tout l'antimoine s'évapore, & l'or reste au fond bien dépuré. Cette maniére de purifier l'or est la meilleure de toutes, car elle exalte sa couleur, qui devient pâle quand on le fond avec le Saturne.

Les dissolutions vulgaires de l'or dans un menstrue corrosif ne réussissent point, il faut y ajoûter du sel commun. Quand on fait fondre de l'or & de l'argent ensemble, ces deux métaux s'unissent si intimement, qu'on ne sçauroit concevoir une union plus forte. Ils se séparent néanmoins assez facilement en dissolvant cette masse dans l'eau-forte, ou dans l'eau régale. La premiére dissout l'argent & laisse l'or: la derniére dissout l'or, & laisse l'argent. On remarque que s'il n'y a pas quatre parties d'argent sur une d'or, l'eau-forte ne dissout pas bien.

Pour redonner son premier corps à l'or ainsi dissout & nageant dans le menstrue, on se sert du mercure ou de quelques alcalis, & on le précipite spécialement avec l'esprit d'urine, ou l'huile de tartre: la réduction de l'or par le moyen du mercure, se fait en ce qu'il attire à soi tous les atomes de l'or avec lequel il s'amalgame, & tombe au fond. En exposant ensuite cet amalgame au feu; le mercure se dissipe en l'air, & laisse l'or très-épuré.

L'esprit de sel concentré, & l'esprit besoardique de nitre, font pareillement la dissolution de l'or, ainsi que les sels desséchés & coagulés de ces esprits. Voyez Zwelpher dans son *Mantissa*.

On demande si les sels volatils & urineux, ont la force de calciner & de dissoudre l'or ? Oui, pourvû que l'or ait été auparavant bien ouvert par la calcination; car alors l'esprit de sel empreigné d'un sel volatil urineux dissoudra parfaitement ce métal, & les autres sels volatils en feront autant. On prépare, par exemple, la corne de Cerf solaire, avec le sel volatil de corne de Cerf, en stratifiant des lamines de ces cornes & des lamines d'or, dont on remplit un creuset qu'on fait calciner dans un four de Potier, jusqu'à ce que la calcination paroisse de couleur de pourpre. Dans cette opération, le sel volatil de la corne de Cerf, corrode le Soleil & le réduit en poudre rouge, qui est un reméde très-salutaire dans les fiévres malignes, & pestilentielles, & sur-tout dans le pourpre des femmes.

L'or fulminant est une de ces calcinations. Pour la faire, on dissout l'or dans l'eau régale, puis on précipite la dissolution avec de l'huile de tartre par défaillance & on édulcore ensuite la poudre précipitée. Il y a deux choses à observer dans cette opération. La premiére est de dissoudre l'or dans de l'eau régale préparée, avec le sel armoniac. La seconde, est de ne verser que ce qu'il faut d'huile de tartre pour précipiter l'or: car si on en verse trop, on détruira la vertu fulminante, qui consiste dans le combat du soufre de l'or avec les sels alcalis; qui fait à peu près le même effet que la poudre à Canon.

On aura peut-être de la peine à comprendre pourquoi la poudre à Canon fait son effort en haut quand on y met le feu, & l'or fulminant au contraire fait ordinairement le sien en bas. Je dis (ordinairement) d'autant que Willis a observé de l'or fulminant qui faisoit son effort en montant. Il est probable que l'effort de l'or vers le bas, vient de la pesanteur de ce métal, & que l'action de la poudre à canon vers le haut, dépend de son soufre minéral volatil. De plus, l'or fulminant brûle sans s'enflammer, & la fumée tend en haut, pendant que l'effort de la fulmination tend en bas. Ceci paroîtra manifestement, si on met de l'or fulminant dans une cuillere de métal; car après y avoir mis le feu, & la détonation faite, il restera sur les bords de la cuillére une poudre jaune qui n'aura pû s'envoler. La poudre de l'or fulminant est laxative, lorsqu'on la prend avant d'avoir été édulcorée, & elle devient sudorifique par l'édulcoration. L'or fulminant est un bon carminatif contre les vents des enfans & des adultes. On lui ôte sa vertu fulminante avec les acides, principalement avec l'esprit de sel & de soufre; par exemple, si on fait fondre deux parties d'or fulminant, avec une partie de soufre, il ne fulminera plus, à cause que l'esprit acide de soufre qui se sera dévelopé dans la fusion, l'empêchera de fulminer.

Potier fait son *or diaphorétique*, avec l'or fulminant & le soufre digéré dans de l'esprit de vin. Et pour faire les *fleurs rouges d'or*, on verse de l'esprit de vin bien déphlegmé sur de l'or fulminant, on place au-dessus une cloche de verre comme on fait dans la distillation de l'huile de soufre, on met le feu à l'esprit de vin, & la fulmination fait son effort en haut, enlevant le soufre de l'or en forme de fleurs, qui sont un sudorifique très-efficace. Autrement on met deux grains d'or fulminant dans une retorte à long col bien échaufée, où il fulmine & éléve ces fleurs qui se ramassent en partie dans un récipient large qu'on y adapte, & une partie se trouve au col de la retorte: on recommence jusqu'à ce qu'on ait la quantité de fleurs qu'on désire.

Quant à la sublimation de l'or, comme ce metal ne se sublime point de soi-même, on y ajoûte du beurre d'antimoine pour l'élever au-dessus de l'alembic. L'esprit besoardique de nitre enleve pareillement l'or ; & le ſel armoniac ſublime l'or en forme de fleurs, qu'on remêle avec de l'or pour en avoir en plus grande quantité, & d'une plus grande vertu. Voyez Zwelpher. Quelques-uns prétendent ſublimer l'or avec l'eſprit de ſuye ; mais c'eſt une opération que tout le monde n'entend point. Paracelſe demande deux conditions dans les teintures de l'or : la premiére que l'or ſoit tellement volatiliſé, qu'on n'en puiſſe jamais faire la réduction. Le ſeconde, qu'après l'avoir volatiliſé on le change en or potable avec l'eſprit de vin. Il eſt certain que l'eſprit de vin animé par un ſel urineux volatil, ou par celui de corne de cerf, eſt un menſtrue capable de le diſſoudre & de l'extraire, ou de préparer le *Crocus du Soleil*, d'où l'on peut enſuite faire l'or potable; & c'eſt ainſi que le Docteur Hageuvald compoſoit ſa *Teinture Solaire*, après avoir calciné l'or avec le ſoufre.

Les teintures qu'on fait vulgairement par le moyen des ſels corroſifs, ſont de peu de conſéquence, parce que ce ne ſont que des éroſions ſuperficielles du corps de l'or, qu'on peut réduire facilement, & qui rendent ſouvent les excrémens noirs par la précipitation du corps ſolaire, & par ſa ſéparation d'avec ſon menſtrue, qui ſe fait dans les inteſtins. Mais ſuppoſé qu'on fut assez heureux pour rencontrer une véritable teinture d'or, comment opére-t-elle ? C'est sans doute, un reméde analeptique ou restauratif, qui agit par sa vertu anodine, & non par aucune faculté irradiative, comme Vanhelmont le prétend ; ce que personne que lui ne peut concevoir.

On sçait que l'or se tire de plusieurs maniéres. Il s'en trouve quelquefois des morceaux d'un poids assez sensible, comme d'une once ; mais cela est rare. Communément on le tire des terres que l'on lave, ou du *lapis lazuli* que l'on broye. Surquoi on peut voir le Traité d'Alonso Barba qui se réimprime en François. L'Europe qui avoit autrefois quelques mines d'or les néglige aujourd'hui, pour aller chercher celui de Guinée & de Sophala en Afrique, ou même celui des Indes, où il est à proportion moins prétieux que l'argent. La découverte du nouveau continent a encore été cause que nos mines Européennes, surtout celles d'Espagne & des Pyrénées ont été fort négligées. Celles de Hongrie ne laissent pas néanmoins d'être toujours fouillées avec succès.

On trouve aussi de ce prétieux métal dans quelques riviéres, qui sortent des Montagnes, par exemple, de celles des Grisons & dans la Carinthie. J'ai sçu même à Straſbourg que pluſieurs Payſans des environs du Fort-Louis, font cette utile pêche, & en vont vendre le produit dans la Capitale de l'Alſace. On faiſoit autrefois cette pêche dans les Gaules. C'eſt de là que l'Auriége, (*Aurigera*) a tiré ſon nom, *quia aurum gerebat.*

La proportion de l'or en Europe, eſt aujourd'hui d'un poid de ce métal, pour quinze poids d'argent. Il n'en eſt pas de même dans l'Aſie, ſur-tout à la Chine, où le poids de l'or ne vaut que dix poids d'argent.

CHAPITRE VII.

De l'Argent.

L'ARGENT eſt moins noble que l'or; mais plus noble que les autres métaux; ſes principes ſont une terre ſaline, qui eſt mûre & aſſez abondante; il contient plus de moitié de mercure de ſa peſanteur & peu de ſoufre. Comme ces principes ne ſont point mêlangés dans une juſte proportion dans l'argent, il eſt par-là moins fixe & moins indeſtructible que l'or. Si néanmoins on le fixe de maniére qu'il puiſſe ſouffrir la violence du feu, on pourra lui donner la teinture de l'or, par le moyen du cuivre ou de l'antimoine; car il se trouve toujours quelque partie d'or dans l'argent. On les trouve même très-souvent dans la même mine; ce qui fait voir qu'ils ont les mêmes principes. Le mercure de l'argent est moins fluide & moins pesant que celui de l'or. On croit que la Lune domine sur la tête, qu'elle sympatise avec le cerveau, & qu'elle remédie à la foiblesse de la mémoire, à la mélancolie, à l'épilepsie, & à l'apoplexie. L'Argent crud pris intérieurement, n'est d'aucune efficacité, & on le rend comme on l'a pris; & pour être d'usage dans la Médecine, il a besoin d'être préparé. Sa préparation principale consiste à le séparer exactement du cuivre, avec lequel il est ordinairement combiné, & souvent ces deux métaux se trouvent dans la même miniére. Sans cette séparation du cuivre, les remédes tirés de l'argent, causeroient des vomissemens dangereux.

Pour séparer l'argent d'avec le cuivre, on le fait dissoudre dans de l'eau-forte, ou fondre avec du plomb dans la coupelle; l'eau-forte s'attache au cuivre qui est plus poreux, & laisse tomber l'argent qui est plus compact. Mais la meilleure purification se fait par la coupelle, dans laquelle le plomb abſorbe les métaux, qui ſe trouvent mêlés avec l'argent, & laiſſe l'argent dans toute ſa pureté.

La calcination de l'argent ſe fait ou par immerſion, ou par cémentation. Dans la premiére on ſe ſert d'eau-forte, ou d'eſprit de nitre, qui étant bien rectifié diſſout l'argent, de même que l'eſprit de ſel diſſout l'or. Il y a tant d'affinité entre ces deux eſprits, que la diſſolution de l'argent avec de l'eſprit de nitre rectifié, ſe précipite quand on y verſe de l'eſprit de ſel. L'Argent ainſi précipité ſe nomme *argent corné*, parce qu'il brûle comme la corne, & ſe diſſipe en l'air. Les diſſolution faites avec l'eſprit de ſel, ſe précipitent auſſi par l'eſprit de nitre, comme il paroît dans la préparation du beſoard minéral. L'Argent diſſout avec l'eſprit de nitre ſe congele en cryſtaux, dont on ſe ſert pour ouvrir les cautéres, & c'eſt ce qu'on appelle *la pierre infernale*. On fait diſſoudre de l'argent dans de l'eſprit de nitre, puis on fait évaporer une partie de l'humidité; on verſe le reſtant dans un creuſet, aſſez grand à cauſe des efferveſcences qui ſe feroient, & qui caſſeroient le vaiſſeau, s'il étoit trop petit. On le place ſur un petit feu, où on le laiſſe juſqu'à ce que la matiére ſe fonde. Quand elle eſt fondue, on la jette dans une petite lingotiére, où elle ſe coagule.

Ces cryſtaux conviennent aux ulcéres putrides, & à la chair gangrénée; ils préviennent la corruption, ils conſomment les excreſcences, & empêchent le progrès de la gangréne. Leur vertu dépend de l'eſprit de nitre concentré dans l'argent. On peut faire auſſi cette pierre avec le Mars & le cuivre.

Les cryſtaux purgatifs de Lune ou l'argent purgatif ſe préparent à peu près de la même façon. On diſſout l'argent dans l'eau-forte, ou l'eſprit de nitre; & on fait évaporer la diſſolution au feu de ſable, en remuant toujours, afin que l'eſprit de nitre s'évapore également. La matiére ſe coagule en cryſtaux. Si on en touche la peau, ils y laiſſeront une tache, qui durera pluſieurs ſemaines: quatre grains de ces cryſtaux réduits en forme de pilules, avec de la mie de pain pouſſent puiſſamment les eaux des hydropiques, & ſe donnent ſalutairement dans la cakexie & les affections catareuſes. Ils ſont en uſage en Angleterre, & y ont un heureux ſuccès. Il faut pourtant obſerver que ce reméde relâche l'état tonique du ventricule, par conſéquent il ſeroit bon d'y ajoûter du Mars pour le maintenir, ou le rétablir.

Ces cryſtaux de Lune ſont de couleur griſe & ceux que Tackius compoſoit, par le moyen du nitre artificiel, fait avec la chaux-vive & le ſel commun, ſont ſinguliers, en ce qu'ils ſont verds, d'autant plus que tous les remédes tirés de l'argent ſont bleus.

La calcination de l'argent par cémentation, ſe fait en ſtratifiant de l'argent avec le double de fleurs de ſoufre; on ſublime le tout ſept fois à un feu convenable, & on reverſe chaque fois la matiére ſublimée ſur la matiére reſtante, excepté la derniére fois qu'on jette la matiére ſublimée. Dans cette opération l'acide du ſoufre corrode l'argent, & il le change en un corps vitriolé: on y ajoûte une eau céphalique pour les affections de la tête; de l'eau d'hipéricon pour la manie; de l'eau des Philoſophes de Crollius pour fortifier la mémoire. La doſe eſt d'une cuillierée deux fois le jour, plus ou moins ſuivant l'âge, & le véhicule.

Les teintures de Lune ſont toutes d'un beau bleu: mais cette couleur leur vient-elle de l'argent ou du cuivre? L'union intime de ces deux métaux me perſuadent le dernier, d'autant plus que ces teintures ſe font ordinairement avec le ſel armoniac qui donne cette couleur au cuivre qu'il a corrodé, & que le même ſel armoniac, ou le ſel volatil d'urine étant mis en forme ſéche dans une boëte d'argent, il s'y forme une eſpéce de *Crocus* qui donne avec l'eſprit de vin une teinture bleue, qui est plutôt une extraction superficielle des parties corrodées de l'argent, qu'une véritable teinture.

Les uns prennent de l'argent dissout dans l'eau forte, puis ils en tirent une teinture bleue par le moyen de l'esprit de vin aiguisé ou animé avec le sel armoniac. Les autres subliment plusieurs fois l'argent avec le sel armoniac, puis ils en tirent l'extrait avec l'esprit de vin animé par ce même sel; & ils laissent évaporer le tout jusqu'à la consistance requise d'une teinture. Si la teinture perd sa couleur, comme il arrive quelquefois, on la lui peut redonner par le moyen du sel armoniac. Mais toutes ces teintures ne sont que des érosions superficielles du corps salin du métal, & on peut en faire la réduction avec des alcalis. En un mot les teintures véritables tant d'or que d'argent, sont très-difficiles & connues de peu de personnes.

L'Argent se trouve ordinairement dans des mines beaucoup moins profondes que celles de l'or, & souvent en plus grand Volume. Au commencement du régne de Philippe V. il s'en trouva sur une Montagne de l'Andalousie en plusieurs masses, environ quarante mille marcs. L'Argent croit & végéte comme les arbres, & pousse ses branches à travers des Rochers & du marbre blanc. J'ai vû moi même une piéce de ce marbre, dans les fentes duquel un arbre d'argent avoit poussé ses rameaux. Le bloc de marbre avoit un pied & demi de long, sur demi pied de large avec un pied d'épaisseur, & pouvoit contenir cinq à six marcs d'argent, dont la végétation s'élevoit assez haut. On l'avoit trouvé près des bains de Carlesbaden en Bohëme. Ce fut le Chevalier Garelli, Premier Médecin de l'Empereur Charles VI. qui me le montra à Vienne en 1723.

CHAPITRE VIII.

Du Mercure vulgaire ou Vif-argent.

LE mercure est appellé vif-argent, tant pour sa couleur, que parce qu'on croit que l'argent n'est autre chose qu'un mercure fixé & le mercure un argent liquide. Ce qu'on dit ici de l'argent, d'autres le disent du Saturne. Il est nommé *Vif*, à cause de sa mobilité, de sa fluidité & de sa grande volatilité.

Il y a trois sortes de mercure, qui sont le mercure vulgaire, le mercure des corps,

& enfin le mercure des Philosophes. Le mercure vulgaire est connu ; il n'est pas hors de propos de marquer ici en peu de mots, ce qu'on dit de la mine du mercure; il y a deux sortes de mercure, l'un naturel & l'autre artificiel. Le naturel actif & fort épuré, se trouve en Almaden, près de Calatrava dans la Castille, où l'on en trouve, soit coulant, soit coagulé en cinabre, que l'on tire par le feu. Cette mine qui est fort estimée, est connue de toute ancienneté. M. de Jussieu en a donné une relation curieuse, dans les Mémoires de l'Académie Royale des Sçiences ; année 1749. Il y en a aussi une mine très-fertile qui est la seconde en bonté dans le Comté de Goritz, au Village d'Idria dans les Alpes Juliennes, de laquelle nous avons une relation fort curieuse dans les transactions Philosophiques de Londres année 1665. C'est une chose digne d'admiration, dit Beguin, qui avoit été sur les lieux, que quoique les Villages voisins d'Idria, soient presque tous les ans affligés de peste, cependant ce Village n'en est jamais atteint, ce qui fait voir que le mercure est une sorte d'Alexipharmaque, contre toute corruption & pourriture. Et ce qui est encore surprenant, est que Beguin vit dans ce Village un homme fort âgé qui trembloit continuellement, pour avoir employé toute sa vie à préparer le cinabre, lequel pressant dans sa main une piéce, la blanchissoit de maniére qu'il lui faisoit perdre sa couleur naturelle. Il se trouve encore une autre mine de mercure dans le Mont-Ginnovoda, à six lieues à l'Est de Cracovie en Pologne. En certain temps ce mercure sort jusques à la superficie de la terre, sur-tout en Automne; mais il est fort inférieur à celui d'Espagne & de Goritz. Il nous en vient aussi de la Chine, mais qui est le moindre en bonté, & qui tout au plus ne peut servir qu'à faire le tain des miroirs. Il s'en trouve encore dans plusieurs autres endroits & quelquefois dans les mines d'or & d'argent, comme on le verra ci-dessous.

Le mercure des corps se tire des métaux parfaits ou imparfaits, & des autres minéraux, comme l'antimoine & l'arsenic. Il y a de la dispute entre gens de médiocre doctrine & de peu d'expérience, pour sçavoir si on peut tirer des métaux & des minéraux un mercure vif & coulant. Le plus grand nombre des Artistes ignorans sont pour la négative, & le plus petit tient pour l'affirmative & avec plus de raison. Il est constant qu'on tire du mercure vif de l'argent & des autres métaux. Je ne cite pas ici d'autorité étrangére, puiſque je l'ai fait moi-même. Les métaux qui donnent le plus de mercure coulant ſont l'or, l'argent & le plomb.

On diſpute encore ſi ce mercure des corps y eſt comme une partie qui entre dans la conſtitution & la compoſition du mixte, ou ſi c'eſt une production de l'art. Pluſieurs Naturaliſtes penſent que ce mercure eſt plutôt une production nouvelle de pluſieurs opérations artificielles, qu'une partie eſſentielle du métal. Le premier ſentiment eſt celui de Vanhelmont & de ſes Sectateurs, qui aſſurent que le ſoufre métallique retient & lie le mercure, qui reparoît dès qu'on l'arrache des priſons du ſoufre. Ce ſentiment eſt vraiſemblable, & ſe trouve confirmé par ce que rapporte Alonſo Barba, Curé & célébre Métallurgiſte du Potoſi, *en ſa métallurgie*, *lib.* 1. *cap.* 19. que dans une mine de ce Pays, le minerai d'argent que l'on fondoit, dépoſoit dans la cendre une grande quantité de vif-argent que l'on recueilloit, & dont on s'eſt enſuite ſervi pour travailler les métaux.

Le mercure des Philoſophes eſt la matiére, dont on forme la fameuſe pierre Philoſophale. Ce mercure ne ſe tire d'aucun métal parfait, mais de la matiére premiére

& prochaine des métaux & de leur racine. Quand les Artistes disent que la matiére de cette pierre se trouve par-tout jusques dans les étables, & que chacun la porte avec soi, ils parlent ou d'un agent ou de l'esprit universel, qui dispose les semences métalliques à la formation des métaux.

Le mercure vulgaire est une liqueur métallique Saturnienne & solaire : mais qu'elle est sa nature ? Est-ce un corps simple indivisible & indestructible, ou un corps étérogéne, composé de parties distinctes ? C'est sur quoi les Philosophes ne s'accordent pas. Vanhelmont soutient que c'est un corps simple : & Beccher assure que c'est un Amalgame, ou un corps métallique composé parfaitement ou imparfaitement, lequel a été résout par des fumées souterraines. Ce qui est assez probable & confirmé par l'épreuve ordinaire, qui se fait pour éprouver la pureté du mercure. On en fait brûler un peu dans une cuilliére d'argent, s'il laisse une tache obscure, on croit qu'il participe du Saturne ; s'il en laisse une jaune, il participe de l'or ; au lieu que si la tache est blanche, il participe de l'argent. Le mercure est appellé par les Anciens, *Esclave fugitif*, pour sa volatilité. On a beau le fixer, le feu le fait toujours renaître ou envoler,

& quelque fixe qu'il paroiſſe, il eſt aiſé de le revivifier. Les Chymiſtes mettent néanmoins de la diſtinction entre le mercure fixé & le mercure coagulé. Ils entendent par mercure fixé, celui qui ſouffre conſtamment le feu; lequel ſe fond & ſe manie comme les métaux; & le mercure coagulé n'eſt chez eux, que le mercure privé de ſa fluidité, endurci & en quelque façon malléable. Heureux ceux qui poſſédent le premier. Pour le ſecond, il eſt facile à préparer avec la fumée de plomb. On fait fondre du plomb dans un creuſet, on le laiſſe un peu refroidir, on en retire la croute de deſſus, puis on fait un trou dans le milieu du plomb, on y jette du mercure, qui ſe coagule auſſitôt en une ſubſtance ſolide. Le mercure ainſi coagulé, eſt un compoſé de mercure & de plomb; les particules du premier s'étant inſinuées dans le corps de Saturne. On peut ſe ſervir d'étain en place de plomb; mais l'opération ne ſe fera pas auſſi facilement. Quelques-uns font un petit trou à un œuf, dont ils tirent le blanc, pour y remettre du mercure. Ils rebouchent le trou, puis ils verſent du plomb fondu ſur l'œuf, & par ce moyen ils coagulent le mercure.

Pour ce qui regarde la fixation du mercure, on ne la ſçauroit faire exactement qu'avec le soufre des métaux parfaits. Heureux comme je l'ai déja dit, ceux qui possédent ce secret, ils ont par-là de quoi faire une grande fortune. Souvent on fixe assez ce minéral pour le faire résister quelque temps au feu; mais à la fin il s'évapore, ou s'il ne s'évapore pas, on le peut révivifier par des alcalis ou par la limaille de fer. Car comme il se coagule par des acides, il doit se liquéfier par des alcalis ou par le Mars, qui en absorbent & en détruisent les acides, & remettent en liberté le mercure qu'ils font revivre.

On trouve du mercure coulant dans quelques mines, sur-tout dans la Carinthie & dans la Hongrie, ce dernier est très-estimé & tient quelque chose de la nature de l'or. On les nomme mercure-vierge, parce que le feu ne les a point dépouillé de leur soufre. Mais communément on le tire du cinabre, qu'on distille à un feu violent avec quelques alcalis.

Comme le cinabre est un composé de soufre commun & de mercure vif, les alcalis qu'on y joint, absorbent l'acide sulphureux & le mercure se revivifie. Ceux qui tirent le cinabre des mines, sont sujets au tremblement à cause du mercure; & dès qu'ils manient de l'or, il devient blanc entre leurs mains. Il est néanmoins surprenant qu'ils ne se plaignent point de la salivation.

Le mercure a beaucoup de ſympathie avec les métaux, ſa plus grande eſt avec les deux métaux parfaits & avec les deux mols, & ſa moindre avec le Mars & le cuivre. Quoique l'or ſoit le plus compact & le plus fixe de tous les minéraux, & le mercure extrêmement mol, celui-ci néanmoins blanchit, pénétre & calcine le premier en un inſtant; l'or pénétré par le mercure ſe nomme Amalgame, qui eſt un or preſque diſſout; & ſuivant Beccher, tous les métaux ſont des Amalgames, fixés par les feux ſouterrains. C'eſt pourquoi ces ſortes d'Amalgames ne ſe doivent pas mettre dans des cuilliéres de métal, parce que le mercure ſe joint aux métaux avec plus ou moins de facilité.

Le mercure eſt différent ſuivant ſa pureté, celui qui vient de la Chine & de Pologne, eſt fort imparfait & très-impur, il eſt rempli d'un ſoufre impur qui tient du Saturne; nous avons déja dit un mot de la pureté des différens mercures, nous avons omis de dire qu'autrefois il y en avoit une mine près de Caen. Son grand uſage eſt de mondifier le ſang, de guérir la vérole, la galle, les affections de la peau, de tuer les vers & toutes les autres vermines. Il guérit parfaitement les maladies vénériennes, lorſqu'il eſt ſagement adminiſtré, ſoit en forme de parfum, ou de liniment ou de poudre. Il a cela d'incommode qu'il procure presque toujours une salivation fâcheuse, & quelquefois la paralysie, le tremblement des membres & l'ébranlement des dents. La salivation vient du soufre étranger volatil & arsénical contenu dans le mercure : car la pénétration de ce soufre dissout également les humeurs utiles & les nuisibles; elle les subtilise & les pousse enfin par les glandes de la bouche. C'est ce soufre étranger, qui fait que le mercure se change dans le feu en poudre rouge. Pour preuve que tous ces effets viennent de la malignité du mercure vulgaire, c'est que celui qu'on tire des corps métalliques ne procure point la salivation, & s'employe sans danger. Zacutus, Médecin Portugais, remédie à tous ces symptomes du mercure avec un onguent d'or, qui étant appliqué, attire hors du Corps le mercure errant, après quoi la santé se rétablit. Une piéce d'or tenue dans la bouche fait le même effet, & se blanchit en un instant. Ce fut par ce moyen que Riviere délivra un jour un homme d'un grand mal de tête procuré par le mercure.

On l'employe dans la galle & dans les autres maladies cutanées, tant en forme de liniment, qu'en forme de ceinture. Mais il faut uſer ici de circonſpection; car outre les ſymptomes ci-deſſus, il eſt à craindre que la peau ne ſe ride, & que les dents n'en ſoient ébranlées. Le mercure tue les vers, & l'eau hermétique d'Augenius y convient par cette raiſon. Schroder dit que le mercure ſe peut réduire en poudre avec quelque ſuc végétable; c'eſt-à-dire, avec le ſucre, & cette poudre eſt un reméde aſſuré contre les vers. Le mercure eſt un reméde innocent de ſoi, & même on en peut prendre une livre ſans danger. S'il nuit, c'eſt plutôt à cauſe des ſels corroſifs avec leſquels on le prépare & qui s'uniſſent à lui, ou à cauſe du ſoufre arſénical qu'il contient. Point de mercure aux ſcorbutiques, il eſt l'ennemi des gencives, qui ſe trouvant déja corrodées dans le ſcorbut, pourroient s'exulcérer & contracter des cancers malins. Quoique le mercure paroiſſe homogéne, il eſt pourtant diviſible & reçoit diverſes formes. Ce n'eſt pas qu'on puiſſe en tirer de l'eſprit de l'huile & du ſoufre, comme prétendent certains Chymiſtes que Vanhelmont traite de Sophiſtes; mais les choſes qu'on y ajoûte, le transforment diverſement, de ſorte qu'il faut des alcalis pour revivifier. Pour bien connoître toutes

toutes les préparations du mercure, remarquez que toutes

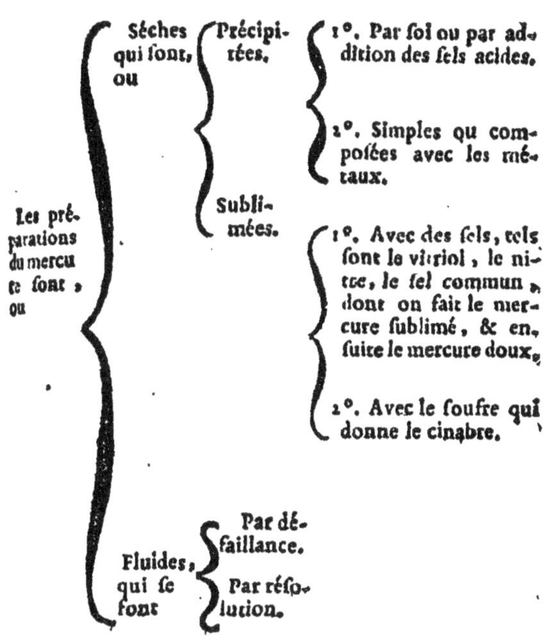

Les préparations du mercure sont, ou

Séches qui sont, ou

Précipitées.
1°. Par soi ou par addition des sels acides.
2°. Simples ou composées avec les métaux.

Sublimées.
1°. Avec des sels, tels sont le vitriol, le nitre, le sel commun, dont on fait le mercure sublimé, & ensuite le mercure doux.
2°. Avec le soufre qui donne le cinabre.

Fluides, qui se font

Par défaillance.
Par résolution.

Toutes les préparations du mercure, ne doivent être mises en usage qu'avec une extrême circonspection, sans quoi elles feroient plus de mal que de bien. Ce qui a fait dire à Vanhelmont, qu'il n'est pas d'un homme d'honneur d'employer le mercure tant qu'il peut se révivifier, à cause de la malignité de la matiére arsénicale, ou du soufre étranger arsénical, que contient le mercure naturel. Il eſt entiérement contraire aux nerfs & nous voyons tous les jours que les Orfévres ſont par cette raiſon ſujets aux tremblemens de mains, à la paralyſie, aux contractions des nerfs, & par conſéquent des membres, ſans parler de l'atténuation du corps & des autres accidens, qui ſuivent la ſalivation mercurielle. Voici deux précautions néceſſaires, pour prendre le mercure ſans danger. La premiére qu'il ſoit bien préparé; la ſeconde qu'on s'en ſerve toujours avec prudence.

La premiére préparation du mercure eſt ſa purification, pour en ſéparer les ordures & une terre noire, dont il eſt infecté. Il ne ſuffit pas de le paſſer ſimplement par le chamois, ni de le purifier par le vinaigre & le ſel; il faut d'autres opérations plus laborieuſes & plus eſſentielles. Quelquefois on le met dans une bouteille avec de l'eſprit de vin, & l'on remue le tout tant que l'eſprit ait tiré la noirceur du mercure; & l'on recommence la même opération tant que le mercure ſoit purifié. Je l'ai fait avec de l'eau claire, ce qui réuſſit également: l'eſprit de vin qui a ſervi à ces opérations, peut être employé pour des ceintures mercurielles. Mais pour parler naturellement toutes ces purifications ſont très-ſuperficielles; la meilleure de toutes eſt de révivifier le mercure ſublimé. C'eſt le moyen de rendre le mercure très-pur, & d'en tirer proprement l'ame. Mais c'eſt un travail qu'il faut réïtérer pluſieurs fois; ainſi que l'enſeigne Baſile Valentin dans ſa manifeſtation des myſtéres.

La ſeconde préparation du mercure eſt la précipitation, nommée par quelques-uns calcination, mais c'eſt par abus. On précipite communément le mercure avec des eſprits acides, ſçavoir l'eſprit de vitriol, de ſoufre, de nitre ou d'eau-forte; on y diſſout le mercure, qui reſte au fond de la cornue, en une eſpéce de chaux. Si la précipitation ſe fait avec l'eſprit de vitriol, le précipité ſera jaune; ſi c'eſt avec l'eſprit de ſoufre il ſera blanc: au lieu que ſi on ſe ſert d'eſprit de nitre ou d'eau-forte, la poudre ſera rouge. Toutes ces couleurs dépendent moins de la diverſité des eſprits qui ſervent à la précipitation, qu'au propre ſoufre du mercure, différemment altéré & ſéparé de ſon mixte. La rougeur du précipité par l'eſprit de nitre ou l'eau-forte, vient des ſoufres de ces eſprits, qui altérent & portent beaucoup de ſoufre, qui ſe joint à celui du mercure. Ceci nous engage à parler de la précipitation ſinguliére du mercure par ſoi-même, qui ſe fait en mettant une certaine quantité de ce minéral, dans une cucurbite à fond large & à col fort étroit. On laisse le tout en digestion sur un feu lent de cendres ou de sable ; & par succession de temps, le mercure se change en une poudre rouge qu'on appelle *mercure précipité par lui-même.*

Mais, dira-t-on, d'où vient cette calcination & cette rougeur du mercure ? Je répond qu'elle vient du soufre hétérogéne qui s'en sépare & qui procure cette couleur. On croit le prouver en montrant que le mercure des corps, qui n'a point de soufre étranger, ne se calcine pas de même, seroit-il un an en digestion. Si on calcine de la même maniére du mercure analogue à l'or, on aura un précipité solaire par soi-même, qu'on fera digérer, & sur lequel on fera brûler de l'esprit de vin, pour en faire un mercure diaphorétique spécifique dans la maladie vénérienne, la galle, la lépre, &c. Tous les autres précipités solaires, tant par soi-même, qu'avec des esprits acides minéraux, sont de violens purgatifs par le haut & par le bas, à moins que le mercure n'en soit fixé, & rendu diaphorétique par ce moyen ; encore faut-il être fort circonspect, & n'en pas trop ordonner, si on est jaloux de sa réputation.

On prétend fixer ces précipités en

cohobant plusieurs fois sur la matiére, l'esprit acide qui les a dissout, en faisant brûler ensuite de l'esprit de vin plusieurs fois : mais ces fixations ne sont que palliatives. La meilleure après que l'on a précipité le mercure par l'eau-forte de vitriol, d'alun calciné & de nitre, est de retirer le menstrue par plusieurs cohobations, de mettre le précipité en digestion avec de l'esprit de vin, & d'y mettre le feu chaque fois ; enfin de l'édulcorer avec de l'eau de sel de tartre. C'est le moyen d'avoir un mercure rouge fixe, diaphorétique.

Quelques-uns précipitent le mercure avec la teinture d'émeri, dont ils se promettent des merveilles ; mais inutilement. On s'appuye sur un fondement ruineux, en supposant que l'émeri tient quelque chose du Mars, & qu'il est par conséquent propre à tirer les teintures des métaux, & à coaguler le mercure. La preuve de la fausseté de cette opération, est que ce précipité exposé au feu, ne donne qu'une poudre fixe d'émeri, & le mercure s'évapore avec sa couleur.

Comme les précipités marqués ci-dessus, sont très-dangereux, on a inventé un mercure précipité avec d'autres métaux, & spécialement avec le Soleil. On dissout ce dernier dans l'eau régale & le mercure dans l'eau-forte. On joint les deux dissolutions qu'on distille & cohobe plusieurs fois : après quoi on édulcore la poudre avec l'esprit de vin. On s'en sert utilement tantôt comme vomitif dans la maladie vénérienne, tantôt comme purgatif dans l'hydropisie. C'est l'or de vie d'Hartman.

L'*Antiquartarium* de Riviere ou son fébrifuge contre la fiévre quarte, est de ce genre ; c'est un précipité composé du mercure, de l'or & du régule d'antimoine ; à quoi il ajoûte la scammonée. Ce reméde pousse par le haut, par le bas & par les sueurs ; mais avec quelque violence. On précipite pareillement le mercure avec le cuivre ; ce qui donne un précipité verd. C'est un reméde infaillible dans la Gonnorrhée virulente ou maligne. Il semble d'abord qu'il augmente le mal ; mais il le guérit parfaitement dans la suite.

L'*Arcane corallin* de Paracelse a lieu ici ; c'est un purgatif excellent, & un reméde assuré pour la fiévre & la goute. On l'appelle corallin, parce qu'il approche de la couleur du corail. Pour le préparer, on dissout le mercure dans la liqueur alcahest, on distille la dissolution pour en tirer le menstrue ; & il reste une poudre fixe, qu'on distille avec de l'eau de blanc d'œufs, ce qui lui donne la forme ou plutôt la rougeur du corail. Et comme le mercure précipité par l'esprit de nitre est rouge, on lui a donné faussement le nom d'Arcane corallin. Mais ce précipité est entiérement différent du véritable Arcane corallin. Le *Calcinatum majus* de Potier & le *Chaos magnum* du même Auteur se doivent rapporter ici. Le premier est un mercure dissout dans l'eau-forte, & précipité par l'eau salée, avec lequel on prépare ce dernier, qui est un remede extraordinaire & de peu d'usage.

Le mercure précipité ne doit pas se donner intérieurement, son usage est externe, dans les maladies de la peau, la galle, la vérole, les ulcéres cacoëtiques ou qui tendent à la gangréne, pour lesquelles il n'est rien de plus salutaire que ces précipités mêlés avec les onguens convenables.

La troisiéme préparation du mercure est la sublimation : on le sublime ou avec des sels corrosifs, ou avec le soufre. Par la premiére opération on a le sublimé corrosif, & la derniére donne le cinabre. Telle est la maniére de sublimer le mercure, on prend parties égales de mercure dissout dans l'eau-forte, de sel décrépité & de vitriol desséché. Quand on a melé le tout fort exactement, on le sublime à feu de sable dans une cucurbite basse, & le mercure s'éléve en roche de couleur blanche. Mais il faut observer que si on sublime le mercure à un feu violent, avec le double de nitre & de vitriol calciné, il s'éléve un mercure rouge qui n'est pas corrosif, ni plus pesant qu'il étoit avant le mêlange des sels, qui ne lui donnent par conséquent aucune pesanteur, par la raison que le soufre du nitre, agit seul sur le soufre du mercure & le calcine en forme de poudre rouge. Mais si on sublime le mercure avec le sel commun, ce mercure devient corrosif & plus pesant par le sel commun qu'il reçoit, & dont il tire sa qualité corrosive.

En ajoûtant du mercure vif & bien purifié au mercure sublimé, il s'en forme un mercure doux, en ce que celui qu'on y ajoûte, désunit & écarte les sels corrosifs; & par ce moyen, il s'en fait un reméde très-doux qu'on appelle *dragon mitigé*, & *Panchimagogue minéral*, parce que le mercure doux est un excellent purgatif, dont la dose est d'un scrupule, soit avec l'extrait d'éllébore noir, ou l'extrait Panchimagogue de Crollius, ou même avec quelqu'autre purgatif, & sert dans la vérole, la lépre, l'hydropisie, les cathares, &c. qu'il guérit parfaitement.

Il est bon de sçavoir que le mercure purgatif convient mieux aux phlegmatiques qu'aux bilieux, & qu'il nuit même à ces derniers. L'antimoine au contraire est salutaire aux bilieux, & nuisible aux phlegmatiques. Le mercure doux mêlé avec l'extrait d'élaterium & donné en forme de pilules est d'un grand secours aux hydropiques.

En mettant infuser le beurre d'antimoine rectifié dans de l'eau froide commune, la liqueur prendra une couleur de lait; & insensiblement il se précipite au fond du vaisseau une poudre blanche, nommée communément mercure de vie. C'est un vomitif célébre, mais trop violent. Quelques-uns pour le rendre plus doux, le précipitent avec une lessive de tartre calciné. Ceux qui crient contre ce mercure, & qui le nomment mercure de mort, ont tort en ce qu'ils croient que le beurre d'antimoine est une production du mercure & non de l'antimoine. Je puis assurer le contraire; c'est uniquement le régule dissout & corrodé par l'esprit de sel. Et quand on met le beurre d'antimoine dans l'eau, les sels acides se séparent du régule, qui tombe au fond en forme de poudre.

Le mercure de vie est de quelque usage dans les fiévres intermittentes, aussi-bien que dans les affections mélancoliques & dans la manie, pourvû qu'on le donne à propos. C'est un vomitif spécifique dans la paralysie de la langue, dans la difficulté d'avaler & dans l'apoplexie. Il fait vomir facilement ; après qu'on en a soufflé un grain ou deux dans la bouche du malade, ou même si on le met sur sa langue. En un mot, c'est le vomitif le plus présent, & on le préfére à plusieurs autres. On le donne en substance jusqu'à deux grains, & en infusion jusqu'à six. Pour cela on le fait infuser dans deux ou trois onces de vin durant la nuit, on filtre l'infusion le matin, puis on la donne au malade. Il est plus sûr de cette maniére qu'en substance, où l'on doit craindre qu'il n'en reste dans les replis du ventricule; ce qui causeroit des superpurgations mortelles.

La faculté du mercure de vie est inépuisable;on le peut faire infuser cinq cens fois, sans qu'il perde rien de sa vertu. Mais comment cela se peut-il faire? Quelques-uns disent qu'il opére par une action radiative; mais cette action est difficile à comprendre. Il vaut mieux dire qu'il perd quelque chose de sa force quoique imperceptiblement; & qu'il se ranime de nouveau par l'esprit universel qui la lui rend, comme l'antimoine diaphorétique, qui recouvre au bout de six mois la vertu vomitive qu'il avoit perdue; le mercure de vie sera beaucoup plus doux, si on le fait par le régule martial d'antimoine, ou même par le régule simple; parce que durant sa calcination avec les sels, le soufre le plus subtile de l'antimoine se sublime & se détache, & il est corrigé par le soufre fixe du Mars. On peut même tellement réduire le mercure de vie, qu'il ne purge que par le bas. Il faut pour y parvenir, prendre du beurre d'antimoine distillé du régule martial, & en précipiter le mercure de vie, avec une lessive de tartre calciné, puis l'édulcorer doucement : mais il faut que le beure d'antimoine ait été auparavant bien rectifié. Le mercure de vie ne purgera pareillement que par le bas, si on distille plusieurs fois dessus de l'esprit de vin tartarisé. Les sels alcalis déterminent aussi le mercure de vie à purger par le bas, si on ajoûte sur trois onces de nitre fondu à un feu modéré, deux onces de mercure de vie, alors ce mercure deviendra purgatif ; mais si aux trois onces de nitre on n'ajoûte qu'une once de mercure de vie, alors il deviendra seulement sudorifique. Mais si on distille sur le mercure de vie six fois son poids de nitre, on aura le besoard minéral, qui est un excellent sudorifique.

Si avec deux grains de mercure de vie, on pile quinze grains de mercure doux, on aura un purgatif qui fera son effet seulement par en bas, à cause que l'esprit acide qui est dans le mercure doux, fixe le mercure de vie. La même chose arrivera si on pile exactement le mercure de vie, avec le ſel commun ; & ſi on le diſtille plu- ſieurs fois. Par ce moyen, l'acide du ſel commun fixe le mercure de vie, & en fait un purgatif doux & très aſſuré. Par là on peut découvrir la raiſon pour laquelle le mercure de vie n'opére point dans les hydropiques ; qui eſt que l'eau ſalée dans l'hydropiſie, corrige & fixe le mercure de vie.

On prépare avec le mercure de vie, *la roſe de vie minérale* d'Angelus Sala, qui ſe prépare avec l'eſſence de Santal, faite par l'eſprit de vin & réduite en conſiſtence de miel. On y ajoûte quelques goutes d'huile de girofle, & quelques grains d'ambre & de muſc, avec quoi on mêle exactement le mercure de vie.

Si on diſtille l'eau dans laquelle on a précipité le mercure de vie, pour le ſéparer de ſon phlegme, on aura un eſprit acide, qu'on appelle vulgairement *l'eſprit de vitriol Philoſophique*, comme ſi dans la diſtillation il étoit monté quelque choſe du vitriol ; ce qui n'eſt pas. C'eſt uniquement l'eſprit de ſel commun délayé par les particules d'eau, lequel a les mêmes propriétés.

Le mercure ſublimé eſt employé extérieurement ; il entre, par exemple, dans la fameuſe eau phagédénique, qui ſe compoſe avec l'eau de chaux-vive, dans laquelle on diſſout du mercure ſublimé: & on y ajoûte de l'eſprit de vin ſuivant les circonſtances. Cette eau eſt également efficace pour prévenir & pour guérir la gangréne. S'il y a ardeur ou inflammation, il eſt bon d'y ajoûter le ſuc d'Écreviſſes. On s'en ſert outre cela contre la galle, la teigne, les vermines de la tête, & on la mêle ordinairement avec l'onguent de Nicotiane.

Pour revivifier le mercure ſublimé, on le fait bouillir avec de l'eau commune dans un pot de fer, qui abſorbe les ſels acides corroſifs, après quoi le mercure ſe préſente en ſa premiére forme coulante. La même choſe arrive quand on y ajoûte des alcalis, pour abſorber les ſels acides. Le mercure vif diſſout dans quelque acide que ce ſoit, ſe changera en poudre blanche, ſi on verſe de l'eſprit de tartre ſur la diſſolution; mais ſi on y verſe de l'huile de tartre par défaillance, il ſe précipitera en poudre jaune: au lieu que ſi le mercure ſublimé eſt diſſout dans de l'eau commune, ou dans quelqu'eau diſtillée, il tombe en poudre rougeâtre, par l'infuſion d'huile de tartre par défaillance; & cette poudre ſe nomme *Turbith minéral*, pour le diſtinguer du végétable. Si on le précipite avec des alcalis volatils, la poudre ſera blanchâtre; ſi on le fait avec des alcalis fixes, la poudre sera cendrée ou brune, suivant le dégré de fixité de ces alcalis.

J'ai dit au commencement que Vanhelmont traitoit d'imposteurs certains Chymistes qui se vantent de tirer du corps du mercure de l'eau, de l'esprit, de l'huile & du sel. Sur quoi je suis de son sentiment, contre ceux qui prétendent tirer du mercure la liqueur *Alchaest*; car où ils ne tirent point d'eau; ou s'ils en tirent, elle vient de l'air ambiant. Voyez Zwelpher qui vous apprendra la maniére de distiller le mercure. Cet Auteur néanmoins n'en a jamais tiré aucune eau.

CHAPITRE IX.

Du Cinabre minéral & artificiel.

LE mercure sublimé avec le soufre commun donne le cinabre. Pour cet effet, on prend demi livre de mercure crud, & trois onces de soufre, on mêle le tout pour le sublimer, & on en fait le cinabre artificiel. Il est surprenant qu'il sorte un corps rouge de l'union de deux substances, l'une blanche & l'autre jaune. Ce Phénoméne prouve assez bien la doctrine de M. Boyle & des Modernes, qui assurent que les couleurs dépendent du changement de la tissure des corps, qui reçoit & brise les rayons Solaires.

Le fondement de la préparation du cinabre, consiste en ce que l'acide du soufre corrode le mercure, auquel il se joint pour l'enlever avec soi. C'est ainsi que se forme le cinabre, comme il paroit en ce qu'on en peut revivifier le mercure, par le moyen des alcalis ou de la limaille de fer avec quoi on distille le cinabre, mis l'un & l'autre en poudre & mêlés ensemble. Les alcalis n'ont pas plutôt absorbé les acides du soufre, qui lie le mercure, que celui-ci reprend sa liberté & sa forme de vif-argent. Et cette opération purifie le mercure, parce qu'il dépose dans la cornue une partie de ses impuretés.

Il y en a qui préparent un cinabre bleu, en prenant deux parties de soufre, trois parties de mercure vulgaire, & une partie de sel armoniac. Tous ces corps mêlés & sublimés ensemble donnent un corps bleu, au lieu que le mercure avec le soufre en donne un rouge.

La production du cinabre artificiel nous conduit à la connoissance du cinabre naturel, qu'on tire de la mine. Ce n'est rien autre chose que le mercure vif coagulé par le soufre en un corps rouge & terre pierreuse, par le moyen d'un feu souterrain. En pulvérisant & sublimant cette mine, on aura un cinabre naturel de la méme qualité que le vulgaire. Le cinabre naturel est différent suivant la mine dont on le tire, c'est-à-dire, selon que le soufre & le mercure qui le composent dans cette mine sont différens.

Les mines de Hongrie & d'Espagne sont les meilleures de toutes à cause qu'elles abondent en or & en argent, & par conséquent le cinabre participe de l'ame de ces deux métaux. Il y en a aussi une mine près saint Lo, en Basse-Normandie. Védélius rapporte vingt qualités particuliéres du cinabre, pour être employé dans la Médecine; mais elles ne sont pas de notre sujet. Voyez la Pharmacopée Chymique sur la purification du cinabre naturel.

Si l'on veut purifier le cinabre naturel on le fait bouillir plusieurs fois dans de l'eau, on digére la partie la plus pure qui s'éléve toujours, & l'on y fait brûler l'esprit de vin; par ce moyen on lui ôte ses imperfections les plus grossiéres.

On fait encore un cinabre artificiel solaire, en sublimant un Amalgame d'or, de mercure & de soufre commun; sur quoi on peut voir Greiff dans son Traité de la Thériaque céleste.

Opération métallique sur le Cinabre.

Je crois pouvoir marquer ici une opération singuliére sur le cinabre, dont on pourroit tirer quelque avantage, si elle étoit portée aussi loin qu'elle peut aller. On ne doit pas en soupçonner la vérité, puisqu'elle a été faite par le sçavant Pere Kircher Jésuite, grand Naturaliste & ennemi déclaré de la transmutation des métaux.

Vous prendrez du cinabre que vous mettrez en morceaux, gros environ comme de petites féves ou des clouds; vous les ferez bouillir dans du vinaigre distillé dans lequel vous aurez fait dissoudre un peu de vitriol de Hongrie. Vous prendrez de la Lune de coupelle, le double poids de ce qu'il y aura de cinabre, vous la mettrez ou ferez mettre en limaille que vous ferez pareillement bouillir dans du vinaigre distillé où vous aurez fait dissoudre un peu d'alun de glace, & ferez sécher exactement l'un & l'autre.

Mettez d'abord un lit de limaille d'argent dans un creuset un peu bas, puis un lit de vos clouds de cinabre, sur lequel vous mettrez un lit de votre limaille de Lune: mais il ne faut pas que les clouds se touchent, ni qu'ils touchent le bord de votre creuset; ainsi ferez lit sur lit de vos deux matiéres, de maniére que le dernier soit de limaille d'argent. Mettez sur la limaille un lit de chaux-vive pour retenir les esprits de la Lune; fermez exactement votre creuset avec un couvercle que vous luterez si exactement, que rien ne puisse transpirer. Laissez sécher le lut & mettez le tout au bain de sable ou de cendres, qui doivent même couvrir votre creuset de deux bons doigts dessus, comme il doit y en avoir autant par dessous : donnez un feu doux ou de digestion par dessus, pendant deux jours; puis donnez feu dessus & dessous pendant deux autres jours naturels, & sur la fin il faut que le creuset rougisse. Laissez refroidir le tout; prenez vos clouds qui seront un peu noirs, & desquels vous séparerez la limaille d'argent avec une patte de Liévre. Mettez-les en poudre, & les reverbérez à un feu modéré, tant qu'ils ayent acquis une blancheur de neige.

Ces clouds de cinabre seront remplis de l'ame ou esprit de la Lune, mais votre Lune sera diminuée de poids. Faites un bain d'argent & y projettez votre poudre de cinabre, enveloppée dans de la cire, qui en retiendra les esprits; & vous aurez une augmentation d'argent de ce que vous y mettrez de cinabre.

Il vous est libre au lieu de clouds, de mettre votre cinabre en poudre, de le faire bouillir comme auparavant, & de le réduire en pâte avec de l'eau de blanc d'œufs, mais il faut que la pâte soit fort mince, puis la faire sécher au Soleil ou à lente chaleur que vous cimenterez comme il est dit ci-dessus.

On pourroit en cas de besoin, au lieu du lit de chaux-vive, marqué ci-dessus, mettre un lit de sels fixatifs, sçavoir de sel commun quatre onces, de nitre huit onces, de sel alcali, tiré de la soude quatre onces & d'alun une demi once. Ceci doit servir pour les proportions en plus grand volume; on les doit dissoudre, filtrer & coaguler jusques à trois fois dans de l'eau commune, & que l'on mettroit sur le dernier lit de limaille d'argent. Cette opération pourroit encore être portée plus loin, comme nous le dirons ailleurs. Mais dans l'état où elle est, elle fait voir du moins la réalité de la transmutation du mercure en métal fixe; quoique ce soit sans profit & avec bien du travail. M. Lemery convient du fait, mais il veut attaquer cette transmutation par de mauvais raisonnemens, qui portent à faux, parce qu'il a fait l'opération sans aucune des précautions marquées ci-dessus.

CHAPITRE X.

Des Pierreries.

DEs métaux, je passe aux pierreries qui tirent leur vertu médicale du principe métallique sulphureux. Elles sont composées d'une eau très-simple & très-pure, coagulée par un sel spécifique. Les pierreries sont colorées ou non-colorées. Les derniéres sont formées d'une eau très-simple, coagulée par un sel simple, ce qui se prouve par la génération de la glace, qui est d'autant plus claire, que l'eau dont elle est formée est pure. On assure que Vanhelmont par un alcali qui nous est inconnu, réduisoit toutes les pierreries en une eau élémentaire très-simple, il y a tout lieu de croire que les pierreries se forment de cette maniére ; puisque quand elles sont pulvérisées chaque grain de la poudre paroit transparant comme du cristal, quand on le regarde avec un microscope.

Les pierreries colorées tirent leur couleur d'un principe métallique, comme il paroît dans la vitrification des métaux, par le miroir ardent ou par la fusion du verre avec les métaux, qui lui donnent diverses couleurs. Je croirois volontiers que la chose se passe de la maniére suivante. L'eau saline qui fait la base des pierreries, venant à passer dans des lieux souterrains, où la matiére premiére des métaux est renfermée en forme liquide, elles combattent ensemble & la premiére absorbe & coagule avec soi des particules colorées métalliques, qui font la couleur de la pierre. Ce que je propose est confirmé par les expériences de *Kesler*, qui a enseigné la maniére de composer des pierreries, & qui attribue leur couleur aux principes métalliques. Celles qui sont de couleur de feu, comme le Rubis, l'Escarboucle, le Grenat, &c. doivent leur couleur à un soufre aurifique. Le Saphir doit la sienne à l'argent, qui renferme en soi une couleur céleste: les vertes, comme l'Emeraude, tirent leur couleur du cuivre; les jaunes ou brunes, comme la Chrysolite & le Topase, la tirent du fer. Il en est de même des autres.

Quant à l'usage médical des pierreries, les Chymistes travaillent beaucoup pour les volatiliser, afin d'en tirer des teintures. Chacun vante la sienne, & le corail a la meme destinée que les pierreries. Je ne nie pourtant pas absolument la possibilité de ces teintures.

Les pierreries & autres matiéres indissolubles prises intérieurement sortent du corps telles qu'on les a prises, comme en sort le mercure, qui cependant n'y est pas sans effet; si les pierreries produisent des effets extérieurement en restant entiéres par une mécanique que nous ne connoissons point, pourquoi ne feront-elles pas la même chose intérieurement? Voyez la Pharmacopée Chymique. Elles ne sont pas inutiles extérieurement en forme d'amulette. On sçait par expérience que le jaspe pendu au col est un secours présent dans les hémorragies du nez & de la matrice. Si on tire un cerne autour d'un charbon pestilentiel avec un Saphir, le charbon deviendra bientôt noir & tombera. La même pierre est ophthalmique & convient aux maladies des yeux, on a coutume de tirer autour de l'œil un cerne avec le Saphir, pour préserver la vuë dans la petite vérole & dans la rougeole. La pierre néphrétique portée est utile contre le calcul & les affections des reins, selon Bauhin. Et pour parler de pierres moins prétieuses, on sçait que la pierre d'Aigle attachée à la cuisse d'une femme en travail, la fait accoucher plus aisément: mais il faut avoir soin d'ôter la pierre dès que l'enfant est sorti. Ce sont-là des choses de fait qui démontrent la vertu amulétique des pierreries. On dit communément qu'elles agissent par vertu irradiative. Mais d'où vient cette vertu ? Je crois pour moi qu'elles tirent leurs vertus de leur soufre métallique qui est très-épuré, & dont elles tiennent aussi leur teinture. Comme ce soufre est très-pur on a travaillé inutilement jusqu'ici à le tirer. Elles en contiennent si peu, que le Grenat qui est assez rouge, devient blanc quand on le réduit en poudre. Enfin quand il y auroit beaucoup de soufre, il est tellement concentré, que je ne crois pas qu'il soit possible de le séparer. Toutes ces raisons font connoître que les dissolutions des pierreries sont superficielles, & doivent leur couleur à leur menstrue. Ce n'est pas que la couleur que l'on attribue au soufre métallique, ne puisse encore venir d'ailleurs. La teinture d'Emeraude, par exemple, tirée de cette pierre, pilée dans un mortier de fer, par le moyen de l'esprit de vin, imite la couleur du soufre métallique. Mais cette couleur vient des particules du Mars qu'on a détachées du mortier par la trituration, & la dissolution qu'on en fait par l'esprit de vin, animé de l'esprit d'urine, représentent la couleur verte.

Quelques-uns pour avoir la teinture des pierreries, les subliment en fleurs rougeâtres avec le sel armoniac, pour les extraire ensuite avec l'esprit de vin. Mais quoique cette diſſolution ſoit impoſante, il eſt certain que le ſel armoniac ne ſçauroit tirer radicalement le ſoufre des pierreries, ainſi qu'il ne les corrode que ſuperficiellement, & que ces teintures n'ont pas les vertus qu'on leur attribue.

Amétiſte en Diamant.

Je terminerai ce Chapitre par deux curioſités : la premiére eſt la converſion de l'Amétiſte en Diamant. Prenez émail blanc bien pulvériſé, au milieu duquel vous mettrez en un creuſet bien fermé un Amétiſte blanc ; faites le rougir pendant quatre ou cinq heures, laiſſez refroidir vingt-quatre heures : faites le tailler, & il paſſera pour Diamant.

Saphir en Diamant.

L'autre curioſité eſt de convertir le Saphir en Diamant, en la maniére ſuivante. Prenez un Saphir d'une couleur foible, & l'enveloppez de terre graſſe. Laiſſez ſécher & le mettez en un creuſet dans de la limaille d'or, vous le mettrez au feu pendant trois heures, de maniére que tout rougiſſe, & enſuite que l'or fonde ; & le tenez une demie-heure en fuſion ; laiſſez refroidir 24 heures : tirez-en la pierre qui ſera blanche & très-dure, vous la ferez brillanter, & elle aura l'éclat du Diamant le plus parfait.

NOUVELLES

NOUVELLES ADDITIONS.

Huile merveilleuse & divine de Fioraventi, au second de ses caprices, Chap. 69 laquelle se prend dans la quantité d'une goutte ou deux avec vin, bouillon, ou autre liqueur.

Prenez sang d'homme ou de Cerf, qui seroit encore meilleur, sperme de Baleine, moële de Taureau, de chacun une livre, musc, une once, cendre d'Olivier, deux onces, eau-de-vie fine, deux livres, mêlés & distillés dans la retorte selon l'art, jusques à ce que toute la substance en soit tirée, & les quatre élémens séparés. Car il distillera premiérement une eau blanche, secondement une huile citrine, troisiémement une liqueur roussâtre de grande vertu, utile à diverses maladies, tant prise par la bouche qu'appliquée au-dehors.

Fiéraventi ne dit pas que trois liqueurs sortent de cette distillation; mais il veut qu'aussitôt que la distillation est faite, qu'on la distille encore trois fois par le bain marie, & qu'on la laisse reposer, & qu'on la garde en un vaisseau de verre.

Urine distillée.

Pour empêcher l'urine de monter dans la distillation, il faut y mettre du beurre suffisamment. *Kunkel.*

De l'Urine.

De l'urine des animaux, celle d'une jeune Vache, qui soit grasse & qui paisse à la Campagne est un reméde que l'on a mis en usage, pour être pris au Printemps, trois verres chaque jour à une heure de distance l'une de l'autre, pendant une quinzaine. Il faut la passer par un linge, pour l'avoir plus claire. C'est ce qu'on appelle eau de mille fleurs. Après l'avoir prise, on se proméne & deux heures après, on prend un bouillon. On dit reméde excellent contre les sérosités peccantes, la jaunisse, la goute, le rhumatisme, les vapeurs & l'hydropisie.

Eau de Gallega.

Le Gallega est une Plante qui vient dans les lieux humides.

Pour en faire l'eau il faut couper la Plante, la concasser & battre dans un mortier de Marbre. Vous la mettrez en un pot qui la puisse contenir : versez dessus du vin blanc, de maniére que la Plante en soit imbibée; laissez la fermenter à la cave huit ou dix jours, & la distillez non au bain-marie qui est trop foible, mais à feu de sable pour tirer toute la vertu de la Plante. Cette eau est très-sudorifique, & pousse au-dehors toutes les humeurs peccantes qui occasionnent les maladies.

Elle est aussi très-souveraine dans la petite-vérole, parce qu'elle fait sortir en peu de jours les pustules & les boutons de cette maladie en parfaite maturité. Cette eau n'est pas moins utile contre l'épilepsie. La décoction de cette Plante prise dans du vin, est aussi très-utile que son eau; mais il faut cueillir l'herbe en pleine fleur, la faire sécher à l'ombre, & non au Soleil, qui enleve toute sa vertu.

On se sert aussi de cette Plante extérieurement dans les maux de cerveau & même dans le transport, en appliquant le jus & le marc de l'heure sur la tête.

TRAITÉ DE JEAN ISAAC, HOLLANDOIS.

Sur la maniére de tirer toutes les teintures par l'esprit d'Urine.

TOUTES teintures au blanc ou au rouge, se travaillent de la même maniére. Prenez donc une grande cucurbité de terre vernissée, dans laquelle vous mettrez de vieille urine clarifiée, couvrez-la de son chapiteau avec un récipient, distillez-en tout ce qui en pourra sortir. Il vous restera dans le fond des féces noires qu'il faut calciner à blancheur pendant trois heures; dissolvez cette calcination dans de l'eau commune, faites bouillir pendant deux heures; laissez clarifier, versez par inclination ce qui sera clair; & faites évaporer votre infusion jusqu'à pellicule; mettez en un lieu frais, & il se formera des crystaux. Tirez ces premiers sels; évaporez de rechef, & laissez crystaliser, comme auparavant. Faites sécher en une terrine vos crystaux, que vous ferez calciner doucement dans le même vaisseau; mais prenez garde que les sels ne se fondent; c'eſt ce qu'il faut éviter. Diſſolvez de nouveau ces cryſtaux calcinés en eau diſtillée ; mettez - les pendant un quart d'heure ſur le feu, retirez votre diſſolution que vous laiſſerez refroidir & clarifier, & verſez par inclination ce qui ſera clair.

Faites évaporer cette eau juſqu'à ce que vous apperceviez que les ſels commencent à ſe former, & les mettez comme auparavant en lieu frais, pour en avoir les cryſtaux que vous retirerez : recommencez vos évaporations & cryſtalliſations ; calcinez encore ce ſel en une terrine & le réſervez pour l'uſage, tel que je vous le marquerai. Diſtillez maintenant votre premiére extraction d'urine, & ſi à la ſuperficie il s'amaſſe de l'huile ou une graiſſe jaunâtre, retirez-la toute avec une plume ou une cuiller. Diſtillez pour la ſeconde fois cette urine dans une cucurbite vernie, ce que vous recommencerez juſqu'à ce qu'il ne ſe faſſe plus de féces au fond de votre cucurbite, & vous les jetterez comme inutiles.

Mettez maintenant votre diſtillation au bain-marie, il vous reſtera d'autres féces noires mais inutiles, réïtérez votre diſtillation au même bain, & ce tant que votre eau ſorte claire, & qu'il ne reſte plus aucunes féces, toutes ces féces doivent être jettées. Prenez maintenant votre ſel deſféché, marqué ci-deſſus; & le mêlez avec cette derniére eau clarifiée en une cucurbite, que vous boucherez bien, & la mettrez en digeſtion au bain de cendres, pendant trois ou quatre jours, juſqu'à ce que votre ſel ſoit fondu en eau très-claire, ſans aucune réſidence.

Obſervez que quand votre ſel eſt diſſout dans votre eau, ſans laiſſer aucunes féces, alors votre matiére eſt bien préparée; ainſi votre premiére opération eſt parfaite, & vous êtes parvenu à faire un ſel pur & bien exalté, ſans aucunes féces ou impuretés.

Prenez donc ſix parties de cette urine purifiée;

Quatre parties de vinaigre diſtillé;

Trois parties d'eau-de-vie;

Demi-livre de ſel commun épuré & préparé;

Demi-livre de ſel armoniac;

Et demi-livre de chaux-vive ordinaire.

Mettez le tout enſemble, & le faites diſſoudre dans vos ſix parties d'eau ou d'urine clarifiée, & vous aurez une matiére admirable propre à réſoudre les chaux des corps parfaits en leur premiére matiére, c'eſt-à-dire, en mercure: cette eau ſert encore à tirer la quinte-eſſence de l'antimoine, & de tous les corps parfaits ſoit blancs ou rouges. Quand vous

vous ferez servi dix ou douze fois de cette eau, & que vous l'aurez distillé de dessus vos matiéres, elle conserve toujours sa méme force, il suffit seulement de la rectifier.

Maniére de tirer les teintures des corps avec l'eau précédente.

Prenez du soufre, de l'orpiment, de l'ocre, ou tel autre corps qu'il vous conviendra pour en extraire la teinture, mettez-les en poudre impalpable; broyez-les avec du vinaigre distillé, de maniére que tout soit réduit en consistence épaisse. Vous mettrez cette matiére en un grand matras ou ballon avec votre eau ou urine ci-dessus clarifiée, vous n'emplirez votre vaisseau qu'à moitié, & vous le placerez au bain de cendres ou de sable, vous le couvrirez & le mélerez bien pour incorporer vos matiéres. D'abord vous ferez un feu très-lent pour échaufer peu-à-peu votre vaisseau. De temps en temps vous lui donnerez de l'air, autrement tout se briseroit; & vous aurez soin de mêler vos matiéres; & quand vous verrez que vos eaux seront teintes, versez-les par inclination, mais prenez garde qu'il ne passe aucunes féces. Conservez bien ce que vous aurez tiré en un vase bouché très-exactement. Remettez sur vos matiéres de nouvelle eau ou urine claire, avec une partie de vinaigre distillé, & mêlez exactement comme auparavant. Lorsque cette seconde liqueur sera teinte, versez-là & la conservez comme la premiére ; ce que vous répéterez avec de nouvelle urine clarifiée, & de nouveau vinaigre distillé, tant que vos matiéres vous donneront de la teinture. Après quoi jettez les féces restantes, ou les réservez pour d'autre usage.

Versez maintenant toutes vos eaux teintes en un évaporatoire. Vous les ferez évaporer doucement jusqu'à pellicule ; laissez les refroidir & les mettez ensuite dans une cucurbite, à laquelle vous appliquerez un chapiteau & un récipient, & tirerez toute l'humidité à feu doux : il vous restera la teinture du corps que vous y aurez mis, qui sera sa quinte-essence. Si vous avez mis de l'argent, votre quinte-essence sera aussi blanche que la neige, & la rouge sera aussi brillante que l'or le plus pur.

On peut tirer de même la quinte essence du mercure sublimé, soit du blanc, soit du rouge. Vous pouvez faire la même chose sur la limaille de Mars, sur le verd-de gris, le cinabre, l'es-ustum, aussi-bien que sur la chaux d'or & d'argent, & généralement sur tout ce que vous y mettrez. Faite attention que pour fortifier votre urine ou dissolvant, il faut à chaque distillation ajoûter un gros de sel armoniac, & autant de sel commun purifié, & vos teintures se tireront plus aisément.

Observez encore que ces teintures extraites vous pourront servir à cimenter, ou stratifier des métaux, ce qui est très-important.

Enfin remarquez que par le même moyen, vous pouvez faire une eau forte rouge & brillante comme un Rubis, avec laquelle on peut opérer des choses admirables, mais qu'il ne nous est pas permis de révéler. *Tiré du Théat. Chymiq. Tome* VI.

Maniére de faire parfaitement l'huile de jaunes d'œufs, de Fioraventi.

L'huile de jaunes d'œufs est une liqueur de très-grande vertu, qui sert à plusieurs choses: c'est une huile qui ne se consomme jamais: & qui sert à plusieurs opérations d'Alchymie, pour donner fixation aux Médecines quand elles sont volatiles. Elle se fait en cette maniére.

Prenez les jaunes d'œufs qui soient durs, & en faites une masse, étant pilés dedans le mortier, puis les mettez en un vaisseau de cuivre sur le feu, leur donnant bonne chaleur de charbons, les remuant toujours avec la spatule, tant que de soi-même ils viendront à se convertir en huile.

Et dès que vous verrez cela ; à l'instant, vous les coulerez par un linge, & vous aurez l'huile de jaunes d'œufs, qui sera précieuse & admirable de couleur noire. Ce travail est simple, mais il est de si grande vertu, qu'on ne le pourroit croire ; car il guérit promptement les playes, noircit la barbe & les cheveux, ôte les cicatrices des playes, les en oignant, appaise les douleurs des hémorroïdes, résoud les douleurs de côté, & sert à plusieurs autres choses.

Autre Huile d'œufs.

Prenez jaunes d'œufs cuits durs, une quinzaine. Froissez-les avec les doigts. Joignez-y une dragme de Piretre en poudre ; distillez le tout en une basse cucurbite ou en petite cornuë de verre ; d'abord à petit feu de cendres & ainsi par dégrés, jusques à ce que les cendres rougissent, & cela tant que la liqueur soit extraite. Après quoi prenez encens blanc, Castoreum, Laudanum en poudre, de chacun une demi-once ; mêlez avec l'huile distillée & cohobez quatre fois sur les mêmes poudres ou matieres. On doit faire la premiére & seconde distillation à un feu tempéré, & garder cette huile ainsi distillée en un verre bien bouché.

Son usage est pour les vices des yeux, y en

mettant une seule goute ; mortifie & guérit les fistules, chancres & ulcéres malins : déracine les porreaux, desséche la teigne des enfans, les rasant & frotant de cette hüile ; soulage par son onction les douleurs de la goute, réïtérant deux ou trois fois le jour ; adoucit la douleur venant des brûlures.

Autre huile d'œufs.

Prenez une douzaine d'œufs ou tant qu'il vous plaira, que ferez durcir, prenez-les jaunes, que froisserez entre vos mains ; mettez-les ensuite en une poële ; cuisez-les en les remuant avec la cuiller, jusqu'à ce qu'ils commencent à se liquefier, & viennent en bouillie claire, tirant sur le jaune foncé. Mettez-les en un linge & les pressez, soit avec les mains, soit à la presse. Vous la digérerez pendant un mois au bain-marie, dans une quantité suffisante d'eau de roses, pour corriger l'huile & empêcher qu'elle ne devienne ranse. Cette hüile est pareillement bonne pour les brûlures, & si elle est digérée & ensuite distillée & cohobée sur les poudres de l'opération ci-dessus, elle est bonne pour les brüits des oreilles. Buë avant le repas, empêche l'ivresse ; appaise les douleurs ; facilite le sommeil employée en onction,

& mêlée avec graisse d'Oye, soulage ou guérit les hémorroïdes.

Usage des Coquilles d'œufs calcinées.

Prenez la quantité de coquilles d'œufs qu'il vous plaira, faites les calciner dans un feu ouvert; ensuite retirez-les; & les réduisez en poudre très-subtile.

Faites bouillir une once de cette poudre dans trois chopines de bon vin, réduites à pinte; retirez-les du feu; laissez-les refroidir, & les passez. On en prend un verre de quatre heures en quatre heures, comme du Quinquina infusé dans du vin.

On peut prendre aussi cette poudre en substance dans la même quantité, qui est depuis un demi gros jusqu'à un gros, & dans le même ordre que le Quinquina, observant en tout le régime marqué ci-devant.

La découverte de ce reméde commun est très-utile pour tout le monde, & surtout pour les Pauvres de la campagne, puisqu'il se trouve par tout, & qu'il ne coûte que le soin de l'amasser. Ses effets sont presque aussi certains que ceux du Quinquina. Il opére par les sueurs, & par les urines, & adoucit les levains de la fiévre; mais en cas qu'il ne réussisse point, on aura recours au Quinquina.

Au reste la poudre fébrifuge purgative, dont nous avons parlé dans le corps de ce Mémoire, est encore très-propre dans les maladies longues & invétérées, qui sont ordinairement entretenues, & causées par les obstructions dans les viscéres du bas-ventre, & par une abondance d'humeurs cruës & bileuses, comme dans les langueurs, dans la jaunisse, dans l'hydropisie, &c. Elle produit de très-bons effets dans les fluxions de Poitrine, pourvû qu'il n'y ait point d'inflammation considérable, & qu'on ait fait précéder les saignées, & elle soulage les asthmatiques, ceux qui sont attaqués de goûte, de rhumatisme universel, & de douleurs de reins.

On la donne dans toutes ces maladies de trois ou quatre jours l'un, jusqu'à ce que le malade soit soulagé ou guéri, & dans les intervales on employe la boule martiale, l'antihectique de Poterius, le diaphorétique minéral, ou autre reméde convenable.

On peut aussi s'en servir pour se purger par précaution dans les changemens de saison, & alors il est bon de s'y préparer par la saignée du bras, si l'on se sent en avoir besoin, & par quelques bouillons faits avec les herbes de la saison, la tisanne d'avoine, ou autres boissons rafraîchissantes pour s'humecter, & pour détremper les humeurs, afin qu'elles puissent s'évacuer plus aisément. Avec ce secours, on est sûr de prévenir un nombre infini de maladies communes & populaires, qui surviennent ordinairement en certaines saisons de l'année. *Méthodes d'Helvétius.*

Le lait est la Médecine & la nourriture nécessaire tant aux hommes qu'aux bêtes.

Le lait est une liqueur, laquelle par la mécanique de la nature se trouve dans les mammelles, pour la nourriture tant des hommes que des bêtes. Dú lait des animaux, comme de Vache, de Brebis, de Buffle, se tire une substance onctueuse, laquelle vient comme une fleur en la superficie du lait; c'est la crême, dont on fait le beurre. Le lait donc, & le beurre se peuvent dire presque une même chose, servant l'un & l'autre en plusieurs & divers remédes, tant intérieurs, qu'extérieurs, même à ceux qui sont oppressés de poitrine, en mangeant sur des roties de pain, & s'en oignant la poitrine par dehors. Et quand les Chirurgiens ont appliqué le cautére, ou actuel, ou potentiel, qui est un feu mort en quelque partie du corps, ils y appliquent après le beurre pour appaiser la douleur, & putréfier l'escare causé par le feu, tant vif que mort.

Il sort en plusieurs viandes & divers remédes Médecinaux.

Le beurre se distille par la retorte, duquel on retire une liqueur admirable en toutes ses opérations, & qui pénétre merveilleusement, de laquelle si une femme s'oingt les mains & la face, elle lui rendra la chair belle, polie & naturelle, & ne laisse jamais rider lesdites parties. Cette distillation sert encore aux catharreux, si on leur en donne une once à boire le matin avant déjeûné, parce que soudain qu'elle est arrivée dedans l'estomac, elle molifie la catharre de telle sorte qu'il s'en va par la bouche. Le lait d'ailleurs est une douce & bonne nourriture: aussi nous voyons que l'Écriture Sainte dit: *Butirum & lac comedet ut sciat reprobare malum & eligere bonum.*

Bouillon pour la Poitrine. D'Helvétius.

Prenez la moitié d'un vieux Coq, qu'on aura tué sans le faire saigner, en lui tordant le col, ou lui cassant la tête. Après l'avoir plumé, laissez-le refroidir; vuidez-le; coupez-le par morceaux, & lui écrasez les os. Ajoûtez-y des Jujubes, des Sébestes, des Dattes, des Raisins, de chacun une demie-once, deux Pommes de Reinette: le tout nettoyé, & coupé menu; faites le bouillir dans une suffisante quantité d'eau, pour être réduit à quatre bouillons médiocres; & le passez par une étamine, avec expression.

Il faut prendre un de ces bouillons le matin à jeun, & l'autre quatre heures après le dîné.

On peut réduire ce même bouillon en gelée, en y ajoûtant deux livres de Jarret de Veau. Après que le tout aura bouilli quatre heures, on le passera à la maniére ordinaire des autres gelées; ensuite on y ajoûtera quatre onces de Sucre candi: & si on le juge à propos, le jus d'une Orange de Portugal.

Le malade prendra de temps en temps une cuillerée de cette gelée, tant le jour que la nuit, & en continuera l'usage jusqu'à ce qu'il se trouve rétabli.

Maniére de préparer la Poudre d'Ecrevisses.

Prenez deux douzaines d'Écrevisses en vie, lavées dans de l'eau bouillante, & les mettez ensuite dans une terrine vernissée sécher au four. Après quoi vous les réduirez en poudre subtile, que vous garderez dans une bouteille bien bouchée. *Helvétius.*

Eau des Vipéres.

L'Eau distillée par alambic des Vipéres, mais sans leur tête & queue, est singuliére pour les écrouelles, & fistules, si la partie malade en eſt arroſée ou fomentée : meme le marc de la diſtillation appliqué en forme d'emplâtre ſur le mal. *Fumanel.*

Eau qui conſerve la vûe long-temps, & nettoye les yeux de toutes ordures & macules.

Prenez du vin blanc mûr & fort bon, douze livres : pain frais lavé diligemment, trois livres : eſclere, fenoil, échalotte, ſquille, c'eſt à-dire, oignon marin, de chacun quatre onces : clou de girofles, demie once, mettez le tout dans une cucurbite garnie de ſon chapitau, & de ſon récipient : diſtillez au bain-marie, tirez en cinq livres d'eau, que vous garderez à part : elle eſt bonne comme j'ai dit aux yeux, bûë tous les matins continuant un mois entier, & garantit le corps de pluſieurs maladies. *Fioraventi.*

Eau expérimentée pour la vûe quaſi perdue, inſinuée ſouvent dans les yeux.

Prenez Fenoil, Eſclere, Saulge, Romarin, Ruë, Verveine de chacune une poignée, & diſtillés à l'alambic.

Eau ou Liqueur diſtillée pour exciter le ſommeil.

Prenez Opium de Thebe, Aulx pelez, de chacun deux onces, pilez à part les

Aulx dans un mortier de marbre avec un pilon de bois, & l'Opium à part: puis incorporez les deux enſemble, pour en faire comme un Opiate. Diſtillez à la cornue ſur les cendres à petit feu: de cette eau, s'il eſt beſoin, frotez les tempes, front, poignets, & gardez-vous d'en uſer ſinon en temps de néceſſité, comme ès maniaque, & ſelon qu'il ſemblera être raiſonnable.

Eau qui guérit incontinent les playes, en toutes parties du corps, tant récentes que ulcérées, même les fiſtules; remède eprouvé.

Diſtillez du Vin blanc, deux livres, Eau de Romarin, Eau de Saulge diſtillés de chacun cinq livres, Sucre blanc, dix livres, faites diſtiller le tout enſemble: puis prenez une bouteille pleine de feuilles de Romarin & de Saulge, autant d'une que d'autre, & la mêlez avec cette diſtillation, & laiſſez ainſi repoſer un jour entier, puis coulez & mettez dans un vaiſſeau de verre: la maniére de s'en ſervir eſt de baigner une piéce de linge dans cette Eau, & l'appliquer ſur l'endroit ulcéré, & la renouveller dès qu'elle ſera ſéche.

Eau qui ôte les Fiſtules & Porreaux.

Prenez huile de tuiles, cinq livres, chaux non éteinte récente, trois onces, arsenic pur, deux onces, euphorbe, une once, & distillez le tout par alambic & l'appliquez. *Fumanel.*

Pour extraire le Sel des Herbes ou Racines.

Faites sécher vos herbes & vos racines; brûlez-les & les rédigez en cendres. Quand vous en aurez une assez grande quantité, versez dessus de l'eau de pluye claire & nette ou eau distillée, faites digérer quelques jours en remuant les cendres plusieurs fois le jour. Tirez l'eau claire par inclination & la filtrez pour l'avoir plus claire. Versez de nouvelle eau sur les premiéres cendres, & réitérez tant que l'eau en sorte sans aucun goût, & filtrez de même. Mettez toutes ces eaux en un évaporatoire de verre sur cendres chaudes, & le sel restera au fond, que vous pourrez filtrer de nouveau & évaporer pour l'avoir plus pur, & conservez votre sel en un vaisseau de verre propre & bien bouché. Si vous voulez que votre sel conserve quelque odeur de la Plante, ne le calcinez qu'à moitié pour en faire la lessive.

Médecine de petite patience, propre à guérir de toute sorte de Catharres, &c. Fioraventi.

Il y a quatre sortes de patience, suivant ce qu'écrit Dioscoride; mais il faut prendre celle qui s'appelle la petite patience (qui est la sauvage) toute entiére avec ses feuilles, & racines, & distiller par l'alambic toute l'eau qui s'en pourra tirer, & en garder l'eau dedans un vaisseau de verre, pour s'en servir selon la necessité contre le catharre. Et quand on s'en voudra servir, qu'on prenne de ladite eau, quatre onces.

Miel blanc crud, une once & demie, & ayant bien melé & incorporé le tout ensemble, le prendre le matin au sortir du lit un peu chaud, & etre pour le moins cinq heures après sans manger. Il faut régler sa maniére de vivre, ne mangeant aucune chose qui offense le catharre. Et qui usera de ce reméde l'espace d'un mois, guérira parfaitement de toute sorte de catharre, par la vertu que le Seigneur a mise particuliérement en elle, de guérir une si fâcheuse maladie. Je puis rendre témoignage de ceci en ayant usé une infinité de fois en telle maniére de catharre, pourvû que le catharre soit simple noncausé par l'éthisie. En ce cas même il pourroit beaucoup aider: cependant il ne le guériroit pas, mais étant tel que j'ai dit, ce reméde le guérira toujours sans aucune difficulté.

Eau de Fleurs de Romarin.

Eau merveilleuſe des fleurs de Romarin. Empliſſez une bouteille de fleurs de Romarin, enfoncez-là en du ſable juſqu'à moitié, & l'y laiſſez un mois entier ou plus juſqu'à ce que les fleurs ſoient converties en eau. Puis la mettez au Soleil l'eſpace de quatre jours, elle s'épaiſſira, & aura la vertu de baume. Elle fortifie le cœur, le cerveau & tout le corps, elle eſt bonne pour la mémoire; ôte la tache de la face & des yeux, ſi l'on en met ſeulement une goute dans l'œil deux ou trois fois. Elle ranime les membres engourdis, guérit la paralyſie, démangeaiſons qui viennent de pituite ſalée, fiſtules, chancres qui ſont autrement incurables.

Autre Eau de Fleurs de Romarin.

Elle conſerve l'homme en ſanté, & toutes les autres parties en leur entier, fortifie la vuë, ôte la douleur d'eſtomac & du ventre, rend la perſonne gaye, & fait pluſieurs autres biens. Elle eſt diſtillée des fleurs de Romarin par alambic: la doſe eſt de quatre onces une fois la ſemaine.

Extrait de Pavot rouge.

Mettez de l'eſprit de vin ſur les fleurs de Pavot rouge, que vous digérerez juſqu'à ce que l'eſprit ſoit bien teint, tirez cet eſprit par inclination & par expreſſion, & le remettez ſur de nouvelles fleurs & digérez comme la premiére fois; tirez encore cette teinture par expreſſion, que vous filtrerez. Diſtillez-en l'eſprit de vin, juſqu'à ce qu'il demeure au fond en conſiſtence d'Opiat, dont dix ou douze grains ſont la doſe. On s'en ſert au lieu de Laudanum, & avec beaucoup plus de ſuccès & moins de danger pour faire dormir & cauſer une ſueur douce, qui dégage l'eſtomac de toute humeur ſuperflue.

Eau de Roſes.

La meilleure maniére de diſtiller l'eau de Roſes, eſt de prendre des Roſes incarnates, de les piler dans un mortier de marbre, en les arroſant avec de vieille eau de Roſes; laiſſez les infuſer ainſi pendant trois ou quatre jours, puis les diſtiller au bain & vous aurez une eau très odoriférante, qui garde ſon odeur pluſieurs années.

On pourroit enſuite prendre le marc de cette premiére eau, & le laiſſer macérer l'eſpace de huit jours dans de l'eau commune, puis la diſtiller par le bain ou par le réfrigératoire, & l'on en tire une eau qui n'eſt pas moins bonne que celle qui ſe vend communément chez les Apoticaires.

Eſprit de Roſes.

On tire encore des Roſes un eſprit ardent, en prenant des Roſes incarnates cueillies en temps ſérain, & après que la roſée en a été diſſipée. Vous les pilerez & mettrez en une cucurbite de verre bien lutée & les laiſſerez fermenter ; & lorſqu'elles commenceront à ſentir l'aigre, prenez-en une partie & la diſtillez au bain ; après quoi vous verſerez votre eau diſtillée ſur une autre partie de vos Roſes fermentées, ce que vous réïtérerez tant que vous n'ayez plus de Roſes fermentées. Vous rectifierez cette eau ou eſprit ſur de nouvelles Roſes ; & vous aurez un eſprit très-agréable & très-odoriférant. Vous pouvez en faire une liqueur, en y mêlant du Sucre clarifié & l'adouciſſant comme vous jugerez à propos ſelon votre goût. C'eſt un grand confortatif.

La même choſe ſe peut faire ſur les autres fleurs odoriférantes.

Teinture de Roſe.

L'on prend de la vieille eau mere ou lie de nitre, on la fait évaporer dans un vaiſſeau de cuivre rouge neuf jusqu'à conſiſtence de Miel, que l'on met réſoudre à la cave, l'on filtre la liqueur, & ſi l'on reïtére l'évaporation & la réſolution; alors elle ſera claire comme le cryſtal.

Faites fermenter cinq livres de cette eau avec une livre d'eſprit de nitre, pendant cinq à ſix jours; on diſtille enſuite au bain de ſable, on en réſerve une partie, & l'autre on la diſtille avec une chopine d'eau-mere, après une préalable fermentation: rectifiez cette ſeconde eau par l'alambic, enſorte qu'on compte 50. entre chaque goute; & lorſqu'il en aura paſſé le quart, l'on ceſſe la diſtillation. On dulcifie ce qui eſt reſté dans l'alambic, en verſant un quart d'eau de Fontaine deſſus: on diſtille encore à feu lent cette même quantité d'eau, & l'on met en ce qui reſte dans la cucurbite, le plus de Roſes communes qu'on peut; on laiſſe fermenter cinq à ſix jours, & on exprime le tout par la preſſe, c'eſt la teinture de Roſes.

L'on peut volatiliſer cette teinture; elle ſert alors à diſſoudre les fleurs de l'or & de l'argent.

La premiére teinture ſans être volatiliſée eſt inſipide, & ſe donne depuis ſix juſqu'à dix goutes, elle purifie le ſang, & elle eſt bonne contre le ſcorbut, & les fiévres ardentes dans de l'eau, avec un peu de Sucre & zeſt de Citron. Elle fortifie

fie l'éſtomac, & rétablit de la cacochymie, étant priſe en Vin d'Eſpagne. *De Saulx.*

Autre Teinture de Roſes.

Mettez deux onces de Roſes rouges ſéches, en trois pintes d'eau tiéde, & trois gros d'eſprit doux de vitriol ou d'huile de ſoufre, ou d'huile de ſel; tenez-les en digeſtion pendant trois heures, filtrez la liqueur & la gardez pour l'uſage : elle eſt agréable au goût, on y ajoûte demi livre de Sucre blanc. Son uſage eſt dans les fiévres contagieuſes & putrides; elle réjouit le cœur, reprime l'ardeur de la fiévre, & éteint la ſoif. *De Saulx.*

Baume ſouverain contre la Gangréne, Brûlure, foibleſſe de Nerfs, mal de Tête, Indigeſtion, Colique & Paralyſie.

Vous prendrez une poignée de tous les ſimples ci-deſſous, ſçavoir : Roſes rouges, feuilles de Pimpernelle, de Sauge, de Mille feuilles, de Baume ou Menthe, de Marjolaine, de Sariette, d'Hyſſope, & de Pêcher. Huit onces de bon vin, huit onces d'huile d'Olive.

Vous mettrez le tout dans un pot de grandeur convenable, faites bouillir juſqu'à ce que le vin ſoit conſommé, mais toujours à petit feu, afin que les herbes ne ſe brûlent pas, & remuant ſouvent avec une cuillere de bois, sur la fin de la cuisson, ajoûtez trois onces de sel bien desséché & pulvérisé. Après quelques bouillons, passez votre composition dans un gros linge, dans lequel vous presserez les herbes pour en exprimer le jus.

Pour s'en servir, il faut en froter la partie, jusqu'à ce que le Baume soit tout-à-fait imbibé dans la chair; chauffant de temps-en-temps les doigts pour le faire mieux pénétrer. Après quoi il faut envelopper la partie avec un linge bien chaud, duquel il faut toujours se servir sans en changer; & vous froterez la partie malade trois ou quatre fois par jour.

Pour faire une Médecine de Mercuriale, de très-grande vertu. De Fioraventi.

La Mercuriale est de grande vertu; même les Philosophes lui ont attribué une vertu céleste. Elle conserve les hommes en leur fraîcheur, retarde les accidens de la vieillesse, & préserve de toute maladie, rend le cœur joyeux: la maniére de se servir de cette herbe est telle, qu'au mois de Mai, ou quand ladite herbe est fleurie, on en prend une grande quantité, & l'on en tire le suc qui se clarifie par le filtre, tant qu'il soit bien clair, & puis on en fait la composition suivante, à sçavoir:

D'une livre dudit jus;

Huit onces de Julep ou Sirop de roſes ſimples;

Six onces d'eſprit de vin rectifié;

Deux dragmes d'huile de vitriol;

Deux Karats de muſc.

Mettez toutes ces choſes enſemble avec le ſuc de l'herbe dedans un vaiſſeau de verre, & le bouchez ſi bien que rien ne tranſpire, & le laiſſez au Soleil pendant quarante jours continuels, mais prenez garde que la nuit il ne demeure au ſerain, parce qu'il lui ſeroit dommageable. Les quarante jours paſſés on pourra commencer d'en uſer en la maniére qui s'en ſuit. On en doit prendre le matin à jeun une once avec deux ou trois onces de bouillon de chair ou de Poulet, quatre heures avant que de manger. Si on continue ainſi deux mois de ſuite, il ſeroit preſque impoſſible d'avoir jamais mal par la force de cette compoſition, pour la vertu de la Mercuriale qui entre, outre le Julep fait de Sucre, lequel eſt tres-cordial & ſtomacal. Et l'Eau Roſe qui conſerve les choſes qu'on y met de putréfaction: il y a encore le muſc qui fait conſerver la mémoire, je ſuis aſſuré de ſa vertu pour en avoir fait de belles expériences. Entr'autres choſes j'ai vû avec cette compoſition guérir un Paralytique âgé de trente deux ans, lequel avoit porté cette maladie vingt & un mois, &

qui ne trouvant aucun remede à son mal, on lui fit prendre de cette composition, de laquelle il commença à se servir le deuxiéme jour d'Août, & le mois de Mai suivant fut guéri de sa Paralysie. Depuis j'ai vû faire plusieurs autres expériences de ce reméde qui ont réussi fort heureusement à l'honneur du Médecin, & au profit du malade.

Eau distillée de bouillon blanc fermentée, avec peu de vin blanc, puis distillée par alambic, est un remède admirable, & expérimenté en toute douleur de la goute & des dents. Je l'ai fait & éprouvé.

Eau de Fleurs de Tilleul.

Eau de Fleurs de Tilleul distillée, clarifie la face, & nétoye les taches & vestiges imprimées par le Soleil : l'on trempe un linge & on le met sur le visage trois nuits, il guérira en quatre jours.

Eau de Fleurs de Tilleul.

Eau distillée de Fleurs de Tilleul est bonne contre le mal-de-mer, la pierre, gravelle & l'épilepsie : elle doit être gardée en un verre bien bouché, afin qu'elle ne perde pas son odeur. Prenez une cuillerée de cette eau, trois ou quatre cuillerées de rosée de Mai, mêlez ensemble, & en lavez les aiſſelles & mammelles puantes ; & l'homme peut ſemblablement en uſer pour ſentir bon.

Eau de Fleurs de Sureau.

Pour la douleur provenant d'une acrimonie d'urine. Prenez eau diſtillée des fleurs de Sureau, trois onces, de Sucre un peu. Buvez & uſez de ce reméde dix jours entiers tous les matins.

L'eau diſtillée eſt bonne contre le hâle du Soleil, en s'en lavant le viſage.

Eau de Sperme de Grenouilles.

Eau diſtillée au mois de Mai, du Sperme de Grenouilles, appliquée ſur la goute des pieds, en appaiſe les douleurs, & les ôte entiérement.

Eau excellente contre la manie, reméde éprouvé.

Prenez fleurs de Romarin, Bourache, racine de Bugloſe de chacune une poignée, Safran une dragme, Coings quatre onces, vin blanc bon, bien mûr & bien clair deux livres ; mêlez le tout, & après avoir exactement pilé, laiſſez repoſer un jour naturel, puis mettez dans le fumier de cheval l'eſpace de quinze jours en un vaiſſeau de verre ; enſuite diſtillez en un vaiſſeau de verre deux ou trois fois. Cette eau doit être gardée précieusement, & a été éprouvée en toutes maladies mélancoliques, & en la douleur & palpitation du cœur: la prise est d'une dragme.

Eau pour mal caduc.

L'eau distillée des fleurs de Tilleuls; Ortye menue, & Cerises, est fort bonne contre le mal caduc; quelques personnes sujettes à ce mal en ont été guéries.

Eau distillée pour dessécher les Ulcéres & Fistules.

Prenez de bonne Eau-de-vie distillée trois fois un quarteron ou tant que vous voudrez, en laquelle mettez Béthoine, Vervaine, Romarin, Millepertuits, faites les bouillir, ou les distillez encore une fois avec cette Eau-de-vie, & en lavez les ulcéres.

Eau contre les Chancres.

Jettez de l'eau alumineuses sur une Tuille toute rouge de feu, & la pierre étant refroidie & penchante, amassez l'eau qui distille, puis baignez un linge dans cette eau que mettrez sur l'ulcére, par ce moyen en peu de jours on guérit toutes sortes de Chancres. *Fumanel.*

Eau & Huile des Fleurs de bouillon blanc.

L'eau & l'Huille de fleurs de bouillon blanc, ſont bonnes contre la goute des pieds, ainſi que je l'ai pluſieurs fois éprouvé. Cette eau eſt un peu aigre, on connoit par là que cette herbe a trempé premiérement en vin : prenez donc fleurs & racines de bouillon blanc, pilez-les & les faites tremper en vin blanc, & les laiſſez fermenter l'eſpace de deux mois, puis diſtillez. Trempez un linge dans cette eau, & l'appliquez le plus chaud qu'il ſe pourra endurer ſur le lieu malade, trois ou quatre fois par jour, frotez de l'huile trois jours, & ſi la douleur revient, uſez-en de nouveau, & elle ne reviendra plus.

Eau Thériacale.

Prenez vieille Thériaque une livre, ozeille trois poignées, fleurs de chamomile, pouliot, chiendent, chardon benit, de chacun deux poignées : trempez le tout dans du vin blanc : & vous en diſtillerez l'eau & la garderez pour en uſer à la quantité de deux onces, avec trois onces d'eau d'ozeille & bugloſe, lorſque le malade ſe met au lit. Cette eau guérit les douleurs de la vérole, ſi elle eſt priſe toute ſeule, ou avec décoction de milium ſolis, ou d'esquine, ou de bardane. On a guéri heureusement avec cette eau plusieurs enfans, vieillards & autres personnes, ou en ajoûtant seulement quelques goutes à la decoction commune de gayac: car elle pénetre & pousse le mal au-dehors. Cette eau Thériacale, avec l'eau où est éteint l'or, corrige tout le vice du mercure qui est resté dans le corps.

Eau Somnifére.

Prenez semence de Pavot blanc & noir de chaque demi-once.

Vin blanc & fiel de Liévre, deux dragmes de chacun.

Eau-de-vie quatre onces, faites digérer le tout pendant quatre ou cinq jours à lente chaleur ou au Soleil; puis distillez par l'alembic. Une goute fait dormir une heure; deux goutes deux heures, & ainsi une heure par chaque goute d'augmentation.

Huile de Muscade.

Pilez grossiérement de bonnes Muscades bien pesantes, que ferez ensuite chauffer modérément, l'arrosant de temps-en-temps avec vin d'Espagne, en une poële sur le feu, puis l'arrosez avec de bonne eau de roses; vous les placerez en une toile claire & les mettrez à la presse pour en titer l'huile, qui ſort d'une maniére aſſez épaiſſe & de couleur de cire.

Cette huile appliquée extérieurement ſur l'eſtomac qui en ſera froté ſeulement de la groſſeur d'un pois, le fortifie très-bien; pris intérieurement au poid d'un grain eſt excellent pour les foibleſſes d'eſtomac.

On pourroit encore tirer cette huile de Muſcade par le moyen de l'huile d'Amandes douces, avec laquelle on fait digérer à petit feu les Muſcades pilées: & on la tire enſuite par la preſſe; & pour la prendre intérieurement on en met deux ou trois grains avec du ſucre, dont on fait un *Eleo ſaccharum*, & il a toujours les mêmes vertus.

Ou même vous pouvez piler des noix muſcades & les faire infuſer dans de bonne eau-de-vie rectifiée, réitérez l'infuſion juſqu'à ce que l'eau-de-vie ne donne plus de teinture, diſtillez doucement votre infuſion: l'eſprit de vin ſortira, & l'huile reſtera au fond de la cucurbite. Elle a les mêmes vertus que celles qui ſont marquées ci-deſſus.

Eſſence de Genevre.

Prenez trois livres de bayes de Genevre avec une livre de ſon bois; broyez les bayes, & rapez le bois, mettez le tout en fermentation avec trois livres de miel, & douze livres d'eau de Riviére bien clarifiée. La fermentation étant finie, distillez par l'abambic jusqu'à parfaite siccité; broyez les féces & en tirez l'huile fixe par la cornuë; brûlez & réduisez en cendres le résidu de la matiére pour en avoir le sel par lexiviation & évaporation; rectifiez cet esprit pour en séparer le flegme; quand vous l'aurez bien pur, vous le digérerez avec l'esprit & le sel; & l'on assure que cette essence supplée à celle du cédre; que l'on regarde comme un arbre de vie pour son incorruptibilité.

Eau excellente pour la mémoire.

Il faut prendre noix muscades: clouds de Girofles; cardamome; grains de Paradis, & gingembre, trois onces de chaque.

Poivre-long & noir; aloës succotrin; zédoaria; réglisse, une once & demie de chaque.

Mettez le tout bien pilé dans une cucurbite, avec malvoisie ou bon vin blanc autant qu'il en faut pour mettre vos poudres en une espéce de liqueur, & distillez à feu de cendres gradué. Conservez cette eau dans un vaisseau de verre. Remettez d'autre vin sur les féces & le distillez derechef, & vous en tirerez une eau un peu moindre que la premiére. Le marc qui reste peut servir pour fortifier le vinaigre.

La premiére eau fortifie les esprits & rejouit le cœur, s'en servant en façon de baume, auquel il peut suppléer.

Elle est encore admirable pour guérir les infirmités froides, & dissiper tout abcès tant intérieur qu'extérieur. Elle ôte l'inflammation des yeux, en y en insinuant une goute. Elle guérit tout chancre ou playe en y appliquant un linge trempé dans cette eau, elle soulage dans l'hydropisie & l'épilepsie, en prenant une once de cette eau le matin, aussi bien que la goute, guérit la surdité en insinuant une goute dans l'oreille avec du coton; est excellente contre tout poison, même contre morsure des bêtes venimeuses, facilite la parole en en prenant sept à huit goutes dans du vin blanc, renouvelle la mémoire, en l'appliquant le soir sur le front; cette eau a été éprouvée plus d'une fois par le Docteur Joseph Quinti, Médecin Venitien.

Huile d'anis: & la manière commune pour distiller toutes les autres Huiles des Semences.

Prenez anis une livre, mettez-là dans la cornue garnie de son récipient, bien lutés ensemble sur le fourneau aux cendres à petit feu, distillez & recevez l'eau &

l'huile ensemble. Vous tirerez l'eau par distillation ainsi qu'avons dit ci-dessus, & l'huile demeurera, laquelle est singuliére pour la colique, passion & douleur des boyaux. Au surplus on fait un électuaire de son eau avec du sucre, on peut user d'une tablette après le dîné & soûpé, pour fortifier l'estomac, aider la digestion, & dissiper les vents. Elle est utile prise en tout temps, mais principalement au matin: c'est un souverain reméde pour les poulmons, toux, obstructions, cholériques passions, flux choleriques & parties internes offensées: l'on s'en sert aussi aux goutes: l'huile d'anis est de plus grande vertu que l'anis même: parce que la chaleur naturelle ne peut aussi exactement attirer ou séparer la vraye substance de l'anis entier, que peut faire la préparation artificielle, & industrieuse des hommes. Car comme toute viande, si nous voulons qu'elle profite, a besoin d'une préparation extérieure, sçavoir d'être bien cuite & bien mâchée, de même dans les médicamens, les parties plus subtiles doivent être séparées des plus épaisses, avant que d'entrer dans le corps: par ce moyen tous médicamens peuvent plus facilement faire leurs actions propres au corps sans aucun danger: cette huile aussi est fort utile pour le tournoyement de tête, difficulté de respirer causée par un catarre étouffant, foibleffe d'eftomac, ventofité, hydropifie & autres maladies froides, & caufées de flatuofités: fur tout elle eft fouveraine pour les parties nerveufes & qui ont peu de fang, elle arrête les fleurs blanches aux femmes: on la peut prendre par goutes en les donnant avec vin ou bouillon le matin & en temps de néceffité.

La maniére d'extraire les huiles des Semences.

Parce que les femences des herbes qui portent bouquets de large étendue comme le fenouil, l'anis, le fureau & autres, de la plus grand part font de fubftance chaude, ainfi que plufieurs chofes aromatiques, c'eft pourquoi il eft néceffaire qu'elles ayent quelque peu de fubftance oléagineufe. Or les huiles font diftillées des femences tant chaudes que froides en cette maniére. Pilez les femences, mettez-les dans un alambic de verre bien luté de mortier, puis faites diftiller fur le fable: Pour chaque diftillation, mettez feulement fept ou huit onces de femence triturée felon la capacité de la cucurbite: jettez deffus fix ou fept livres d'eau fort claire, & les mêlez exactement enfemble: la diftillation en fera beaucoup meilloure si vous laissez ces choses ainsi mêlées quelques jours, sçavoir huit ou dix, tremper ou digérer en quelque lieu chaud, puis mettez la cucurbite dans un vaisseau plein de sable, & qu'il y en ait au moins un pouce sous la cucurbite: sur-tout que la distillation soit faite à petit feu, & que ce qui est contenu dans la courge ne bouille & ne s'enfle pas trop, parce que de quelques semences comme l'anis, à raison de leur substance rare, & de leur viscosité, elles bouillent largement, c'est pourquoi il ne faut pas sitôt les couvrir de leur chapiteau, mais quand vous verrez des bulles élevées, & la vapeur monter en haut, ôtez soudain le chapiteau, & remuez les matiéres avec un bâton, ainsi l'écume se résoudra en vapeur, qui se pourra modérer par un petit feu. Cela fait, remettez le chapiteau soudainement, & lutez toutes les jointures de bon mortier, puis distillez jusqu'à ce que vous conjecturiez qu'il n'y a plus d'huile dedans; ce que vous appercevrez à la vûe & au goût. Car quand vous sentirez que les goutes qui distillent, n'auront plus le goût de la chose aromatique, alors cessez la distillation, afin que la matiére ne tienne pas au fond, & qu'elle ne se brûle point.

Eau pectorale très-utile de Fioraventi.

L'eau pectorale sert à beaucoup de maladies, principalement à celles où il y a foiblesse d'estomac, à cause des humeurs visqueuses, parce que cette eau mollifie les viscosités & facilite la digestion, & est outre cela très-cordiale ; voici le moyen de la faire.

Prenez Figues séches.
Dattes.
Pignons.
Amandes. } de chacun 4 onces.
Anis deux onces.
Miel commun une livre.

Faites infuser le tout ensemble en vingt livres d'eau commune, & faites bouillir tant qu'il s'en consomme six livres, n'en restant que quatorze livres, la couler par un linge, & sera faite : puis y ajoûter quatre onces de notre quinte-essence, & la garder en un vaisseau de verre. Voilà l'eau pectorale de notre invention, laquelle est de grande vertu, beaucoup plus que toutes les autres eaux pectorales qu'on a coutume de faire ordinairement suivant l'ordonnance des antidotaires anciens.

Eau de Noix Avellaines.

Eau distillée des noix avellaines nouvelles, buë au poids de deux dragmes est un reméde prompt contre la colique & les tranchées, chose sûre & expérimentée. *Alex. Bened.*

Eau de Noix communes.

Quelques-uns distillent les eaux de noix communes, non-mûres avec leur coque, qui est souveraine contre la peste, & pour fomenter les membres attaqués de la goute. *Gratarole.*

Eau de Limons.

Eau distillée par alambic de Limons; ou le jûs d'iceux, le poids de deux onces, avec trois onces de la décoction de raves pour une prise, profite beaucoup pour le gravier des reins.

Eau de Scabieuse.

Eau distillée de l'herbe Scabieuse buë; dissout le sang caillé dans le corps. *Alex. Bened.*

L'Eau de maître Pierre Espagnol, qui anime la vûe, clarifie les yeux, ôte les taches & boutons de l'œil.

Prenez graines de fenouil, persil, âche, sileri de montagne, anis, carvi, graines des deux toute bonne, racine d'esclere, de galanga, béthoine, feuilles d'aigremoine, tormentille, ruë, vervaine; faites les tremper le premier jour en urine de jeune enfant vierge, le second en vin blanc, le troisiéme en lait de femme ou d'ânesse, le quatriéme faut distiller tout cela, & garder l'eau distillée comme un baume, dans un vaisseau bien bouché, autrement sa vertu s'éventeroit.

Eau distillée pour la difficulté d'ouir.

Prenez béthoine, un gros oignon crud rond & blanc, romarin, amandes améres, une grosse anguille blanche, faites le tout distiller par alambic, & ce qui sera distillé, mettez-en dans les oreilles.

Eau-de-vie aromatique contre les froideurs de l'estomac, tirée de Fioraventi.

Prenez noix muscade, clouds de girofle, galenga, cardamome, cubebes, macis, canelle, gingembre, safran, encens: une once de chaque, pilez grossiérement & mettez en une cucurbite bien lutée avec une rencontre, versez-y six livres de bonne Eau-de-vie, laissez infuser dix jours; puis distillés sur les cendres avec son chapiteau & son récipient. Vous aurez une eau orangée très-précieuse; elle est utile dans les maladies froides, consolide les playes sans douleur, aide la mémoire & la liberté d'esprit, & maintient le corps en santé.

Eau balsamique contre l'Apoplexie & l'Epilepsie.

Prenez gingembre, clouds de girofle, noix muscade, grains de Paradis, demi-once de chaque.

Feuilles de sauge une livre.

Cardamome, cucubes, mastic, galanga, romarin, lavande, marjolaine, mélisse & béthoine, de chacune deux dragmes. Triturez & pulvérisez le tout, que vous ferez tremper dix jours en neuf livres de fort bon vin, ou en eau-de-vie en un vaisseau de verre; que la liqueur surnage les matiéres, & distillez.

Cette liqueur est spécifique pour la paralysie, l'étourdissement, l'apoplexie, convulsion, foiblesse de mémoire, froideur de cerveau & d'estomac. Elle rectifie & corrige le vin gâté; prenez-en chaque fois trois ou quatre goutes en quelque liqueur convenable, & frotez le derriére de la tête. Elle est bonne contre l'hydropisie, mélancolie, & même pour les yeux.

Eau de Fraises.

L'Eau distillée des Fraises, est un reméde excellent contre les chaleurs intérieures des poulmons & du foye, & pour éteindre la soif.

Eau de fleurs d'Orange.

Eau des fleurs d'Orange, diſtillée par la campane à force de feu, eſt de ſi grande ſuavité & odeur, qu'elle ſurpaſſe toutes les autres eaux odoriférantes: les Médecins Eſpagnols en uſent depuis long-temps pour un léger émétique, comme le marque Eſprit Amat Portugais ſur Dioſcoride, & avant lui Platine en ſon Livre de l'honnête volupté, on recommande pour cette effet de la boire tiéde: a été éprouvée pluſieurs fois.

Eau dorée, ou Elixir de vie.

Prenez ſauge trois quarterons, noix muſcade, macis, gingembre, grains de Paradis, cloux de girofle, canelle, de chacun deux dragmes, rhubarbe, caſtoreum, aſpic, de chacun demi-once; huile laurin deux onces: les épiceries & drogues aromatiques ſoient mêlées à part, & trempées un mois entier en ſix pintes de fort bon vin dans un vaiſſeau vernis bien couvert: le mois expiré, coulez le vin, & pilez menu les drogues, afin qu'elles ſoient réduites en forme de poudre: faites les tremper de rechef dans le même vin l'eſpace de trois jours, puis les diſtillez dans un alambic: il ſortira une eau auſſi claire que le criſtal, que vous garderez en un vaiſſeau de verre bien bouché, pour vous en ſervir. Poiſſons, Oiſeaux, chair de bêtes ſauvages, & autres choſes arroſées de cette eau, ſe garderont auſſi long temps qu'il vous plaira. Le vin éventé, moiſi & de mauvaiſe odeur ſera rétabli, & recouvrira ſon odeur accoutumée, ſi vous jettez dans le tonneau quelque peu de cette eau. Buë ou appliquée par dehors, elle guérit les abcès intérieurs, fortifie les parties nobles & contre la colique : les playes en reçoivent guériſon, ſi elles ſont fomentées avec linges baignés en cette eau buë ou appliquée, préſerve d'apolexie prochaine, elle guérit les affections de la bouche, & des gencives, corrige l'alaine mauvaiſe qui provient de la pourriture des gencives, narines & oreilles : elle nétoye les taches de la face, des yeux & de tout le corps. *Liebaut.*

Goutes d'Angleterre.

Prenez l'écorce de Saxifrage, racines d'Aſarum ; de chacune deux onces.

Bois d'Aloës une once.

Opium de Thébaïde ſix gros.

Sel volatil de crane humain ; ſel volatil de ſang humain de chacun un gros.

Eſprit de vin rectifié deux livres, faites digérer le tout en un matras bien luté, au bain-marie pendant quinze jours. Laiſſez refroidir ; filtrez par le papier gris. Si on veut distiller le tout, les goutes seront blanches ; aulieu que par la simple filtràtion elle retiennent la teinture des matiéres qu'on a fait infuser dans l'esprit de vin. Il y a encore quelques autres compositions, mais celle que l'on donne ici est au-dessus de toutes les autres. *Chambon. Principes de Physique, pag. 449.*

Autres goutes d'Angleterre.

Prenez de la Soye cruë, remplissez-en une cornue lutée ; donnez feu doux ; il sortira un flegme, un sel volatil & une huile, qui se fige comme du beurre. Prenez quatre onces de ce sel volatil, une dragme d'huile de lavande & huit onces d'esprit de vin ; vous mettrez le tout dans une petite cornue de verre, à laquelle vous joindrez un récipient, dont les jointures seront bien lutées. Placez-là sur un feu de sable, d'abord le sel passera en forme séche, ensuite viendra l'esprit éthéré de lavande & de vin, qui seront imprégnés du sel volatil. Telles sont les goutes d'Angleterre, inventée par le Docteur Goddar Médecin Anglois. Mais cet goutes ne sont bonnes que dans certaines maladies. *Senac.*

Electuaire benit de Leonard Fioraventi, lequel purge le corps ſans travail, eſt miraculeux en ſes opérations.

Cet électuaire eſt composé de l'invention de Fioraventi il y a long-temps, & l'a ainſi appellé pour ſes opérations. Il n'a jamais été fait ni des Anciens ni des Modernes avec cet ordre. Et ayant remarqué les expériences qu'il en a vû; il ne l'a point voulu tenir ſecret, afin que le public s'en puiſſe ſervir; la maniére donc de le faire eſt telle.

Prenez des fruits de nerprun qui ſoient mûrs & noirs, telle quantité qu'il vous plaira, pilez-les & en tirez le ſuc à la preſſe, coulez ledit ſuc par le filtre, & pour chacune livre dudit ſuc, mettez les choſes qui s'en ſuivent.

Canelle.
Safran.
Girofles.
Noix muſcades.
Gingembre.
Séné.
} de chacun une dragme.

Aloës quatre dragmes.

Mêlez le tout & expoſez au Soleil, afin qu'il ſe ſéche en pâte, & comme il ſera essuié rendez-le de rechef liquide avec les choses qui suivent, sçavoir :

Eau-rose.

Quinte-essence de chacun deux onces pour livre.

Musc deux carats pour livre.

Myrthe une dragme pour livre.

Toutes lesdites matiéres bien incorporées ensemble, soient remises au Soleil tant qu'elles soient bien séches, & se puissent mettre en poudre très subtile, & de laquelle on prend telle quantité qu'on veut, & se mêle avec autant de miel cuit & écumé. Tel est l'électuaire de Fioraventi, lequel fait merveille à ceux qui ne prennent pas volontiers les Médecines, parce qu'il purge le corps sans provoquer aucunement à vomir : conserve l'estomac : décharge la tête, guérit les fiévres putrides, & fait beaucoup d'autres bonnes opérations. On le garde six mois après qu'il est mêlé avec le miel. La prise est de quatre dragmes, jusqu'à une once. Il se prendra en pilules, en tablettes, avec un bouillon, avec du vin, avec de l'eau, & en toutes autres maniéres qu'il fera toujours grande aide à ceux qui le prendront pour quelque maladie ou autres accidens que se soit.

Eau, Esprit & Huile des aromates, sur-tout de Canelle.

Faites infuser une livre de Canelle grossiérement concassée, racine de dictame de créte & d'angélique de chacune deux onces dans quatre pintes d'eau de Riviére très-épurée pendant 24 heures à froid, remuant de temps-en-temps; après quoi portez votre alambic bien jointe à son chapiteau sur un feu de sable ou feu de charbon; & les esprits, l'eau & l'huile sortiront par le bec de l'alambic. La premiére eau sera très-forte, la seconde plus foible & la derniére insipide. Prenez votre eau distillée & la passez plusieurs fois sur de nouvelle Canelle, & la distillez. Cette eau de Canelle est infiniment meilleure que celle des Apoticaires, qui la tirent avec le vin blanc, & font plutôt un esprit de vin qu'une eau de canelle.

L'eau & l'huile de Canelle fortifient le cerveau & le cœur. Dans les syncopes ou défaillances, elle se donne avec l'eau de mélisse, ou dans du vin blanc; on en peut aussi froter les tempes & la région du cœur. Elle sert dans les accouchemens difficiles, chasse le fruit & l'arriére-fait, guérit & préserve de peste; remédie à la colique venteuse.

La dose est d'une cuillerée ou demi-cuillerée

cuillerée ſuivant l'âge & la force du malade.

L'huile non plus que celle de Girofle ne ſe donne jamais ſeule, parce qu'elle eſt trop cauſtique ; une goute appliquée avec du coton ſur une dent malade, en appaiſe la douleur. *Daviſſone. Elément de la Philoſophie, pag.* 315.

Eau ou Baume d'Ormeau.

Dans la ſéve de Juin, fendez l'écorce de la racine d'Ormeau, ou bien coupez la pointe de ſes branches & les pliez, vous y mettrez & y ajuſterez de petites bouteilles pour récipient, ou même vous pouvez tirer l'eau qui ſe trouve dans de petites veſſies qui ſont ſur cet arbre au mois de Juin, & la garder dans de petites fioles bien bouchées. Vous placerez ces fioles dans un vaiſſeau de verre, & vous les entourerez de ſel pour mieux clarifier cette eau, que vous expoſerez ainſi au Soleil de la Canicule. Filtrez cette eau cinq ou ſix fois de ſix jours en ſix jours, à commencer du temps que vous l'aurez recueillie, elle brûle un peu en l'appliquant, mais la douleur paſſe en un inſtant.

Si vous n'aviez pas l'eau d'Ormeau, vous prendrez la ſeconde peau de la racine de cet arbre, de la groſſeur de deux poings, que vous concafferez; fur quoi vous mettrez trois chopines de gros vin rouge mefure de Paris, faites bouillir le tout à petit feu, jufqu'à diminution des deux tiers, appliquez chaudement & fera prefque le même effet que l'eau d'Ormeau.

Cette eau eft fpécifique pour toutes les playes fraîchement faites par trenchant, toutes têtes caffées, contufions, membres bleffés de coup de bâton, de pierre ou autrement; en baffinant d'abord la playe ou l'endroit affligé avec du vin chaud où aura bouilli de la fauge, puis froter la playe ou l'endroit avec ladite eau d'Ormeau un peu chaude, en couler même dans la playe fi elle eft profonde. S'il y a diffolution rejoignez les chairs avec un point d'éguille, & y appliquer une compreffe trempée dans cette eau & fera guérie en quatre ou cinq jours. Le plus fûr eft de renouveller l'application de l'eau deux fois le jour. Ce reméde eft fpécifique & a été plufieurs fois éprouvé.

Quinte-effence laxative de Fioraventi.

La quinte-effence laxative eft une compofition qui purge toutes les parties du corps qui font empêchées d'humeurs vifqueufes, réfoud les tumeurs, éteint les douleurs, conferve la vûë, tue les vers, fait bon apetit & plusieurs autres choses. La maniére de la faire est telle.

Prenez bois d'aloës.
Canelle.
Turbits.
Aloës hépatique.
} de chacun une once.

Coloquinte deux onces.

Girofle.
Safran.
} de chacun trois scrupules.

Musc du Levant une dragme.

Julep violat une livre.

Toutes ces choses soient mises en une bozze de verre avec deux livres de notre quinte-essence, & les laisser ainsi 12 jours, & sera fait. C'est un médicament dont je me suis servi utilement à Rome. Elle se prend avec bouillon ou telle sorte de Syrop qu'on voudra. La prise est de deux dragmes jusqu'à quatre, & se prend le matin à jeun sans aucune diette, & à tous opére en bien sans travailler.

Eau tiré du bois de Fresne.

Faites tremper du bois de Fresne par morceaux ou copeaux dans de l'eau trés-claire, & ce pendant quatre à cinq jours; retirez ce bois & en mettez d'autre pareille quantité, faites tremper de même cinq jours, ce que vous répéterez quatre ou cinq fois. Filtrez votre eau & la distillez au feu de cendres.

Pour bien rectifier en une seule fois l'esprit de vin.

Si vous voulez avoir esprit de vin par une seule distillation aussi parfaite que s'il avoit été rectifié vingt fois, mettez une éponge fine qui ferme l'ouverture de l'alambic, après quoi vous y accommoderez sa chape à bec, & y ajusterez un récipient bien luté. Par ce moyen les esprits du vin monteront, & le flegme restera dans l'éponge. On ne sçauroit dire combien cet esprit est parfait, même dès la premiére distillation.

Esprit de vin particulier, par le moyen duquel on fait sur le champ des Essences.

Prenez cinq onces d'esprit de vin; mettez-le dans une cucurbite sur deux onces & demie d'alun pilé. Distillez; versez sur cinq onces d'autre alun & distillez, ce qu'on réitére jusqu'à trois fois de dessus sept onces & demie d'alun: & l'on a un esprit de vin très-capable de prendre la vertu des végétaux.

Essence de Canelle.

Prenez une demi-once de l'esprit de vin

précédent, un gros d'huile de Canelle; mêlez ensemble & l'essence est faite, ou bien prenez deux onces de bonne Canelle en poudre fine; versez dessus six onces de l'esprit de vin précédent, mettez la matiére en digestion jusqu'à ce qu'elle soit rouge; que vous filtrerez & garderez.

Telle est la maniére de faire toutes sortes d'essences des simples & des huiles. *Rothe.*

Quinte-essence de l'esprit de vin.

Prenez de l'esprit de vin bien rectifié, que vous mettrez en un Pellican ou vaisseau de rencontre, dont vous luterez exactement les jointures avec du lut de fleurs de farine & blanc d'œufs sur du papier gris. Vous le mettrez en digestion ou à la vapeur du bain-marie, ou au fumier qu'il faut renouveller tous les cinq jours pendant six semaines ou deux mois; ou meme pendant trois mois selon d'autres. Ce terme expiré, vous verrez au fond du vase des féces blanches, qui seront un signe évident de la séparation qui se fera faite des plus pures parties & l'esprit igné sera au-dessus d'une odeur très-agréable & très-douce. Vous verserez doucement cet esprit dans un autre vaisseau sans rien troubler & le conserverez précieusement.

Vertus de cette Quinte-eſſence.

En général cette quinte-eſſence eſt excellente pour toutes les infirmités qui peuvent arriver au corps humain de quelque cauſe qu'elles proviennent. Elle conſerve la chair incorruptible, elle peut ſe mêler aux qualités particuliéres des herbes, fleurs, aromates & autres choſes de cette nature, dont elle augmente la force & la puiſſance. Quiconque s'en ſervira, en ſentira d'abord un prompt effet dans le ſoulagement & la guériſon, qu'il recevra en peu de temps des maladies dont il eſt affligé.

La doſe de ce remède eſt d'une demi-once environ, ſuivant l'âge & la complexion. Les jeunes gens doivent en uſer rarement, parce qu'il multiplie le ſang & en augmente la vivacité par les eſprits ſubtils qu'il contient: mais les perſonnes âgées peuvent s'en ſervir plus ſouvent, il rétablit les forces abbattues, & ranime la chaleur naturelle. Cette quinte-eſſence guérit les éthiques, les pulmoniques & ceux qui ont la rate ou le foye attaqué. Elle appaiſe la migraine & le mal de tête, quelque violent qu'il ſoit, en prenant ſept ou huit goutes dans du bouillon ou autre liqueur appropriée, parce qu'elle n'eſt ni froide ni chaude; ainſi elle eſt très-convenable à tout âge dans les deux ſexes. Joſeph Quinti Médecin de Veniſe, marque qu'elle eſt très-uſitée dans cette grande Ville, où l'on s'en ſert avec ſuccès & que lui-même en a vû des effets merveilleux.

Autre maniére de faire cette Quinte-eſſence.

Vous prendrez d'excellent vin vieux, comme ſeroit celui de Bordeaux, que vous mettrez en un grand matras avec ſon vaiſſeau de rencontre bien luté pour le faire digérer & circuler pendant un mois dans le fumier chaud de Cheval que vous renouvellerez tous les quatre ou cinq jours; vous le diſtillerez au bain-marie dans de hautes cucurbites; & vous le rectifierez du moins quatre fois, & gardez cet eſprit à part. Prenez enſuite le reſtant flegme & féces, diſtillez juſqu'à conſiſtence de miel liquide. Torréfiez les féces que vous mettrez en poudre, ſur laquelle vous verſerez du flegme diſtillé; faites digérer à lente chaleur pendant vingt-quatre heures, filtrez, puis diſtillez la moitié de votre liqueur & la mettez en lieu froid, il s'y formera des cryſtaux, diſtillez la liqueur reſtante pour tirer vos cryſtaux. Quand vous les aurez raſſemblés, vous les diſſoudrez dans votre flegme & les coagulerez tant de fois, qu'ils soient comme une glace claire & transparente.

Vos crystaux étant bien purifiés, broyez-les subtilement, puis versez dessus de votre esprit, que vous ferez digérer pendant trois jours au bain de cendres, & distillez ensuite. Recommencez ce procédé jusqu'à ce que l'esprit soit bien empreint de sa propre ame, & que le corps desséché mis sur une lame de fer rougie au feu, ne rende pas de fumée. Ce corps étant bien calciné jusqu'à blancheur, versez dessus la huitiéme partie de son poid d'esprit animé, puis digérez & distillez à la chaleur lente du bain; versez ensuite la sixiéme partie de l'esprit, digérez & distillez de même, continuez ce procédé en versant la cinquiéme, puis la quatriéme & ainsi de suite jusqu'à ce que la plus grande partie du corps, mis sur une lamine ardente, ou rougie, s'en aille en fumée.

Cela étant fait, mettez un chapiteau à bec sur votre cucurbite, donnez feu de cendres l'espace de deux jours, jusqu'à ce que le soufre du végétable s'attache comme du talc aux parois de votre vaisseau. Alors prenez une once de ce soufre que vous joindrez avec quatre onces de votre premier esprit rectifié, que vous mêlerez, digérerez, distillerez & cohobérez sur cendres chaudes, tant que tout le corps soit passé dans le récipient avec l'esprit; distillez deux fois au bain bouillant, & circulez votre esprit pendant soixante jours, & séparez l'hipostase ou féces subtile qui reste au fond du Pellican: & vous aurez la quinte-essence de vin que vous garderez pour vous en servir au besoin. Beguin qui donne cette opération marque néanmoins qu'elle peut se faire en cinq semaines, comme lui-même l'a éprouvé & qu'avec cette derniére quinte-essence, il a tiré la teinture de l'or.

Quinte-essence de Sang.

Prenez dix ou douze onces de sang nouvellement tiré d'un homme sain & robuste, qui soit entre vingt & trente ans.

Ou pour le mieux je choisirois du sang de Cerf.

De ce sang vous en séparerez le flegme & sur douze onces vous ajouterez une livre de sel blanc bien purifié, que mettez en une grande cucurbite avec sa rencontre bien lutée que rien ne transpire, placez au fumier de Cheval ou au bain de vapeur, pendant quarante jours, alors le sang sera entiérement putréfié & converti en eau, que vous distillerez au sable fort lentement, & cohobérez trois ou quatre fois sur la tête morte. Vous aurez une eau spiritueuſe très-claire, que vous ferez circuler dans un vaiſſeau de rencontre, pour en ſéparer les plus pures parties ; & les féces iront au fond du vaiſſeau. Retirez ce qui ſera clair pour vous en ſervir en la maniére ſuivante.

Séparation des quatre Elémens du Sang.

Prenez ce ſang réduit en eau & en tirez à très-lente diſtillation aux cendres, ce qui pourra monter : cette liqueur claire eſt l'élément de l'eau, remettez cette premiére eau ſur la tête morte, mêlez bien le tout & faites digérer pendant huit jours au bain bouillant, les jointures du vaiſſeau de rencontre bien lutées. Diſtillez aux cendres, & vous tirerez deux élémens en même temps, ſçavoir l'eau & l'air, que vous ſéparerez à la vapeur du bain : l'eau monte la premiére, & l'air reſte au fond du vaſe. Vous conſerverez cet air à part ; alors pour ſéparer l'élément du feu ou le ſoufre vital, vous prendrez quatre livres de l'élément aquatique pour chaque livre de la tête morte, & les ayant bien mêlés enſemble, digérez les environs huit jours & les diſtillez à feu de ſable gradué, & très-fort ſur la fin. Il ſortira une eau rouge comme du ſang vermeil qui contient l'élément du feu & de l'eau, dont vous ferez la ſéparation au bain, l'eau montera &

l'élément du feu ou l'huile sulphureuse demeure en bas. Il reste dans la cucurbite une liqueur noire comme de l'ancre, qui est l'élément de la terre, que vous devez circuler, distiller & cohober selon l'art, & il vous restera une terre diaphane comme cristal, très-pure & très-efficace.

Vertus de ces quatre Elémens.

L'élément de l'eau est spécifique pour les infirmités froides ou chaudes, fortifie le cœur, remet les poulmons dans leur état naturel; guérit le flux de toute espéce. La dose est une cuillerée selon l'âge & la force dans une liqueur convenable. L'air ou sel volatil a plus de force pour les mêmes infirmités & conserve la vigueur, multiplie & ranime le sang; est très-efficace pour la migraine, mal de tête, mal caduc, vertiges & autres infirmités, mais il en faut une bien moindre dose que de l'eau. L'élément du feu où le soufre est encore plus efficace pour les vieillards, & peut être regardé comme le baume ou elixir de vie; on peut le mêler & digérer avec les crystaux ou terre transparante; mais pour venir à bout de ce travail, il faut être habile Artiste & avoir de la patience. *Rupescissa* de la quinte-essence, Liv. 2. Canon. XII.

Quinte-essence de l'Argent.

Ayez du vinaigre distillé, dans lequel vous ferez dissoudre de bon tartre calciné, avec du sel ammoniac, mettez-le sur de la chaux d'argent bien faite en un matras bien-bouché & luté. Placez-le dix ou dix jours au fumier de Cheval : puis le versez en un alambic de verre, avec son chapiteau, distillez le vinaigre ; poussez le feu & vous verrez monter la quinte-essence d'argent sur laquelle vous verserez de l'esprit de vin bien rectifié pour en faire l'extraction : & vous aurez une quinte-essence qui a des vertus admirables, approchant de celle de l'or.

Quinte-essence du Mercure commun Vitriol & Couperose.

Faites sublimer l'argent vif avec le vitriol, la couperose & le sel commun ; dans cette sublimation se trouve le soufre des Philosophes ; faites dissoudre ce sublimé en eau-forte de salpétre & vitriol ; distillez le dissolvant, sublimé le mercure, & vous trouverez au fond les impuretés du mercure en poudre noire ; triturez votre sublimé avec vitriol & sel, puis le faites sublimer pour la troisiéme fois, toujours avec nouveau vitriol & sel : prenez ce sublimé & le dissolvez en pareille eau-forte que dessus. Retirez le dissolvant, puis sublimez derechef & trouverez encore des féces noires au fond de la cucurbite ; broyez encore ce sublimé avec autre vitriol & sel ; & faites dissoudre de nouveau ce sublimé en pareille eau forte que dessus ; distillez le dissolvant, sublimez la matiére & vous aurez peu de féces. Si néanmoins il en restoit encore, il faut réïtérer la dissolution tant qu'il ne reste plus de féces. Cette purification du mercure est de *Basile Valentin.*

Pour séparer la quinte-essence du mercure de celle de vitriol, faites fondre votre dernier sublimé dans de bon vinaigre distillé & le vif-argent se revivifiera, & la quinte-essence du vitriol restera dans le vinaigre. Séparez le vif-argent, distillez le vinaigre & il vous restera une quinte-essence plus belle que l'or, laquelle est très-bonne pour appliquer extérieurement sur les playes.

Quinte-essence du Soufre.

Ayez de la fleur de soufre, que vous ferez dissoudre en vieille urine à feu très-lent ; quand l'urine sera bien colorée, versez-la par inclination & en remettez d'autre & ainsi de suite, tant que de nouvelle urine se colorera ; mêlez vos urines & les faites évaporer, & la quinte-essence de ſoufre reſtera au fond de couleur rouge; vous mettrez cette quinte-eſſence en vinaigre diſtillé, & s'il eſt reſté quelque huile du ſoufre, il la faut ôter, puis faire un peu évaporer, & gardez pour vous en ſervir.

Quinte-eſſence d'Antimoine.

Pulvériſez ſubtilement de l'antimoine minéral, & le mettez en vinaigre diſtillé, & le digérez ſur un feu de cendres très-lent, quand il ſera teint vuidez par inclination; remettez de nouveau vinaigre, & vuidez de même tant qu'il ſe colorera. Continuez tant que vos vinaigres prendront de la teinture, mêlez tous vos vinaigres & les filtrez, diſtillez à feu doux, retirez ledit vinaigre & pouſſez le feu, afin que l'huile rouge tombe dans un nouveau récipient. Conſervez précieuſement cette liqueur qui eſt très-douce pour vous en ſervir à la guériſon des playes, qu'elle guérit comme miraculeuſement, ſi auparavant vous la faites digérer dans le fumier pendant quarante jours en une fiole bien bouchée.

Feu ſecret Philoſophique.

Prenez de la quinte-eſſence de mercure & vitriol ci-deſſus marquée, joignez-la par égales parties, avec du ſel ammoniac ſublimé de ſept à dix fois. Mettez en délit à la cave, & il ſe diſſoudra en huile qui a tant de force qu'elle perceroit la main ſi on y en mettoit une goute; mais elle perce le fer, le cuivre & l'argent. Mettez dans cette eau, argent, étain ou autres métaux en limaille, elle les diſſout en forme de perles ou de mercure.

Sel & Huile de Tartre excellente.

Faites calciner du tartre blanc à blancheur, ou le calcinez avec égale partie de nitre fin, mis l'un & l'autre en poudre. Verſez enſuite deſſus de bon eſprit de vin, à la hauteur de trois doigts, que vous diſtillerez. Réïtérez ces infuſions & diſtillations de nouvel eſprit de vin, tant que l'eſprit en ſorte auſſi fort que vous l'y aurez mis; faites tomber en délit à la cave, & vous aurez une huile de tartre admirable qui guérit toute playe en un inſtant. Cette eau révivifie le mercure du ſublimé à lente chaleur. L'opération des diſtillations doit ſe faire en cucurbites de terre bien lutée; car ce tartre a tant de force, qu'il caſſe les vaiſſeaux de verre & de terre ordinaire. *Tiré des Remédes de Joſeph Quinti, Médecin Venitien.*

Remède pour rajeunir ou du moins retarder la vieilleſſe.

Vous prendrez la quinte-eſſence d'eſprit de vin dans laquelle vous mettrez de la quinte-eſſence d'or & de perles, il en faut prendre ſoir & matin une petite cuillerée juſqu'à ce qu'on ſe ſente dans la force & l'agilité de l'âge de quarante ans, après quoi il en faut uſer prudemment & tout au plus une fois tous les huit ou quinze jours. On la doit prendre dans de bon vin, dont il faut uſer à ſes repas ordinaires.

Uſage de la Quinte-eſſence pour un malade à l'extrêmité.

Il en faut donner à un moribond, & s'il eſt impoſſible de le guérir, elle rappellera ſes eſprits, ranimera ſa connoiſſance pour mettre ordre à ſes affaires; & s'il en peut revenir, elle le guérira en peu de temps & le fera aller juſqu'au terme fixé par la providence, ſans aucune infirmité.

Ratafia de Coquelico, de Poitrine dans les conſtitutions ſéreuſes du ſang. Méthodes d'Helvetius.

Prenez une livre de fleurs de coquelico fraîchement cueillies, bien épluchées; mettez les dans un coquemard de terre, & versez dessus une pinte d'eau bouillante. Laissez les infuser pendant vingt-quatre heures, & passez le tout par une étamine avec expression. Ajoutez-y une livre de Sucre Royal, de la Canelle fine & du cloud de Girofle en poudre, de chacun un gros, faites bouillir le tout en consistence de Syrop un peu clair, que vous clarifierez avec un blanc d'œuf: ensuite vous l'ôterez du feu, & vous y mêlerez une pinte de bonne eau-de-vie. Laissez-le refroidir & le gardez dans des bouteilles bien bouchées.

Ce Ratafia est agréable à boire; il fortifie la poitrine, & convient dans les coqueluches, & toux opiniâtres. On en prend le matin à jeun, depuis une demi-cuillerée à bouche jusqu'à deux ou trois cuillerées à la fois, pures ou mêlées avec autant d'eau, & une pareille dose le soir en se couchant.

Si l'on manque de Coquelico, on peut employer le safran à sa place: mais il ne faut en faire entrer que quatre onces dans cette composition. Il produit les mêmes effets. Il est meme plus cordial, & convient dans toutes sortes d'occasions, où la confection d'Iacinthe & les autres cordiaux sont indiqués. Les enfans en peuvent user très-utilement dans leurs maladies, comme la petite Vérole, Rougeole; foiblesses & autres.

La dose est d'une cuillerée à Caffé, jusqu'à deux ou trois cuillerées, pure ou mêlée dans une tasse d'eau.

Eau magistrale pour les yeux & les nétoye de toute tache.

Cette composition se fait de matiéres propres pour les yeux.

Prenez du meilleur vin blanc qu'il soit possible, douze livres.

Pain frais levé, quatre livres.

Chélidoine.
Fenouil.
Pignon de Scille. } de chacun quatre onces.

Girofles, quatre dragmes.

Mettez tout en une cucurbite avec son alambic & récipient à distiller au bain, & lui donnez tant long-temps le feu qu'il en sorte cinq livres d'eau, qu'il faut garder à part, & telle eau sera excellente pour les yeux, parce qu'elle conserve la vûë, & nétoye l'œil de toute tache. Si on en prend par la bouche tous les matins une once durant un mois, elle maintiendra le corps en santé. Bref en toutes choses où elle est employée, elle fait très-bien. J'en ai usé une infinité de fois avec grand honneur & profit des malades.

Pour faire du Vinaigre.

Rappez du bois d'if dans du vin, & il sera bientôt converti en vinaigre.

Autre.

Mettez dans du vin de la racine de bête ou carde de poirées, & en trois heures vous aurez vinaigre.

Ce vinaigre reprend sa qualité de vin, si ôtant la racine de bête, vous y mettez de la racine de choux.

Vinaigre distillé.

Pour fortifier le vinaigre distillé, il faut le rectifier sur un peu de sel armoniac; par ce moyen il tire bien plus aisément la teinture du verre d'antimoine; mais il n'y faut pas mettre de plus de ce sel qu'il en peut dissoudre à froid. C'est la vraye proportion. *Rothe.*

Sel de Tartre excellent.

Distillez de l'eau de pluye à feu de cendres très-doux; étant distillée vous la ferez chauffer & y jetterez du tartre blanc de Montpellier mis en poudre une quantité suffisante pour être dissoute. Filtrez cette liqueur, puis faites évaporer à feu doux de cendres jusqu'à pellicule: laissez cristalliser; faites fondre ces crystaux dans de nouvelle eau de pluye diſtillée. Evaporez tant qu'il vous reſte un ſel blanc fixe & fuſible & permanent au feu, ſans fumer. En cet état ce tartre congéle le mercure. Deux ou trois grains de ce ſel pris dans un véhicule convenable ſont un reméde ſouverain pour retablir les forces.

Sel de Tartre volatiliſé.

Il faut avoir du ſel de tartre bien blanc que vous ferez diſſoudre dans de bon vinaigre diſtillé, puis filtrez & évaporez juſqu'à pellicule. Mettez ſon double poid de ſablon blanc, bien net & les reverberez enſemble l'eſpace de douze heures dans un vaiſſeau de terre non-verniſſé. Prenez cette matiére que vous ferez diſſoudre derechef dans du vinaigre diſtillé: filtrez & évaporez comme devant. Melez avec ſablon, reverberez & diſſolvez tant que le ſel de tartre ſoit auſſi blanc que neige. Prenez ce ſel que vous ferez diſſoudre de nouveau dans du vinaigre diſtillé, que vous ferez évaporer au bain; diſſolvez & diſtillez tant que votre vinaigre ſorte âcre & picquant. Faites ſécher doucement ce ſel & y ajoûtez ſon poid d'eſprit de vin, les digérant enſemble & diſtillez à lente chaleur. Remettez de nouvel eſprit de vin. & digérez. Continuez tant de fois que votre eſprit de vin en ſorte auſſi fort que vous l'y avez mis. Après quoi faites évaporer doucement, puis sublimez le sel par degré de feu, & le gardez soigneusement : & il dissoudra l'or & tous les autres métaux.

Cristal de Tartre.

Vous prendrez une livre de bon tartre blanc en poudre que vous pulvériserez & laverez, & l'ayant mis en une terrine, vous verserez dessus quatre pintes d'eau de Riviére bien clarifiée : faites bouillir jusqu'à pellicule, filtrez par la chausse ou le blanchet & mettez cristalliser en lieu froid l'espace de six heures : puis versez l'eau par inclination ; faites évaporer l'eau de nouveau jusqu'à pellicule & laissez cristalliser, réïtérez tant que vous ne tirerez plus de cristaux. Prenez tous vos cristaux & les faites bouillir dans de nouvelle eau, filtrez par le papier gris, & laissez cristalliser derechef en lieu froid ; réïtérez la même opération trois ou quatre fois pour avoir vos cristaux plus purs & plus blancs.

La dose est depuis une dragme jusqu'à deux dans un bouillon chaud. Ce remède purge & incise les humeurs grossiéres, & il est très-utile dans les maladies tartareuses, en le prenant ainsi, sçavoir ;

Deux dragmes de séné & une dragme de cristal de tartre, que vous ferez dissoudre dans un bouillon chaud, auquel vous ajoûterez votre séné, que vous ferez infuser doucement & passerez. *Davissone Elémens de la Philosophie, page* 488.

Liqueur Alkaest ou de Cristal.

Vous aurez du sel de tartre très-pur ou du nitre fixé, six parties, cristal ou cailloux calcinés deux parties : faites fondre à feu violent dans un bon creuset ; puis l'ayant versé dans un mortier de marbre échauffé ; laissez-le refroidir, mettez en poudre à la cave, & il se résoudra en huile ou liqueur propre à tirer les quinte-essences des métaux, minéraux, végétaux & animaux. *Quinti.*

Quinte-essence des Métaux.

Lorsqu'ils sont dissouts, édulcorez & séchez, digérez-les avec cette liqueur, & en faites ensuite l'extraction avec de bon esprit de vin.

Quinte-essence des Minéraux.

Prenez le minéral que vous mettrez en poudre impalpable, versez dessus la même liqueur, digérez pendant huit jours, puis en faites l'extraction par l'esprit de vin.

Quinte-essence des Végétaux.

Pilez les feuilles, fleurs, écorces ou racines, digérez-les avec la liqueur alkaeft pendant cinq ou six jours, & enfuite avec l'efprit de vin, que vous reduirez en extraits felon l'art.

Quinte-essence des Animaux.

Il faut en piler les parties comme on a fait les végétaux, les digérer dans la liqueur pendant quelques jours, puis en faire l'extrait par l'efprit de vin.

Sel de Tartre très-pur.

Pour bien faire le fel de tartre, il faut le faire bouillir dans fix fois fon poids d'eau de Riviére ou de pluye bien clarifiée; quand tout fera diffout vous le pafferez dans une chauffe & laiffez repofer. Faites évaporer & le tartre fe formera en cryftaux que vous ramafferez & ferez fécher.

Prenez une livre de ce tartre avec poids égal de nitre fin, que vous mettrez en un creufet pour en faire la détonation. Vous l'expoferez à l'humide, & il fe réfoudra en huile, qui étant privée de fon humidité par la chaleur fe convertit en fel.

Le moyen de faire la pierre végétable qui transmue les corps d'une complexion en une autre, les entretenant en bonne santé toute la vie, par Fioraventi.

Voici l'ordre qu'il faut tenir pour faire cette pierre.

Vous prendrez du tartre de vin blanc qui soit gros & luisant.

De la térébentine qui soit pure & claire, de l'herbe d'aloës qui porte les feuilles longues comme le bras, dentées par les bords, grosses & pleines d'humeur gluante, qu'aucuns appellent semperviva.

Vous prendrez donc de ces trois choses une livre de chacune & les pilerez ensemble en forme de pâte, que vous mettrez distiller dans une cucurbite avec son alambic & récipient, lui donnant toujours le feu jusqu'à ce que toute l'humidité soit sortie. Alors vous tirerez de la cucurbite ce qui y sera demeuré, qui sera de couleur noir & puant, & le pilerez en faisant derechef une pâte avec l'eau qui en sera distillée, & remettrez le tout ensemble distiller dans la même cucurbite, ou une autre si la premiére est rompue, augmentez si bien le feu à la fin de la distillation que ce qui reste dedans la cucurbite, soit brûlé & bien sec que vous tirerez derechef & pilerez avec son eau, pour rédistiller comme

comme devant : & vous ferez cela jusqu'à quinze ou vingt fois tant que les féces ayant bû & consommé toute leur eau, soient blanches comme sel.

Alors il faudra mettre ce sel sur le marbre à l'humide, & il se convertira en eau très-claire, qu'il faudra garder en un vaisseau de verre bien bouché. Ainsi vous aurez l'eau de la pierre végétable, qui a tant de vertu qu'un scrupule mélé avec deux onces de julet violat donné par la bouche à tel malade que ce soit, en moins de quarante jours, il sera delivré de toute maladie. Cela se doit prendre le matin à jeun, quand l'estomac est vuide, & la viande digérée, alors il opére beaucoup mieux : c'est un bon reméde contre les vers, de le faire prendre en la maniére susdite. Il mondifie le foye, desséche l'humidité de la rate, adoucit la toux, guérit le catharre, provoque l'urine, & a plusieurs autres vertus.

Gomme ammoniac.

Cette gomme qui vient d'Egypte, découle d'un arbre qui croît dans les environs du lieu où étoit autrefois le temple de Jupiter-Ammon. Elle est non-seulement employée au-dehors dans les emplâtres résolutifs & attractifs, mais encore au-dedans en opiate contre le schirre du foye. Il faut la mettre en poudre en hyver, car en été on a de la peine à le faire. Mais surtout gardez-vous bien de la dissoudre dans le vinaigre ou pur ou distillé ; c'est le moyen de la priver de sa plus grande vertu. C'est néanmoins ce que font la plûpart des Apoticaires.

On peut la distiller pour en tirer l'esprit, mais avec beaucoup de circonspection en une cornue de verre lutée, dont les deux tiers restent vuides. Séparez-le de son huile par le papier gris, & le rectifiez en une petite cucurbite à feu de sable. Sa dose est de huit à seize goutes contre la peste & autres maladies malignes, même contre le scorbut & contre toutes sortes d'obstructions.

La Médecine du Flos-cœli.

Le flos-cœli n'est autre chose qu'une vapeur qui sort du centre de la terre, jusqu'à la superficie au temps des équinoxes, celle du mois de Mars est appellée la femelle, & celle de Septembre le mâle, lesquels ne manquent jamais, sçavoir la femelle depuis le vingt-un Mars jusqu'au vingt-un Avril de se manifester & sortir avant le Soleil levant ; ce que vous connoîtrez en portant l'oreille à terre, par un bouillonnement de séve avec une senteur comme de soufre, elle prend toutes sortes de formes selon la disposition des pores par où elle passe, elle est de couleur verte plus transparente qu'émeraude, approchant de la couleur de l'huile, épaisse comme du verre, ce qui a fait dire à plusieurs Philosophes, pour la cacher, que c'étoit leur vitriol, il y en a de grandes feuilles comme du papier, & elle se cueille ès lieux les plus sabloneux plus volontiers qu'ailleurs; il la faut cueillir en lieu regardant vers le Soleil levant; le même se fait en Septembre dès le 21 jusqu'au 21 Octobre; s'il faisoit par hasard grand vent ou grande pluye, il n'en sortiroit point, c'est proprement une espéce d'herbe sans racines, baveuse & de couleur verte qui ne sort qu'après la pluye desdits mois, & si vous attendez de la cueillir après le Soleil levé, & qu'il ait donné dessus, elle sera évanouie, vous n'en appercevrez plus ou du moins elle sera toute rotie tombant en poussiére, sans qu'il reste rien de sa séve ou de son humidité.

Lorsque vous l'aurez cueillie à son temps & heure favorable, il la faut laver en eau de fontaine, & qu'il n'y reste aucune terre ni limon, la bien essuyer avec un linge blanc en étendant un linge sur le plancher, où avec la main vous la taperez contre le linge, & vous la laisserez ainsi jusqu'au lendemain, afin qu'il ne lui reste aucune humidité superficielle. Cela fait, vous la pilerez dans un mortier de marbre ou de verre, & la mettrez dans un vaisseau de verre bien lutté, que rien ne respire, & laisserez ainsi reposer par quarante jours sans feu, passé lequel temps il la faut presser dans un linge bien blanc au pressoir d'un Apoticaire, & elle vous rendra plus de moitié pesant de son jus, couleur même de sang, qui est la résolution où elle est tombée pendant ledit temps d'elle-même, & s'étant ainsi transmuée naturellement d'un régne à l'autre, & changée de terre en eau, mettez cette extraction dans un alambic de verre jusqu'à moitié plein, luttez-le bien avec farine & blanc d'œuf, y adaptant un récipient d'égale grandeur que vous exposerez sur une fenêtre ou autre lieu semblable, le jour & la nuit, & elle se distillera toute seule d'elle-même, par l'agitation des mouvemens célestes, qui lui ont donné l'être, dont il sortira une eau belle & claire, mais il n'en sortira qu'environ la dixiéme partie, ce que vous n'aurez pas peine à discerner, parce qu'elle n'agit que quarante jours, & cet esprit est appellé dissolvant universel qui contient en soi les vertus du feu & de la rosée, qui sont soufre & mercure, & enfin toutes les productions de la nuit &

du jour, de la Lune & du Soleil ; elle diſſout par injection le calcul de la veſſie.

Quand vous voudrez en faire une médecine univerſelle pour toutes les maladies, il la faut mettre dans un matras & la cuire doucement à un feu de lampe bien réglé, ledit matras doit avoir ſa rencontre. Si vous avez un Pélican il ſera encore mieux, ſi vous n'en avez point le ſuſdit matras tiendra lieu, enſorte que la matiére ſe cohobéra d'elle-même, & ſe congélera de même en cryſtaux, au lieu que ſi vous la mettez dans un alambic & que l'eau ait diſtillé, il faudra cohober en remettant ladite eau ſur la partie qui ſera ſéche, & il y aura plus de perte de temps & de matiére, & il faudra cohober ſept fois, après quoi votre eau ſera ſans peine dans le Pelican, ce qu'on appelle réincruder les corps ou purifier ; enfin ces ſels qui ſe faiſoient en gros cryſtaux pendant l'œuvre de ces corporifications ſe calcineront d'eux-mêmes, & ſe mettront & réduiront en une poudre impalpable, laquelle vous garderez ſoigneuſement, parce qu'elle renferme en ſoi la vertu de toutes les ſubſtances terreſtres & éthérées, propres principalement pour la conſervation de notre chaleur naturelle & humide radical ; & pour paſſer plus avant & pénétrer les merveilles qu'elle contient en ſoi, vous procéderez en tout & par tout avec ses flos de Septembre, comme vous avez fait dans l'opération de la femelle.

Cela supposé, vous joindrez ces deux poudres ensemble à poids égal, & pour lors un atome a plus de vertu qu'une dragme entiére. Etant donc jointes ensemble, elles sont appellées élixir, par lequel on peut parvenir & atteindre les hauts mystéres de la transmutation métallique, selon qu'il sera fermenté par le Soleil & par la Lune.

Il faut observer le poids de la nature en prenant dix onces de cèt élixir & une once d'or en feuilles, & les broyer sur le marbre, puis mettre cette poudre dans un vase qui sera lutté hermétiquement, cuisez pendant quarante jours à feu fort doux de lampe sans discontinuer ou de cendres, & en vingt jours l'élixir résoudra cet or en sa premiére matiére, qui sera plus noir que le noir, dix jours après ce grand noir produira une blancheur de neige, en autre dix jours paroîtra une couleur verte, puis citrine, puis violet obscur, puis tout d'un coup en quatre jours les derniers sera rouge & fera sa projection sur le mercure mis au creuset jusqu'à fumer, jettant dessus de cette poudre une part sur sept parts de mercure, & sera fixé *si credere fas est*.

Prenez une once de votre poudre, dissolvez-la dans sept onces de votre susdit sang, mettez au bain-marie un matras, & mettez le feu de cendre par dix ou douze jours, le tout deviendra comme une gomme fondue; pour lors enterrez-le dans le sable jusqu'au col continuant le feu par deux fois vingt-quatre heures & sera médecine qui va un poids sur cent de mercure, & le fixera en fin métal suivant le ferment, & ainsi procédez à l'infini: je n'en crois rien cependant.

Remarque sur le procédé du Flos-cœli.

Il faut tirer le sel de ce qui reste après la distillation pour la premiére eau qu'elle a rendue.

Pour marier le mâle avec la femelle, il faut conserver la femelle ou le mâle pour cela, c'est-à-dire le premier qui aura été le premier cueilli, pour qu'il puisse attendre la recolte de l'autre.

On l'enfermera dans une bouteille une nuit avant que l'on veuille faire ce mariage, il faudra tremper la séche dans de l'eau, où elle deviendra comme elle étoit quand elle fut cueillie, après quoi on les unira comme il est porté ci-dessus; une cuillerée de cette eau avec de son propre sel, guérit toutes sortes de maladies, & principalement les fiévres, & si l'on est obligé de réïtérer, l'on le peut faire jusqu'à deux & trois fois de deux en deux jours à jeun.

Emplâtre dudit Flos-cœli.

Mettez telle quantité qu'il vous plaira de flos-cœli dans un pot vernissé, versez dessus de l'huile d'olive autant qu'il en faudra pour bien couvrir ladite fleur, faites-le digérer à froid pendant trois ou quatre jours, ensuite de quoi vous verserez le tout dans un poëlon, ou le ferez boüillir dans ledit pot, jusqu'à ce que ladite fleur demeure séche au fonds dudit poëlon : coulez votre huile dans laquelle vous mettrez semblable quantité dudit flos-cœli, digerez-les & les cuisez comme dessus, réïtérant cela une troisiéme fois, après quoi vous peserez votre huile & prendrez son pesant de bonne litarge réduite en poudre, sur laquelle vous verserez de bon vinaigre clairet une quantité suffisante, & les ferez boüillir tant soit peu, après quoi l'ayant laissé un peu reposer pendant quelques heures, vous tirerez doucement ledit vinaigre empreint du sel de ladite litarge, prenant garde que vous n'y mêliez point du trouble, après quoi mêlerez ledit vinaigre avec votre huile susdite du flos-cœli dans un poëlon & les cuirez doucement sur le feu remuant toujours jusqu'à ce que ce mêlange devienne de couleur brune obſcure & qu'il ait acquis une juſte conſiſtance, ce que vous éprouverez ſur le cul d'un mortier, & étant refroidi le roulerez en magdeleons ou rouleaux, que vous garderez pour le beſoin.

Cet emplâtre eſt employé pour la guériſon des loupes & des écrouelles.

La Pierre de feu Baſile Valentin, & les préparations néceſſaires pour la faire, tirées du Char triomphal de l'Antimoine.

Prenez de l'antimoine minéral, de celui qui ſe trouve dans les mines d'or, & partie égale de ſel nitre, (l'Auteur dit ſimplement nitre, ſans parler de nitre préparé, il faut pourtant le préparer de la maniére qui ſera enſeignée ci-après.) Broyez-les en poudres ſubtiles, & les mêlez. Mettez-les ſur un feu modéré & les brûlez enſemble fort doucement; (c'eſt en cette manipulation que conſiſte principalement cette opération,) votre miniére deviendra noirâtre. Faites-en du verre, comme il ſera ci-après enſeigné. Broyez ce verre en poudre ſubtile, & en tirez la teinture rouge de couleur haute, avec le fort vinaigre diſtillé, & fait de la propre miniére d'antimoine, de la maniére qu'on le dira ci-après. Retirez le vinaigre par distillation au bain, il restera une poudre; (prenez bien garde, dit le Commentaire de Kerkring, de ne pas brûler les aîles de votre oiseau, qui s'éléve sur les hautes montagnes;) de laquelle poudre vous ferez l'extrait avec l'esprit de vin très-rectifié, ainsi qu'il sera ci-après enseigné. Les féces resteront & vous aurez une belle teinture rouge & douce, qui est en grand usage dans la Médecine. C'est le pur soufre d'antimoine le mieux séparé qu'il est possible.

Si vous avez deux livres de cet extrait, prenez quatre onces de sel d'antimoine préparé, comme on dira ci-après; versez votre extrait dessus, & les circulez du moins pendant un mois dans un matras scellé hermétiquement, le sel s'unira au soufre de l'extrait. S'il se fait des féces, il faut les séparer & en tirer encore l'extrait au bain-marie, avec l'esprit de vin préparé. Poussez à feu très-fort la poudre qui restera, il passera une huile douce de plusieurs couleurs, transparente & rouge. Rectifiez encore cette huile au bain-marie & en tirez la quatriéme partie, & alors l'huile sera préparée.

Cette opération étant achevée, prenez du mercure vif d'antimoine fait de la maniére qu'on le dira ci - après: (le Commentaire dit, qu'il faut le véritable mercure des Philosophes, sans quoi on ne sera rien. On enseignera ci-après la maniére de le faire.) Versez sur ce mercure de l'huile rouge de vitriol faite sur le feu, c'est-à-dire, avec de la limaille d'acier mêlée avec le vitriol, laquelle soit très-rectifiée. Distillez le flegme du mercure à feu de sable, & vous aurez un précipité précieux d'une couleur admirable. Il est excellent dans les maladies chroniques & dans les ulcéres, il desséche puissamment les humeurs qui causent les maladies martiales, à quoi il est fortement aidé par l'esprit de l'huile, qui est resté avec le mercure, & qui s'est uni avec eux.

Prenez de ce précipité & de l'huile douce d'antimoine préparée, comme il est enseigné ci-dessous, parties égales. Mettez-les ensemble dans un matras bien scellé. Le Commentaire dit qu'il faut plusieurs mois, & qu'il ne faut pas presser cette union martiale, (*puta* 6 mois,) & un feu convenable, (*puta* feu de lampe,) avec le temps le précipité se dissoudra dans cette huile & se fixera; le flegme même en est consumé par le feu, & il s'en fait une poudre rouge, séche & fixe, qui ne fume point.

Voilà, dit l'Auteur, la Médecine des hommes & des métaux. Elle est agréable & douce, sans danger, penétrante &

chasse le mal sans provoquer de selles. L'usage en doit être proportionné au tempérament, afin de ne pas accabler la nature par l'excès, & de ne pas la priver de l'effet par le défaut. Il ne faut pourtant pas si scrupuleusement craindre l'excès, car il n'est pas nuisible; mais il est propre à procurer le recouvrement de la santé, & résiste au venin lorsqu'il y en a de caché. La dose ordinaire & suffisante est de trois ou quatre grains à chaque fois dans de l'esprit de vin ordinaire mêlé & tempéré avec de l'eau pure, ou dans un bouillon, ou enfin dans un véhicule convenable. Elle guérit les vertiges, & toutes les maladies qui proviennent du poumon, la difficulté de respirer, la toux, la lépre, la vérole, & souvent la peste, la jaunisse, l'hydropisie, toutes sortes de fiévres, le poison qu'on a avalé, les philtres, & malefices. Elle fortifie tous les membres, & le cerveau, la tête & tout ce qui en dépend, l'estomac & le foye. Elle guérit toutes les maladies qui viennent des reins, purifie le sang, rompt & pousse la pierre dehors, provoque l'urine retenue par les flatuosités; restaure & rétablit les esprits vitaux, guérit les suffocations de matrice; arrête & provoque les menstrues, mettant la nature dans l'état & la disposition qu'elle doit avoir, procure la fécondité en rendant la ſemence ſaine & prolifique tant aux hommes qu'aux femmes. Si on la mêle aux onguens convenables, & qu'on l'applique extérieurement, elle guérit les cancers, les fiſtules, les os cariés, tous ulcéres corroſifs, même le *noli me tangere*, & tout ce qui vient de l'impureté du ſang: enfin, c'eſt un remède qui guérit les accidens qui peuvent arriver au corps humain.

Préparation du Nitre.

Quoique Baſile Valentin ne parle dans ce livre d'aucune préparation du nitre, néanmoins on le doit préparer.

Le meilleur eſt celui qui ſe criſtaliſe le premier dans la premiére eau, comme contenant toutes les plus eſſentielles qualités du nitre.

L'on peut le purifier parfaitement en le diſſolvant & coagulant avec de l'eau de pluye pure, diſtillée, tant de fois qu'il n'y reſte plus d'alun, ni de ſel commun dont il eſt beaucoup mêlé, & que le nitre en ſorte au même poids qu'on l'y aura mis.

Mais il ne doit pas être calciné ou fixé; parce que dans la calcination il perdroit avec ſa partie inflammable volatile, preſque tout ce qu'il contient d'acides, qui doivent ſervir à la calcination de l'antimoine.

Pour faire le verre d'antimoine.

Prenez votre poudre impalpable ou mêlange d'antimoine & de nitre, calcinez-la parfaitement & doucement dans un fourneau à vent sur une thuile rebordée, évitant de recevoir la fumée, (car elle est dangereuse.) Remuez incessamment avec une verge de fer, jusqu'à ce que la matiére ne fume plus. Broyez-la de nouveau en poudre impalpable, & la recalcinez & réïtérez tant de fois, qu'elle ne se coagule plus en grumeaux, & qu'elle soit blanche comme de la cendre pure; puis mettez votre matiére dans un bon creuset dans le fourneau, donnez-lui feu de fusion très-fort, jusqu'à ce que votre antimoine soit fluide & clair comme de l'eau, & le tenez en bonne fusion pendant trois ou quatre heures pour le cuire & rendre bien pur, clair & transparent. Jettez-le ainsi dans un vaisseau de cuivre, large, plat & très-chaud, & vous aurez un beau verre d'antimoine.

Vinaigre d'antimoine ou Vinaigre des Philosophes.

Pour le faire, prenez six livres de miniére d'antimoine pulvérisé très-subtilement; faites-la digérer dans un matras avec quatorze livres d'eau de pluye diſtillée; il faut que le matras ſoit demi-plein, bien ſcellé, & le mettez à chaleur naturelle, ou dans le fumier de cheval pendant quarante jours, qui ſera le temps que la matiére commencera à écumer & à fermenter & non davantage. Puis mettez cette matiére dans une cucurbite, adaptez-y ſon chapiteau avec un récipient rempli juſqu'au quart d'eau pure, le tout bien luté, en ſorte que le bec de l'alambic, entre aſſez avant dans le récipient, afin que l'eau qui ſera dedans & celle qui diſtillera avant l'eſprit puiſſe en toucher le bec, & le ſurpaſſer de deux doigts.

Faites diſtiller l'eau à feu doux, & quand elle ſera toute paſſée, augmentez le feu pour faire paſſer le ſublimé, broyez les féces avec le ſublimé que vous aurez retiré & ſéparé de l'eau par la diſtillation, & remettez ſur le tout la même eau en nouvelle digeſtion, juſqu'à ce que la matiére commence à écumer ou fermenter, & puis retirez-la avec le ſublimé, elle ſera plus âcre. Réïtérez toute cette opération juſqu'à ce que l'eau ſoit auſſi forte que le plus fort vinaigre du vin diſtillé; plus vous réïtérerez, plus votre ſublimé diminuera.

Quand vous aurez fait le vinaigre ou acide, prenez de nouvelle miniére, verſez le vinaigre deſſus, & qu'il la ſurpaſſe de trois doigts. Mettez en digestion pendant douze jours dans un Pélican à chaleur douce, votre vinaigre deviendra rouge & bien plus fort qu'auparavant. Versez le vinaigre par décantation, & le distillez sans addition au bain-marie, le clair passera, & le rouge demeurera au fond, la teinture tirée avec l'esprit de vin est une excellente Médecine. Rectifiez de nouveau ce vinaigre au bain-marie, pour le délivrer de son flegme; enfin dissolvez dans quatre onces de ce vinaigre une once de son propre sel, & le poussez fortement à feu de cendres; le vinaigre en deviendra plus fort & d'une plus grande vertu. Il rafraîchit incomparablement plus que le vinaigre commun, & c'est un reméde expérimenté contre la gangréne causée par la poudre à canon, & contre toutes les inflammations; on l'applique en onguent avec le sel ou sucre de Saturne; si on le mêle avec l'eau d'endive & le sel prunelle, il guérit l'esquinancie & l'inflammation de sang; mêlé avec la troisiéme partie d'eau du frai de Grenoüilles, & appliqué sur les bubons pestilentiels il en tire le venin; & pris intérieurement par cueillerées une fois le jour dans un temps de peste, il rafraîchit très-bien.

Préparation de l'esprit de Vin.

Pour la faire, prenez quatre onces de sel armoniac sublimé trois fois, dix onces d'esprit de vin rectifié sur le sel de tartre, & parfaitement déflegmé. Mettez ces matiéres en digestion dans un matras bien clos, pour charger l'esprit de vin du soufre ou feu du sel armoniac, puis distillez à l'alambic. Réïterez toute l'opération trois fois, & vous aurez le véritable menstrue pour tirer la teinture rouge du verre d'antimoine. Elle se tire aussi par son propre vinaigre, & devient ensuite un très-excellent remède.

Préparation du sel d'antimoine & de son esprit.

Prenez une livre d'antimoine, deux tiers de sel de tartre, & l'autre tiers de salpêtre. (Le Commentateur dit que le nitre est inutile, qu'il ne faut que du sel de tartre autant que d'antimoine, au lieu du tartre crud que l'Auteur dit de prendre avec le nitre, sçavoir, autant de tartre que d'antimoine, & la moitié autant de nitre que de tartre.) Broyez le tout ensemble en poudre subtile, & faites fondre au fourneau à vent. Jettez dans le bassin de cuivre, laissez refroidir le régule : réïtérez pour le moins trois fois toute l'opération,

& jusqu'à ce que le régule soit blanc & luisant comme de l'argent de coupelle.

L'huile de genêvre, ou l'esprit de térébentine pur & clair qui sort le premier de la distillation, tire au bain-marie, de ce régule pulvérisé, une huile rouge comme du sang, qu'on rectifie avec l'esprit de vin. Cette huile a les mêmes vertus que le baume de soufre d'antimoine. On en donne trois ou quatre goutes dans du vin chaud trois fois la semaine pour guérir les maladies du poumon, la toux, l'asthme, le vertige, les points dans les reins & la vieille toux. Broyez ce régule en poudre impalpable, & le mettez dans un grand vaisseau de verre rond, à un feu doux de sable, l'antimoine se sublimera; abbattez tous les jours avec une plume ce qui sera sublimé, & le faites tomber au fond du vaisseau, jusqu'à ce qui ne se sublime plus rien, & que tout reste au fond. Vous aurez un régule d'antimoine fixe & précipité : mais ne vous lâssez pas, car cela demande beaucoup de temps & de peine. Broyez le précipité en poudre impalpable ; mettez-le dans une cave humide pendant six mois sur un marbre ou pierre qui soit propre & plate. Il commencera à se résoudre en liqueur rouge & pure, dont les féces se sépareront, c'est seulement le sel qui se résoud. Filtrez la liqueur, mettez-la dans une cucurbite; retirez le flegme par l'alambic pour l'épaissir jusqu'à pellicule. Remettez à la cave, & vous aurez de beaux cryſtaux. Séparez-en le flegme; ils ſeront tranſparens, mêlez de couleur rouge; purifiez-les encore une fois dans leur propre flegme, ils deviendront tous blancs, & vous aurez le véritable ſel d'antimoine. Séchez ce ſel, & y mêlez les trois parties de terre de Veniſe appellée tripel; diſtillez à feu fort, l'eſprit blanc paſſera le premier, enſuite l'eſprit rouge qui devient auſſi blanc. Rectifiez doucement cet eſprit & ſublimez au bain ſec, ou au bain-marie. Vous aurez une autre huile blanche du ſel d'antimoine diſtillé, qui eſt beaucoup inférieur au ſel ci deſſus fait de la teinture rouge.

Cet eſprit de ſel guérit les fiévres-quartes & autres; il rompt la pierre dans la veſſie; il provoque l'urine, guérit les goutes & purifie le ſang.

Pour faire le Mercure d'antimoine.

Prenez du régule fait comme il eſt enſeigné ci-deſſus huit parties, une partie de ſel d'urine humaine clarifié & ſublimé, une partie de ſel armoniac, & une partie de ſel de tartre. Mêlez tous vos ſels dans un vaiſſeau de terre, verſez deſſus du vinaigre diſtillé & fort : ſcellez hermétiquement, & digérez pendant un mois entier à feu convenable. Puis mettez le tout dans une cucurbite, & diſtillez le vinaigre au feu de cendres, juſqu'à ce que les ſels reſtent ſeuls. Ajoûtez aux ſels trois parts de terre de Veniſe, & pouſſez par la cornue à feu fort, vous aurez un eſprit admirable. Verſez cet eſprit ſur votre régule en poudre, & les mettez en putrefaction pendant deux mois. Diſtillez-en doucement le vinaigre. Mêlez enſuite avec le réſidu quatre fois autant peſant de limaille d'acier, & diſtillez par la cornue à feu violent : alors l'eſprit de ſel qui paſſe emporte avec lui le mercure en fumée dans le récipient qui doit être fort grand & à demie-plein d'eau. L'eſprit de ſel ſe mêle avec l'eau, & le mercure ſe raſſemble en mercure vif coulant au fond du vinaigre.

Huile de Mercure d'antimoine.

Pour la faire, prenez du mercure dont on vient de parler, paſſez-le par le cuir ; verſez deſſus quatre parties d'huile de vitriol très-rectifié ; retirez l'huile, les eſprits demeureront avec le mercure. Pouſſez à feu fort, il ſe ſublimera quelques parties. Remettez ce ſublimé ſur le réſidu, mettez ſur le tout de nouvelle huile au même poids que ci-devant ; recommencez toute l'opération trois fois, & à la quatriéme fois, broyez ce qui sera sublimé avec la terre, il deviendra clair & pur comme du cristal. Mettez-le dans un vaisseau circulatoire, avec autant d'huile de vitriol : & trois fois autant d'esprit de vin ; circulez jusqu'à ce que la séparation se fasse, & qu'enfin le mercure se résolve en huile qui surnage comme de l'huile d'olive : cela fait, séparez cette huile de tout le reste ; mettez-la dans le vaisseau circulatoire avec de fort vinaigre distillé, & les laissez ainsi environ vingt jours : l'huile qui avoit surnagé, reprendra son poids & tombera au fond ; & tout ce qu'il y a de reste du venin demeurera dans le vinaigre qui restera troublé. Cette huile merveilleuse est le reméde des Lépreux. Elle est aussi excellente contre l'apoplexie, parce qu'elle fortifie le cerveau & les esprits : elle rend l'homme industrieux & le rajeunit ; car l'Auteur dit qu'elle fait tomber les ongles & les cheveux aux malades de longues maladies ; elle guérit toutes sortes de maladies en purifiant le sang ; elle guérit radicalement toutes les maladies vénériennes, & il seroit difficile d'en rapporter toutes les vertus. Si on prépare bien ce reméde, on peut se vanter d'avoir une teinture qui ne céde en mérite qu'à la pierre philosophale.

Fixation du Mercure commun.

L'Auteur dit que le mercure commun ſe fixe par le moyen des eſprits métalliques, dont la mere de Saturne abonde, ſans quoi il eſt impoſſible de le fixer; à moins que ce ne ſoit avec la pierre philoſophale qui le rend fuſible & malléable comme les autres métaux. La methode de tirer ces eſprits métalliques eſt la même que celle que l'Abbé Rouſſeau a obſervée ſur toutes les miniéres ou terres métalliques.

Du moyen d'extraire l'eſprit minéral. Tiré de Moras de Reſpour.

Pluſieurs ont écrit la maniére de préparer les métaux, tant pour la ſanté que pour les richeſſes; mais comme leurs livres demeurent inutiles, faute des agens néceſſaires qu'ils ont cachés, je mets ici la maniére de les faire, pour réuſſir dans les belles opérations qu'ils ont miſes en lumiére, par le moyen de leur diſſolvant nommé, Alkaeſt, ou eau Alkaliſée. Peu de gens le poſſédent, faute de connoître la cendre du vrai Alkali mercuriel, qui eſt envelopée dans le ſoufre univerſel au centre de toutes les choſes du monde, quoique le meilleur ſe tire d'une matiére nommée vulgairement eſpiauter, ou zinc d'antimoine. En voici la maniére: faites la fondre à petit feu, dans un creuſet aſſez large, & bas; quand elle ſera rouge, remuez-la avec une ſpatule de fer, qui ait le manche aſſez long pour vous défendre de la chaleur; après l'avoir un peu émû à la ſuperficie, comme en écumant, il recommencera à flamber, qui eſt ſigne que le ☿ crud ſe détache du ſoufre étranger; ôtez avec votre ſpatule tout ce qui ſera élevé en apparence de coton ou laine blanche, que quelques-uns ont appellé ſericon, & le mettez dans une terrine, ce peu d'eau qui reſte dans le creuſet ſemblable au plomb fondu, s'allumera plus qu'auparavant. Quand il s'en ſera ſublimé encore environ la hauteur d'un demi-doigt, vous la tirerez, ainſi que la premiére fois, & la mettrez avec l'autre. Faites ainſi, juſqu'à ce que tout ſoit réduit en fleurs, ou coton: prenant garde à chaque fois que vous en tirerez, de cueillir cette fleur adroitement, ſans prendre de métail. Alors vous aurez cette eau ſéche, dont les ſages ont tant parlé: diſant qu'elle ſe tire des rayons du ſoleil, pour faire entendre que pendant l'opération, la matiére jette une lueur claire, ébloüiſſante à la vûë, ainſi que le Soleil. On a donc très-bien dit, qu'elle ſe tiroit de ſes rayons, & même de ceux de la Lune. Quand cette eau ſe convertit avec les eaux, & que les eaux ſe convertiſſent avec cette eau; ils ont feint que cela ſe faiſoit par la force d'un acier, comparant le zinc à l'acier, à cauſe de leur reſſemblance & vertu. L'acier étincelle, celui-ci s'enflamme, l'un & l'autre argentent & dorent les métaux, & ont la puiſſance de concentrer les eſprits & de reſſerrer les corps; il y a ſeulement cette différence, que l'un eſt difficile à fondre, & l'autre nullement, étant très-mol & très-obéïſſant à l'artiſte. Auſſi eſt-il dit; à quoi bon chercher cela dans une matiére dure, puiſqu'il y en a une, qui de ſoi eſt molle; dès qu'elle eſt ſublimée, comme je vous ai enſeigné, elle peut convertir toutes choſes liquides & enaigries, dès la premiére fois en ce ſel central ou ☿ philoſophique; que l'on a tant cherché. Voici comme je l'ai fait avec le vinaigre commun.

J'en ai pris une partie, & l'ai miſe dans du vinaigre diſtillé, tant que tout fut à peu près diſſout, puis après l'avoir fait filtrer & évaporer juſques en conſiſtance d'huile graſſe; je l'ôtai du feu, & il ſe congéla en forme de ſel, que je mis dans une grande retorte de verre à petit feu, & le tout ſe fondit, commençant à diſtiller par vénules, comme un eſprit de vin qui brûle, ainſi que celui d'ordinaire, quoiqu'il qu'il soit insipide : après quoi il sortit un flegme gras & roussâtre, alors toute la matiére de dedans la cornue se gonfla à plus grand feu ; moyennant quoi il s'éleva un esprit en forme de neige en grande quantité apparente, *comme* de l'épaisseur d'un pouce, qui retomboit en partie quelquefois au fond, à cause de l'abondance, & ce qui s'en échapoit malgré le papier qui bouchoit le récipient, rendoit une si bonne odeur, ainsi qu'avoue le Trévisan en sa parole délaissée ; que cela me surprit les sens comme à lui.

Après que tout fut refroidi, & que le vaisseau fut ouvert. Je trouvai autour un corps délicat, qui avoit l'éclat de l'argent commun, plus beau à l'œil, que les perles Orientales. Ce ☿ étoit obéissant au doigt, & d'odeur de camphre ; on le peut avoir quelquefois en ☿ liquide, * qui est bon ; & c'est un corps resplendissant, & coagulé qui est encore meilleur & en poudre blanche qui est très-bonne.

Ainsi vous venez d'apprendre la maniére de tirer l'humide métallique, non pas qu'il soit humide comme l'on dit en toute sa substance ; telle qu'on pourroit imaginer de l'eau ; au contraire ce n'est qu'acci-

* Voyez le Trévisan au Traité de la nature de l'œuf.

dentellement qu'elle nous paroît ainsi, quand la chose est résoute : c'est pourquoi les Philosophes l'ont nommée air, & lui ont donné plusieurs autres noms : aussi la raison pourquoi les Anciens & les Modernes ont dit qu'ils se servoient de rosée de May, d'eau d'équinoxe, d'esprit de vin, d'urine & de sang ; c'est qu'il n'importe avec quoi on tire ce ☿ parce que, comme j'ai dit, toutes choses liquides peuvent servir moyennant cette cendre minérale.

Voici la raison qu'ils ont rapportée, que leur ☿ est par tout, le nommant universel, quoique indéterminé, car autrement, il ne seroit pas besoin de ce vaisseau qui est cette fleur, pour l'extraire ; ainsi qu'une herbe attire à soi des autres êtres, ce qui lui est nécessaire pour sa subsistance. C'est la dessus que les Anciens ont feint qu'ils avoient des vaisseaux différens pour extraire cet esprit des corps liquides, parce que l'on peut extraire cette matiére spécificative de divers métaux ou minéraux métalliques ; toutes fois dans un lieu elle se trouve moins embarrassée qu'en un autre.

Entre tous les minéraux, il ne s'en trouve aucun plus disposé par la nature que celui-ci, & il est seul entre les corps métalliques, qui souffre la division des parties fixes du volatil, ainsi que le bois au feu. Sa cendre a des vertus admirables; elle lie tout ce qui est dis-joint; comme par exemple l'huile de métaux ou minéraux, faisant qu'ils ne se précipitent plus, après qu'elles ont été seulement une fois distillées avec elle: cette cendre divise aussi ce qui est assemblé, séparant par même moyen l'esprit de sel, & autres qui se trouvent dans les eaux-fortes ordinaires, de sorte qu'on les peut recevoir à part chacune avec augmentation de ses forces, tant pour les hommes, que pour les métaux, parce qu'elle rend manifeste ce qui est occulte en chaque composé. Elle se change facilement en toutes sortes d'apparences. Si le reste des cendres qui ne se veulent dissoudre que difficillement sont réduites en sel, il paroîtra ni plus ni moins que du Talck de Venise, & à cause de sa ressemblance, les Philosophes l'ont nommé ainsi, ce qui a trompé tant de gens jusqu'aujourd'hui, croyant que c'étoit le Talck vulgaire, duquel ils ont essayé de tirer de l'huile pour blanchir le teint, comme les Anciens ont dit, déguisant leur secret par le rapport d'une chose à une autre. Cette cendre minérale a en soi, tout ce qui est nécessaire aux curieux, ceux qui l'ont connue, ont eû la matiére, dont on la tire; en grande recommandation, & de crainte qu'on sçût qui elle étoit, ils lui ont imposé plusieurs noms; comme de lunaire, d'herbe saturnienne, & autres, aucuns l'ont comparée à la Salamandre, à cause qu'elle vit dans le feu. Ils ne l'ont jamais mieux dépeinte qu'en parlant du Phénix, qui renaît de ses cendres: d'autres l'ont nommée Lucifer ou porte lumiére; Vénus engendrée de l'écume de la Mer, parce qu'on la tire en écumant, on l'a nommé Dragon, à cause qu'elle brûle comme le salpêtre; Aigle, parce que l'on en tire l'armoniac mercuriel; ils ont dit que c'est le Roi, d'autant qu'il est le plus considéré entr'eux; & le Lion à cause de sa grande force, ils disent que c'est l'ame métallique, à cause qu'elle vivifie tous les métaux, & qu'elle est corps parce qu'elle corporifie les esprits. Mais communément entre les Philosophes, elle est entendue par le miroir de l'art, parce que c'est principalement par elle que l'on a appris la composition des métaux dans les veines de la terre, comme je ferai voir ensuite; aussi est-il dit que la seule indication de nature nous peut instruire. C'est le soufre & le ☿ conjoints par nature; le cinabre des Sages, duquel on a tant écrit, nous assurant que de ces deux, on sépare un corps moyen de si grande vertu. Il est soufre à cause de sa partie tingente & combustible, & ☿, parce qu'il est l'humide radicale des métaux, congelé par nature; on le tire en deux façons, à sçavoir en volatil, & en fixe. Je vous ai appris l'extraction du volatil: voici maintenant de quelle minière on procéde pour avoir le fixe.

Mettez une part de cendre métallique, avec deux parts de salpêtre pur, dans un pot de terre, que vous mettrez au feu l'espace de douze heures, en le mouvant quelquefois avec un bâton, lorsque la matiére s'enflera: il faut que la chaleur soit telle que le pot ne devienne nullement embrasé. Les matiéres étant refroidies, rompez le pot, & mettez la masse en poudre grossiére, puis en emplissez des creusets que vous mettrez au feu, l'un après l'autre, comme il s'ensuit. Ayez un fourneau qui ait depuis la grille, trois fois la hauteur de votre creuset, ou environ: il doit être de petites briques ou thuiles, bâti contre une muraille, percé à jour, que le trou soit un peu plus grand que la carture d'une demie brique ordinaire, & qu'il donne dessous la grille, afin que le vent puisse exciter le feu: ce qui étant ainsi vous poserez un de vos creusets, &

ferez faire une aussi grande chaleur que vous pourrez: quand vous verrez que votre creuset commence à se vitrifier; levez le petit couvercle, & voyez si la matiére est de couleur de pourpre, ce que vous connoîtrez lorsqu'elle sera ternie, comme manque de feu; l'autre signe est, qu'un peu devant il y paroît une belle Etoile. Retirez aussitôt votre creuset, de crainte qu'ayant passé le moment nécessaire, l'esprit mercuriel ne s'enfuye en forme de fumée, de telle sorte qu'étant hors du feu, il ne cesse de s'exhaler, & quand il est parti, la matiére demeure d'une couleur grise, & il ne peut venir d'autre esprit en sa place; c'est à vous de tacher d'y réussir, parce qu'il n'est pas difficile.

Quand vous aurez retiré votre matiére du fourneau, & qu'elle sera refroidie, elle aura la couleur de lacque foncée tirant sur le pourpre, cette opération se fait dans une heure.

Je vous ai dit la maniére comme je l'ai faite, quoique les Anciens y ayent mis beaucoup plus de temps, & même les Modernes n'en ont pû en venir à bout qu'en trois heures. Ils ont nommé ceci le salpêtre rouge: il ne tient qu'à vous d'éprouver ce qu'ils en disent, puisque vous le sçavez faire; on le laisse résoudre de ſoi-même ſi l'on veut, & ainſi il ſe ſépare de ſes féces en forme de gomme, quand cette gomme eſt jointe à une autre gomme, ſçavoir à celle du Soleil, alors elles deviennent comme une eau coulante, ſous l'éclat métallique: cette gomme eſt encore nommée ambre, à cauſe de ſa vertu attractive du ſoufre corporel, ſavon, parce qu'elle nettoye les corps: & ſperme, à cauſe de ſon odeur. Quand ce ſperme ſe met en hulle par un plus long temps, les Philoſophes l'appellent huile de tartre, qui a tant fait travailler de perſonnes en vain ſur le tartre vulgaire; ils l'ont nommé vitriol; voulant dire, *vitri-oleum*, ou huile de verre; parce quelle ſe tire comme je vous ai dit par feu de vitrification. Après que le creuſet vitrifiant eſt refroidi, la matiére paroit comme une roſe, environnée de feuilles vertes; c'eſt pourquoi ils l'ont nommée roſe.

Le ſel que l'on en tire, par l'eau commune, a des vertus innombrables; il volatiliſe tout ce qui eſt fixe, & fixe tout ce qui eſt volatil; il ôte le venin du ſublimé, & de l'arſenic, auſſi bien que de toute autre choſe dangereuſe, comme des herbes, racines, fleurs & grains, &c. Etant réduit, ainſi que vous apprendrez, il diſſout l'or & l'argent, comme l'eau chaude liquefie la glace, ſans aucun bruit, ni corroſion, montant ensemble par l'alambic : bref, il fait tant de choses admirables, que les Livres Chymiques ne sont remplis que de ses effets. C'est pourquoi, je vous renvoye à ceux qui ont écrit le moyen de s'en servir.

Comme il faut extraire le sel fixe, & essentiel des Métaux imparfaits. Tiré des opérations de le Crom.

Vous aurez une terrine de grais, dans laquelle vous mettrez une livre de limaille d'acier, de verd-de-gris en poudre, ou de Jupiter calciné, sur lequel vous verserez un menstrue composé de vinaigre distillé & d'esprit volatil de Vénus, partie égale, qui surnage la matiére de deux travers de doigts, ayant soin de bien remüer le tout avec une cuilliére du même métal que celui que vous employez ; couvrez ensuite votre terrine avec une autre terrine plus petite, laquelle entrera dans la grande, ensorte que rien ne puisse exhaler. Exposez-la dans un lieu tempéré, ni trop chaud, ni trop froid, pour laisser agir le menstrue du matin au soir, ou du soir au matin ; découvrez votre terrine, & s'il s'est élevé de l'écume au-dessus de la liqueur, ôtez-la avec la cuilliére, & la mettez à part, remüez la matiére, puis couvrez-la, & vous réïtérerez la même chose tous les jours deux fois, jusqu'à ce que votre menstrue soit bien coloré en rouge, en bleu, ou en jaune, suivant la nature de votre métal. Alors vous verserez par inclination votre menstrue teint dans un ou plusieurs filtres de papier gris sans gomme, y ajoûtant la liqueur provenante des écumes que vous aurez ramassées. Versez ensuite de nouveau menstrue sur la matiére & opérez de la même façon que vous avez fait ci-devant, filtrez encore, & recommencez jusqu'à ce que vous ayez une suffisante quantité de teinture.

Mettez votre liqueur teinte dans une cucurbite de verre, & distillez aux cendres jusqu'à sec. La distillation étant finie, délutez & cohobez la liqueur distillée sur les féces, lutez & distillez, ce que vous réïtérerez sept fois en tout, & faites en sorte que vos distillations finissent le soir pour recommencer le lendemain, afin d'éviter la fracture de la cucurbite, que l'on ne doit jamais toucher qu'elle ne soit bien refroidie.

Prenez la tête morte qui sera restée au fond de la cucurbite, broyez-la bien sur le marbre en poudre impalpable, ou bien en l'imbibant avec son menstrue; ensuite mettez le tout, eau & terre, dans une cornue de verre dont la partie inférieure soit lutée, & lui ayant adapté un demi balon, distillez au sable, petit feu au commencement, en l'augmentant par degrés jusqu'à ce qu'il ne distille plus rien; mais sur-tout vous devez prendre garde aux gonflemens de la matiére, laquelle se dégorgeant dans le balon, vous obligeroit à recommencer la distillation, ce que l'on peut prévenir avec des linges moüillés que l'on appliquera au-dessus de la cornue, lorsque l'on verra la matiére se gonfler: que s'il en étoit passé un peu, il ne faudroit que rectifier la liqueur distillée dans une cucurbite de verre.

Vous prendrez votre eau rectifiée que vous peserez, & y joindrez la dixiéme partie de la tête morte que vous trouverez dans la cornue, laquelle vous broyerez exactement sur le marbre en l'imbibant de son eau, après quoi vous mettrez le tout dans une cucurbite de verre que vous couvrirez d'une autre plus petite cucurbite, laquelle servira de rencontre, que vous luterez bien avec des bandes de vessie imbues de blancs d'œufs battus, lesquelles étant bien séchées, vous placerez votre vaisseau dans un bain-marie, que vous entretiendrez tiéde au moyen de quelque lampe ou autrement, pendant quatre-vingt-dix jours sans interruption. On entretiendra aussi l'eau pendant tout ce temps à la hauteur du menstrue, avec une bouteille renversée, que l'on aura soin de remplir quand elle sera vuide. Je me sers d'une armoirie dans laquelle mon bain est placé, & où je fais mes digestions avec facilité.

Quand les trois mois sont expirés, il faut éteindre le feu, & laisser refroidir la cucurbite que vous déluterez pour lui adapter son chapiteau, & pour distiller tout le menstrue aux cendres; alors vous verrez paroître votre sel sur la superficie de ses féces. Rendez-lui la moitié de son eau distillée, & gardez l'autre moitié dans une bouteille bien bouchée pour vous en servir dans la suite à achever la séparation du sel restant dans sa terre.

Couvrez votre cucurbite de sa rencontre, & lutez comme vous avez fait ci-devant, faites digerer dans le même bain-marie pendant dix jours, lesquels étant expirés, délutez votre vaisseau, & versez la liqueur qu'il contient dans un filtre pour la séparer de sa terre, puis jettez sur cette terre l'autre moitié de son eau distillée, couvrez votre vaisseau & faites encore digérer pendant dix autres jours; délutez ensuite, & faites passer cette eau par le filtre pour la joindre avec l'autre, lesquelles eaux étant distillées dans une cucurbite de verre aux cendres jusqu'à siccité, vous trouverez au fond de votre cucurbite votre ſel qu'il faudra purifier comme il va être dit.

Comme la terre contient encore un peu de ſel, il la faudra laver avec le menſtrue que vous venez de diſtiller, lequel étant filtré, vous l'en ôterez par la diſtillation, & vous joindrez ce ſel avec l'autre. Ayant mis votre ſel dans une cucurbite de verre bien nette, vous y verſerez de l'eau de pluye diſtillée autant qu'il en faudra pour le diſſoudre, faites évaporer cette eau aux cendres, verſez-y en de nouvelle que vous ferez encore évaporer ou diſtiller, & recommencez juſqu'à ce que les goutes n'ayent plus le goût ni l'odeur du diſſolvant; cela étant fait, verſez-y encore de nouvelle eau de pluye, & votre ſel étant fondu, faites-le filtrer pour le ſéparer de quelques féces, après quoi faites évaporer, & votre ſel reſtera pur.

Mais pour l'avoir encore plus pur & le clarifier, vous le ferez diſſoudre dans de l'eau-de-vie rectifiée, puis diſtillez au bain-marie juſqu'à ſiccité; votre ſel ſera parfait pour l'uſage de la Médecine.

NOTA. Le menſtrue qui a ſervi à cette opération, doit être bien gardé, parce qu'aulieu d'avoir perdu de ſa vertu, il en eſt rendu meilleur pour l'impreſſion du ſel dont il eſt aiguiſé.

La terre reſtante laquelle eſt effectivement morte, peut être gardée comme un des meilleurs aſtringens pour les playes.

Que l'on ne ſoit pas ſurppris de la longueur d'une opération qui ne peut être achevée qu'en quatre ou cinq mois : ce temps eſt court en comparaiſon de deux années entiéres que j'y ai employées la premiére fois que je l'ai faite, n'ayant pas eû le même avantage que celui que je préſente aux autres.

NOTA. Je ſçais qu'il y a une voye plus courte, & plus aiſée pour extraire, & purifier nos principes, laquelle eſt connue des Sçavans ; ſi je n'en parle pas ici, c'eſt qu'il eſt juſte que chacun jouiſſe ſeul d'un bien qu'il s'eſt acquis ſouvent avec bien de la peine.

Pierre médicamenteuſe ou Boule de Mars.

C'eſt une compoſition d'une partie de limaille d'acier de deux parties de tartre de vin, réduits l'un & l'autre en poudre ſubtile, & de ſeize parties d'eau-de-vie la plus vieille.

Maniére de faire ladite Pierre.

Prenez une livre de fine limaille d'acier ou de fer, 6 ſols, plus deux livres de tartre de vin en poudre, 1 l. 10 ſ. faites infuſer & digérer le tout dans une terrine neuve, vernie avec une pinte, c'eſt-à-dire, deux livres d'eau-de-vie, pendant vingt-quatre heures; après quoi vous ferez cuire doucement ladite composition, jusqu'à ce qu'elle soit un peu épaisse. Retirez-la de dessus le feu : mettez-y une seconde pinte d'eau-de-vie que vous brouillerez & laisserez infuser comme la premiére fois pendant vingt - quatre heures, ensuite vous la remettrez sur un feu doux, & ferez évaporer une partie de l'eau-de-vie, jusqu'à ce que la matiére soit un peu épaisse, comme vous avez fait d'abord.

Lesdites opérations, c'est-à-dire, infusion & cuisson, doivent être réïtérées huit fois en différens jours. A la huitiéme opération ou huitiéme pinte d'eau-de-vie, * laissez épaissir votre composition pour en faire des boules rondes du poid d'environ trois onces, vous en pourrez avoir une vingtaine, que vous ferez sécher & durcir à l'ombre : vous les enveloperez dans une toille de battiste claire ou mousseline pour vous en servir ainsi que je dirai ci-après. J'en ai appris la composition & l'usage d'un Chymiste du Duc Léopold de Lorraine en 1712.

En faisant soi-même l'opération chaque boule de trois onces qui se vend 3 livres, peut revenir à 8 sols ou 10 tout au plus. On pourroit même en faisant

* Huit pintes font huit livres Tournois ou environ.

évaporer l'eau-de-vie dans une cucurbite en tirer deux pintes d'esprit de vin. On peut encore pour rendre cette boule plus efficace, faire infuser l'eau-de-vie avec des vulnéraires de Suisse. Mais on le doit faire dans l'infusion qui s'en fera, en se servant d'eau-de-vie, qui aura tiré la teinture desdits vulnéraires.

Usage de ladite Boule.

Prenez votre boule telle qu'elle est envelopée dans sa toile, & la faites tremper ou infuser en eau chaude, en l'agitant un peu dans ladite eau. Quand l'infusion sera de couleur de caffé clair, retirez votre boule, laissez-là sécher & la serrez. Mettez dans cette infusion le quart d'eau-de-vie de ce qu'il y a d'eau, & tout deviendra couleur de fer, ce qui sera bien.

On doit se servir de cette eau un peu chaude, ou plus que tiéde. Voici ses effets & propriétés.

Elle est utile pour guérir toute sorte de playe, faite par armes à feu ou par instrument tranchant; pourvû qu'il n'y ait point de fracture d'os ou de crane; dans ce dernier cas il faut appeller le Chirurgien.

Quand ce sera donc une playe ordinaire; si elle est profonde, on y seringuera de ladite eau un peu chaude, après quoi on prendra une tente que l'on trempera dans ladite eau ; on la mettra dans la playe, & par dessus un plumaceau & une compresse de linge blanc de lessive trempé dans la même eau, & l'on bandera la playe. Si on peut humecter la compresse sans donner de l'air à la playe, on le fera afin de tenir toujours ladite compresse humide. Si néanmoins il y avoit supuration, il faudroit lever l'appareil & nétoyer la playe avec la même eau un peu plus que tiéde.

Les playes superficielles ne seront guéres plus de vingt-quatre heures à guérir. Les autres seront un peu plus long-temps, selon leur profondeur.

Si la playe pénétre dans le corps & qu'il y ait du sang épanché dans la capacité de l'estomac, on fera boire au blessé de ladite eau un peu chaude, en y mettant un peu de Sucre.

Elle est souveraine pour résoudre le sang caillé ou épanché. Elle dissipe & résout tout sang extravasé par contusion ou par choc. Elle appaise toute inflammation des playes ou des parties, toute érésipelle ; elle prévient la gangrêne & toute corruption du sang & ranime les chairs. Elle appaise les douleurs de la goute froide, rhumatisme & toute autre douleur externe ou superficielle en bassinant de ladite eau la partie douloureuse de quatre heures en quatre heures, & y appliquant une compresse trempée dans ladite eau.

Quand il y a fracture, cette eau peut toujours être employée en compresse, parce qu'elle ôte ou prévient toute inflammation & corruption. C'est encore un excellent stiptique pour arrêter le sang.

Cette eau sert intérieurement ou extérieurement par tout où la teinture de Mars est ordonnée; mais en y mêlant seulement une sixiéme partie d'eau-de-vie.

Lettre de M. Beissiere Chirurgien Major des Hôpitaux du Roi, sur les bons effets de la susdite Boule. A Namur le 30 Décembre 1708.

» Je ne sçaurois me dispenser de vous » rendre compte, Monsieur, du bon » effet que j'ai moi-même éprouvé de la » boule médicamenteuse dissoute dans » l'eau-de-vie, que vous avez eu la bonté » de m'envoyer depuis un mois. Quel» ques jours après que je l'eûs reçûe, il » me survint un Capitaine d'une Com» pagnie Franche, nommé M. Caje. Il » reçût sept coups d'épée, le plus dan» gereux fut derriére l'oreille un peu » au-dessous de l'épophise mastoïde, » large de deux travers de doigt & se

» plongeant dans l'ésophage; le blessé » perdit beaucoup de sang; & le bouil-» lon qu'il prenoit par la bouche, sortoit » par la playe derriére l'oreille. Sur le » champ j'y fis mettre de cette teinture, » & je réïtérai le lendemain. J'ai l'hon-» neur de vous dire que dix heures après » l'ésophage fut réuni; les alimens ne » sortirent plus par la playe & prirent » leur route naturelle. Il y a dix-huit » années que je sers le Roi dans les Hô-» pitaux; mais je n'ai jamais vû une si » prompte réunion. *Tiré des Méthodes d'Helvétius.*

Je puis marquer ici l'épreuve que j'en ai faite à Vienne en Autriche l'an 1722, un Sécretaire d'Ambassade me fit dire qu'au lieu d'urine il ne rendoit que du sang; je lui envoyai de la teinture de cette boule, avec le tiers d'eau-de-vie, il s'en seringa; d'abord il eut une cuisson très-vive; il urina une heure après, moitié urine & moitié sang, & en deux fois vingt-quatre heures il fut guéri de cette incommodité, & je lui dis de se faire ensuite purger & panser, pour éviter de plus grands accidens.

Préparation de l'Eau minérale de Mars.

Prenez une once de la limaille d'éguille, lavée à plusieurs fois dans l'eau chaude; laissez-la sécher; pilez-la ensuite avec deux gros de macis, & mettez le tout dans une bouteille de verre; après quoi vous verserez dessus une pinte d'excellent vin de Champagne vieux, bouchez bien la bouteille, & la laissez infuser à froid pendant six jours, & plus long-temps même, si vous voulez avoir une teinture plus forte. Dans cet intervalle vous observerez de remuer la bouteille trois ou quatre fois par jour. Le septiéme jour, vous verserez cette pinte de teinture dans une terrine de grais, & vous y ajoûterez six pintes d'eau de Fontaine. Quand le tout sera bien mêlé, vous le verserez dans sept bouteilles, que vous aurez le soin de bien boucher, pour en user comme il est marqué. *Helvétius en ses Méthodes.*

Préparation de l'argent pour la Médecine.

Il faut prendre une once d'argent de coupelle, que vous ferez dissoudre dans trois onces de bon esprit de nitre dans un matras. Vous retirerez votre dissolvant jusqu'à la sécheresse. Prenez de l'eau-rose, assez pour dissoudre votre matiére. Filtrez la dissolution par le papier gris: évaporez la liqueur jusqu'à consistance de sel. Puis ayez deux onces de salpêtre rafiné, que vous ferez dissoudre dans de l'eau-rose. Filtrez la dissolution, que vous ferez évaporer. Joignez ensemble votre lune calcinée, & votre nitre ainsi clarifié & les faites dissoudre dans de nouvelle eau-rose.

Après quoi vous ferez exhaler cette liqueur sur le sable, tant qu'il vous reste un sel blanc, que vous laisserez refroidir. Vous prendrez ensuite deux onces de fine fleur de froment. Vous broyerez d'abord votre sel d'argent en un mortier de marbre ou de verre, vous y joindrez votre farine, broyant bien l'une avec l'autre, en y joignant un peu d'eau-rose pour en faire une pâte, dont vous formerez des pillules de la grosseur d'un poix, que vous ferez dessécher à l'ombre entre deux papiers. Elles deviendront couleur de pourpre, que vous garderez en une boëte de bois.

Usage des Pillules dans l'hydropisie

Vous prendrez une de ces pillules à six ou sept heures du matin. Deux heures après il faut prendre un bouillon à la viande ou vous aurez mis huit ou dix goutes d'esprit de sel.

L'évacuation se fait par des selles liquides & par les urines: continuez ce reméde jusqu'à guérison. Si le malade se trouvoit foible, il suffiroit de lui faire prendre cette pillule de deux jours l'un. Dans tous les bouillons & breuvages, il faut toujours mettre la même dose d'esprit de sel.

S'il est besoin de faire suer le malade, il faut employer les étuves séches & faire prendre les sels suivans. Sçavoir : sel d'urine, sel d'absynthe de chacun deux dragmes, y ajoûter un demi scrupule, c'est-à-dire, douze grains d'huile d'ambre & autant d'esprit liquide d'urine, bien mêler le tout avec deux dragmes de sucre fin dans un mortier de verre ou de marbre. La dose est de quatre scrupules dans un demi verre de vin blanc, lorsque le malade est dans les étuves séches, & non dans le bain d'eau. De trois en trois jours il faut donner ce remede, & l'on sera guéri à la troisiéme fois, quelquefois même à la seconde. La guérison se fait par une grande abondance de sueurs & d'urine.

Préparation d'argent contre les affections du Cerveau.

Pour préparer l'argent & le rendre propre à guérir les plus fâcheuses maladies du cerveau, il faut le calciner Philosophiquement, c'est-à-dire, par un amalgame de mercure & de sel purifié & desséché, puis faire évaporer le mercure & adoucir la chaux avec de l'eau tiéde. Faites dissoudre cet argent dans d'excellente huile de vitriol de Cypre, qui ſeul a la vertu de réduire en liqueur les métaux parfaits ſans le ſecours du ſalpêtre. Quand vous aurez diſſout l'argent, vous diſtillerez la moitié du diſſolvant, & mettrez le reſte en lieu froid, & il ſe formera des cryſtaux de Lune, que vous pourrez réſoudre dans de l'huile de ſauge, pour vous en ſervir contre la manie & autres affections de cerveau. *Quercetan.*

Huile d'Argent.

Prenez des lames d'argent très-pur, coupées par petits morceaux & les faites diſſoudre en eau-forte rectifiée ſur du ſel de tartre, ou compoſée avec le même ſel. Et lorſque votre Lune ſera diſſoute dans cette eau, verſez-y un peu de bonne eau-de-vie bien rectifiée, & la laiſſez repoſer vingt-quatre heures en un lieu frais, & au fond il ſe formera de petits cryſtaux.

Prenez enſuite des blancs d'œufs que vous battrez en eau & les diſtillerez, & dans cette eau diſtillée, vous y ferez digérer vos cryſtaux deux ou trois jours; puis vous mettrez le tout dans un alambic, & vous ferez diſtiller par le bain, & il vous reſtera une huile d'argent très-précieuſe. *Quercetan.*

Autre Huile d'Argent.

Ayez de la chaux d'argent bien faite, ce qu'il vous en faut, mettez-là en bon vinaigre diſtillé, & il ſe diſſoudra en peu de jours de couleur bleue celeſte; faites évaporer le vinaigre au bain de cendres, & vous formerez des cryſtaux, que diſtillerez pour en tirer l'huile.

Criſtaux de Lune.

Dans une petite cucurbite de verre, mettez trois parts d'eſprit de nitre très-pur; avec une partie d'argent de coupelle. Quand l'argent ſera diſſout, faites évaporer doucement le tiers de votre diſſolvant, laiſſez refroidir & il ſe formera des cryſtaux que vous ſéparerez & ferez ſécher à petit feu ſur un papier: & les mettrez en une bouteille bien fermée. réïtérez l'évaporation de votre diſſolvant & il vous donnera de nouveaux cryſtaux; continuez l'évaporation tant que vous tirerez de ces cryſtaux.

Il n'eſt pas ſûr de faire prendre ces cryſtaux intérieurement, quoique M. Boyle l'ait conſeillé au poid de deux ou trois grains dans de la mie de pain.

Pierre infernal.

Faites dissoudre une partie d'argent dans trois parties d'esprit de nitre. Faites évaporer les deux tiers de votre dissolvant. Mettez le reste dans un fort creuset d'Allemagne un peu grand ; faites feu léger votre matiére après s'être gonflée s'affaissera ; donnez feu plus fort, & votre argent deviendra en huile, que vous verserez en une lingotiére chauffée & graissée ; le tout se figera & vous le mettrez en une fiole bien bouchée. Telle est la pierre infernale, qui ne sert que pour l'extérieur en Chirurgie pour ouvrir des abcès, ou pour faire les cautéres.

Fin du quatriéme Volume.

TABLE

DES MATIERES

Contenues dans le Tome IV de la Chymie.

A.

D.

E.

G.

H.

J.

K.

L.

M.

N.

O.

P.

S.

T.

Z.

TABLE DES MALADIES.

Dont les Remédes sont indiqués au Tome V. de la Chymie.

A.

B.

C.

D.

E.

F.

G.

L.

M.

NERFS

N.

O.

P.

Y.

Fin des Tables des Matiéres du Tome IV.

PAGINATION INCORRECT

www.ingramcontent.com/pod-product-compliance
Lightning Source LLC
LaVergne TN
LVHW010123230826
846091LV00001BA/126

9782019132859